注塑工艺与装备及其现场管理

ZHUSU GONGYI YU ZHUANGBEI
JIQI XIANCHANG GUANLI

杨海鹏 编著

化学工业出版社

·北京·

内 容 简 介

《注塑工艺与装备及其现场管理》以热塑性塑料注塑成型工艺和典型注塑模具结构为主线，以应用最为广泛的卧式螺杆注塑机为范例编著而成。

本书介绍了12种常用热塑性塑料的性能与用途，扼要说明了注塑机结构与工作原理及其维护保养，重点阐述了典型注塑模具结构与工作原理及其维护保养，详细介绍了注塑成型工艺调整与生产管理，深入分析了注塑件产生质量缺陷的原因与对策，简要介绍了注塑产品质量检验与质量管理。

本书内容实用，图文并茂，通俗易懂，是注塑生产技术及科学管理知识的经验总结。

本书有配套的电子教案和课件，请发电子邮件至 cipedu@163.com 获取，或登录 www.cipedu.com.cn 免费下载。

本书可作为注塑厂或车间的初级、中级工培训教材及注塑技术人员的自学教材，也可供塑料加工企业管理人员、技术人员、质量控制人员及职业技术院校师生阅读与参考。

图书在版编目（CIP）数据

注塑工艺与装备及其现场管理/杨海鹏编著. —北京：化学工业出版社，2021.5
ISBN 978-7-122-38566-6

Ⅰ.①注… Ⅱ.①杨… Ⅲ.①注塑-生产工艺
Ⅳ.①TQ320.66

中国版本图书馆 CIP 数据核字（2021）第 030338 号

责任编辑：高　钰　　　　　　　　　　文字编辑：陈　喆
责任校对：王素芹　　　　　　　　　　装帧设计：刘丽华

出版发行：化学工业出版社（北京市东城区青年湖南街 13 号　邮政编码 100011）
印　　刷：三河市航远印刷有限公司
装　　订：三河市宇新装订厂
787mm×1092mm　1/16　印张 15　字数 372 千字　2021 年 5 月北京第 1 版第 1 次印刷

购书咨询：010-64518888　　　　　　　售后服务：010-64518899
网　　址：http://www.cip.com.cn
凡购买本书，如有缺损质量问题，本社销售中心负责调换。

定　　价：58.00 元

前言

随着工业现代化与智能化的发展，我国正在由工业产品制造向智造转变，而模具是机械、运输、电子、通信、医疗及家电等工业产品的基础，是现代工业生产中广泛应用的优质、高效、低耗、适应性很强的生产手段，也是技术含量高、附加值高、使用广泛的新技术产品。

注塑成型是塑料成型中应用最为广泛的一种成型方法，能生产结构复杂、尺寸精确的制品，生产周期短，自动化程度高。注塑技术操作主要由一线技术人员或熟练技术工人承担，在得不到规范的操作技术指导的情况下，新手入行难免会以损害注塑机、模具或产品质量为代价进行生产。各注塑加工工厂或车间，若想提升塑料产品的质量及竞争力，就必须不断开展人才培训以提升知识技能，这是企业成功发展的必要条件。

本书是编著者依据自己 30 多年模具设计与制造、注塑厂生产和技术管理及教学研究经验编写而成。

本书以热塑性塑料注塑成型工艺和典型注塑模具结构为主线，以应用最为广泛的卧式螺杆注塑机为范例，将塑料、注塑模具、注塑设备、注塑工艺、塑料产品的技术及质量管理知识与实操技能有机融合，在突出实用性与动手能力的基础上，注重先进性、适用性和可操作性，目的是提高注塑现场技术人员理论水平、分析能力和解决问题能力，以适应注塑行业向自动化、智能化发展的需要。

本书由江门职业技术学院杨海鹏编著，杨子允提供图片与相关资料，任伟娜主审并统稿。在编写过程中参考了相关资料和文献，这些珍贵的资料是同行们长期辛勤劳动经验的总结和智慧的结晶，在此一并表示感谢。

本书的内容已制作成用于多媒体教学的 PPT 课件，并将免费提供给采用本书作为教材的院校使用。如有需要，请发电子邮件至 cipedu@163.com 获取，或登录 www.cipedu.com.cn 免费下载。

由于编著者知识水平与经验所限，书中不足之处，敬请广大读者批评指正。

编著者

2020 年 10 月

目录

第六章　注塑产品质量检验与质量管理 / 219

<<<

第一章

常用塑料性能与应用

第一节　树脂和塑料

塑料工业随着石油工业的发展应运而生，它是一门飞速发展的新兴工业。世界塑料工业的历史仅有 90 年，而我国塑料工业只有 60 多年的历史，但发展速度却是惊人的。

一、树脂和塑料的组成

（1）树脂

树脂是天然树脂与合成树脂的总称。天然树脂是树木或昆虫的分泌物，如松香、橡胶、虫胶、蜂胶、沥青等。合成树脂是指由简单有机物经化学合成或某些天然产物经化学反应而得到的树脂产物，如各种塑料、化纤、合成橡胶等。

树脂受热时通常有转化或熔融范围，转化时受外力作用具有流动性，常温下呈固态、半固态或液态的有机聚合物，它是塑料最基本的、也是最重要的成分。

（2）塑料

塑料是以树脂（或在加工过程中用单体直接聚合）为主要成分，加入适量的增塑剂、稳定剂、填充剂、润滑剂、着色剂等添加剂为辅助成分，加工过程中在一定温度和压力的作用下能流动成型的高分子有机材料。如图 1-1 所示为塑料颗粒。

图 1-1　塑料颗粒

（3）塑料中添加剂的种类

常用的添加剂主要有增塑剂、稳定剂、填充剂、着色剂、润滑剂、固化剂、阻燃剂、发泡剂、抗静电剂等。

1）增塑剂

增塑剂是为改进塑料的可塑性而加入的有机化合物。

其作用是降低塑料的软化温度，改善成型加工性能，提高柔韧性或延展性。要求与树脂的相容性好；对热和化学剂都比较稳定，最好无色、无毒、无臭、不燃、吸水量低、挥发性小等。

增塑剂一般为低挥发性固体或低熔点固体。常用的有邻苯二甲酸二丁酯、邻苯二甲酸二辛酯、樟脑、葵二酸二丁酯、葵二酸二辛酯等。对可塑性小、柔软性差的需加增塑剂，主要是聚氯乙烯、醋酸纤维、硝酸纤维等。

2）稳定剂

凡在成型加工和使用期间为有助于材料保持原始值或接近原始值而在塑料配方中加入的物质称为稳定剂。稳定剂在塑料中的含量一般为 0.3%～0.5%。

加入稳定剂的作用是制止或抑制聚合物因受外界因素（光、热、氧、细菌等）所引起的破坏作用。要求稳定剂的相容性和稳定性好，耐水、耐油、耐化学药品，无色、无味、无毒。

常见稳定剂有热稳定剂［如三盐基硫酸铅、硬脂酸钡（兼作润滑剂）］、光稳定剂（如2-羟基氧二苯甲酮）、抗氧化剂（如 2,6-二叔丁基甲苯酚）。

3）填充剂

填充剂又称填料，是塑料的重要组成成分，加入量最高可达 40%。

填充剂的作用是改善塑料的成型加工性能（改性），提高制品的某些特殊性能，赋予塑料新的性能。如酚醛树脂中加入木粉，提高弹性，降低脆性；聚乙烯中加入钙质，提高了耐热性和刚度；塑料中加入玻璃纤维，会使力学性能大幅度提高。其次是增加塑料的体积或重量，减少树脂用量，降低成本。常用的填充剂如木粉、棉屑、金属粉、滑石粉、钛白粉、石棉、云母、炭黑等。

4）着色剂

着色剂又称色料（色母），用量在 0.01%～0.02%。着色剂包括颜料和染料、色母粒，起装饰美光作用，同时还可提高塑料的光稳定性、热稳定性和耐候性。

5）润滑剂

润滑剂可改善塑料的流动性，提高塑料表面光泽程度，防止塑料在成型过程中发生粘模。用量一般小于 1%。常用的润滑剂有硬脂酸、石蜡、金属皂类（硬脂酸钙、硬脂酸锌）等。

6）固化剂

固化剂又称硬化剂，主要用于热固性塑料。其作用是在热固性塑料成型时，使原来的线型分子结构转变为网状体型分子结构，同时加速硬化过程。

此外还有阻燃剂、发泡剂、抗静电剂等。

二、塑料的分类

塑料品种繁多，目前已合成出来并可加工使用的有 300 多种，常用的有 30 多种。

（1）按合成树脂的分子结构及热性能分类

按合成树脂的分子结构及热性能分为热塑性塑料和热固性塑料。热塑性塑料是指在特定温度范围内能反复加热软化和冷却硬化的塑料，其分子结构是线型或支链线型结构，变化过程可逆，即可多次重复使用，如图 1-2（a）、（b）所示。如聚乙烯（PE）、聚丙烯（PP）、聚氯乙烯（PVC）、ABS、尼龙（PA）、聚苯乙烯（PS）等。

热固性塑料是在受热或其他条件下能固化成不熔及不溶性物质的塑料，其分子结构最终为网状体型的三维结构，如图 1-2（c）所示。其变化过程不可逆，即只能成型一次，不可重复使用，如酚醛塑料（PF）、氨基塑料、环氧树脂（EP）等。

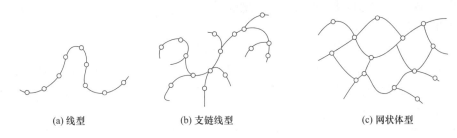

（a）线型　　　　　　（b）支链线型　　　　　　（c）网状体型

图 1-2　塑料分子链结构

（2）按塑料的用途分类

① 通用塑料：一般指产量大、用途广、成型性好、价廉的塑料，其产量约占塑料总产量的 80%。如聚乙烯（PE）、聚丙烯（PP）、聚氯乙烯（PVC）、聚苯乙烯（PS）等。

② 工程塑料：一般指能承受一定的外力作用，并有良好的力学性能和尺寸稳定性，在高、低温下仍能保持其优良性能，可以作为工程结构件的塑料，如 ABS、尼龙（PA）、聚甲醛（POM）、聚砜（PSU）等。

③ 特种塑料：一般指具有特种功能（如耐热、自润滑等）应用于特殊要求的塑料，这类塑料产量小、价格高。如医用塑料、光敏塑料、导磁塑料、导热塑料、超导电塑料、耐辐射塑料及耐高温塑料等。

三、塑料的特点

塑料在工业产品和民用产品中都占有很重要的地位，使用越来越普遍。但其自身有许多优点，也有缺点，工程技术人员应能正确选用。

（1）塑料的优点

① 密度小、质量轻，密度一般为 $0.8 \sim 2.02 \mathrm{g/cm^3}$，泡沫塑料的密度只有 $0.1 \mathrm{g/cm^3}$。

② 比强度和比刚度高（强度和刚度的绝对值与密度之比），广泛应用于空间领域及结构零件。

③ 优异的电绝缘性能，广泛用作绝缘材料。如电线电缆、旋钮插座、电器外壳等。

④ 优良的化学稳定性能，广泛用于医疗、化工、防腐设备及管道容器、建筑工程中。

⑤ 减摩、耐磨和自润滑性能好，可用作齿轮、凸轮及滑轮等机器零件。

⑥ 透光及防护性能好，具有防水、防潮、防透气、防辐射等防护性能。

⑦ 减振、消音、保温性能优良。如软聚氯乙烯可用作设备、仪器的减振。

⑧ 成型及染色性能好，多数塑料不但具有良好的加工性能，而且可根据需要染成各种颜色。

（2）塑料的缺点

① 耐热和导热性差，一般塑料在 100℃ 以下使用，只有少数塑料可在 200℃ 左右使用。

② 机械强度和硬度低，刚性差。

③ 易老化，塑料在阳光、压力作用下失去原有性能。

④ 制品精度较低，由于塑料受成型工艺的影响，收缩率大且难以精确控制。

四、热塑性塑料的性能

热塑性塑料的性能包括使用性能和工艺性能。

1. 使用性能

使用性能是在使用过程中反映出来的特性，体现塑料的使用价值。

① 物理性能：主要有密度、透湿性、吸湿性、透明性及透光率等。透湿性是指塑料透过蒸汽的性质。吸湿性是指塑料吸收水分的性质，用吸水率表示。透明性是指塑料透过可见光的性质，用透光率表示。

② 化学性能：主要有耐化学性、耐老化性及抗霉性等。耐化学性是指塑料耐酸、碱、盐及溶剂等化学物质的能力。耐老化性是指塑料长期暴露在自然环境中或人工条件下不发生化学结构变化，性能保持不变的能力。抗霉性是指塑料对霉菌的抵抗能力。

③ 力学性能：主要有抗拉强度、抗压强度、抗弯强度、伸长率、冲击韧性、疲劳强度、硬度等。通用塑料的抗拉强度一般为 20～50MPa，工程塑料一般为 50～80MPa，很少超过 100MPa。许多工程塑料加入玻璃纤维增强后，抗拉强度可达 150MPa。

④ 热性能：主要是耐热性（受热而不变形）、热稳定性（受热而不分解变质）和耐燃性。

⑤ 电性能：主要有电阻率、介电强度、介电损耗等绝缘性。

⑥ 光学性能：主要有透光性能、抗光性能等。

2. 工艺性能

工艺性能可体现塑料的成型性能，包括收缩性、流动性、相容性（共混性）、吸湿性、水敏性、结晶性、热敏性（热稳定性）、应力开裂性、熔体破裂等。

（1）收缩性

收缩性是指塑料高温充满模具型腔，出模后冷却至室温，尺寸发生收缩的性能。

1）成型收缩

成型收缩是指成型后塑件的收缩，成型收缩的形式有下列几方面。

① 塑件的尺寸收缩：熔融塑料在模具内成型后脱模冷却到室温时，其尺寸会发生收缩，称为收缩性。它用相对收缩量的百分率表示，即收缩率（S）。因此在模具设计时必须考虑予以补偿。

② 收缩的方向性：成型时分子按流动方向取向，使塑件呈现各向异性，沿料流方向收缩大、强度高，与料流垂直方向收缩小、强度低。另外，成型时各部位密度及壁厚不均匀，造成收缩不均匀。塑料收缩的异向性和不均匀性使塑件变形、翘曲及开裂。因此，模具设计时应考虑收缩的方向性。

③ 后收缩：当塑件成型、脱模收缩达到室温尺寸后，由于存在残余应力，使塑件经过一段时间后发生再次收缩称为后收缩。生产实践表明一般塑件在脱模后 10h 内变化最大，24h 后基本定型，但最后稳定要经过 30～60 天，通常热塑性塑料的后收缩比热固性塑料大，挤塑及注塑成型的后收缩要比压塑成型大。

④ 后处理收缩：有时塑件成型后需进行热处理、表面处理等工艺，处理后会导致塑件尺寸发生变化或收缩，这就是后处理收缩。故在模具设计时，对高精度塑件应考虑后收缩及后处理收缩的偏差并予以补偿。

2）收缩率计算

$$S_实 = \frac{a-b}{b} \times 100\%$$

$$S_计 = \frac{c-b}{b} \times 100\%$$

式中 $S_实$——实际收缩率，%；

$S_计$——计算收缩率，%；

a——塑件成型温度下的尺寸，mm；

b——塑件室温下的尺寸，mm；

c——模具室温下的尺寸，mm。

实际收缩率表示塑件实际发生的收缩，此时模具温度比室温高。收缩率是按模具室温下的尺寸进行计算的。模具在成型时温度与常温相差不大，热胀冷缩可忽略不计，即实际收缩率与计算收缩率相差很小，所以模具设计时以 $S_计$ 作为设计参数来计算型腔及型芯的尺寸，基本能够符合型腔及型芯的实际尺寸要求。

3）影响收缩率变化的因素

在实际成型时，不仅不同品种塑料的收缩率各不相同，而且不同批量的同品种塑料或同一塑件的不同部位的收缩值也不相同。影响收缩率变化的主要因素有以下几个方面。

① 塑料品种：各种塑料都具有各自的收缩范围，即使是同类的塑料，由于填料、分子量及配比等的不同，其收缩率及各向异性也各不相同。

② 塑件结构：塑件的形状、尺寸、壁厚、有无嵌件、嵌件的数量及布局等，对收缩率大小都有很大的影响。

③ 模具结构：模具的分型面及浇注系统的结构形式、布局及尺寸等对收缩率及方向性影响很大。直接进料及进料口截面大，则收缩率小，但方向性大。进料口宽及长度短的则方向性小。距进料口近或与料流方向平行的则收缩率大。

④ 成型工艺：对于挤塑、注塑成型工艺，一般收缩率都比较大，方向性也很明显。因此，它的预热情况、成型温度、成型压力、保压时间、填料形式及硬化均匀性等，都对收缩率及方向性有较大影响。如模具温度高，塑件冷却慢，则收缩率大；塑料密度大，结晶度高，体积变化大，则收缩率大；保持压力大且时间长，则收缩率小但方向性强；注射压力高，脱模后弹性回弹大，则收缩率小；料温高，则收缩率大但方向性小。

如上所述，模具设计时应根据各种塑料说明书中提供的收缩率范围，按塑件形状、尺寸、壁厚、有无嵌件情况，分型面及加压成型方向，模具结构及进料口形式，尺寸和位置、成型工艺及成型因素等综合考虑选取收缩率值。但对挤塑或注塑成型时，则常按塑件各部位的形状、尺寸、壁厚等特点来选取收缩率值，如表 1-1 所示。

■ 表 1-1 常用塑料的收缩率及其成型温度、注射压力

缩写	塑料或树脂全称	相对密度	模温/℃	料筒温度/℃	收缩率/%	注射压力/MPa
GPPS	通用级聚苯乙烯	1.04～1.09	40～80	180～280	0.2～0.8（平均 0.5）	30～80
HIPS	耐冲击聚苯乙烯（GPPS＋丁二烯）	1.04～1.10	40～80	190～260	0.2～0.8（平均 0.5）	50～80
ABS	丙烯腈-丁二烯-苯乙烯共聚物	1.02～1.05	50～80	180～260	0.4～0.7（平均 0.55）	50～100

缩写	塑料或树脂全称	相对密度	模温/℃	料筒温度/℃	收缩率/%	注射压力/MPa
AS(SAN)	丙烯腈-苯乙烯共聚物	1.06～1.10	40～75	180～270	0.2～0.7（平均0.45）	35～130
LDPE	低密度聚乙烯	0.91～0.93	10～40	160～210	1.5～5.0（平均2.5）	35～105
HDPE	高密度聚乙烯	0.94～0.97	5～30	170～240	1.5～4.0（平均3.0）	84～105
PP	聚丙烯	0.85～0.92	20～50	160～230	1.0～2.5（平均1.5）	50～80
SPVC	软聚氯乙烯（约加40%增塑剂）	1.19～1.35	20～40	150～180	1.0～2.5（平均2.0）	50～80
HPVC	硬聚氯乙烯	1.38～1.41	20～60	150～200	0.2～0.6（平均0.4）	70～140
PA6	聚酰胺6（尼龙6）	1.12～1.15	40～100	200～320	0.8～2.5（平均1.5）	60～100
PA66	聚酰胺66（尼龙66）	1.13～1.16	40～100	200～320	0.7～1.8（平均1.0）	60～100
PMMA	聚甲基丙烯酸甲酯（有机玻璃）	1.16～1.20	50～90	180～250	0.4～0.7（平均0.55）	35～40
PC	聚碳酸酯	1.20～1.43	80～120	260～340	0.5～0.7（平均0.6）	80～130
POM	聚甲醛	1.41～1.43	80～120	190～220	1.2～3.5（平均2.0）	70～100
PET	聚对苯二甲酸乙二醇酯	1.29～1.41	80～120	250～310	2.0～2.5（平均2.2）	14～49
PBT	聚对苯二甲酸丁二醇酯	1.30～1.38	40～70	220～270	0.9～2.2（平均1.6）	28～70
PPO	聚苯醚	1.04～1.10	70～100	240～280	0.5～0.8（平均0.65）	84～140
PPS	聚苯硫醚	1.28～1.32	120～150	300～340	0.6～0.8（平均0.7）	35～105

注：括号内收缩率为常用收缩率。

（2）流动性

流动性是指在成型过程中，塑料熔体在一定温度和压力下充填模具型腔的能力。

塑料黏度大、流动性差，则成型压力大，不易成型，易产生缺料和熔接痕等缺陷。流动性好，则成型压力低，容易成型，但易造成较大溢边，填充不密实，塑件收缩严重等不良现象。

1）影响流动性的主要因素

① 塑料分子结构和成分：具有线型分子结构而没有或很少有网状型结构的塑料流动性好。塑料加入填充剂，会降低流动性；加入增塑剂和润滑剂，会提高流动性。

② 温度：料温高则流动性好，但不同塑料也各有差异。成型时可通过调节料温来控制流动性。

③ 压力：注射压力增大，则熔料受剪切作用大，流动性提高。成型时也可通过调节注射压力来控制流动性。

④ 模具结构：如浇注系统形式、尺寸及布置，冷却和排气系统设置，型腔形状及表面粗糙度，干燥程度及成型压力等都会影响流动性。

2）常用热塑性塑料的流动性

常用热塑性塑料的流动性见表 1-2。

■ 表 1-2 常用热塑性塑料的流动性

流动性情况	热塑性塑料
较好	聚乙烯(PE)、尼龙(PA)、聚丙烯(PP)、聚苯乙烯(PS)、醋酸纤维素(CA)
中等	改性 ABS、聚苯乙烯(PS)、有机玻璃(PMMA)、聚甲醛(POM)
较差	聚碳酸酯(PC)、硬聚氯乙烯(HPVC)、聚苯醚(PPO)、聚砜(PSU)、氟塑料

（3）相容性（共混性）

相容性（共混性）是指两种或两种以上不同品种的塑料熔融后能融合到一起而不产生分离、起层现象的能力，如 ABS，由丙烯腈-丁二烯-苯乙烯三组分共聚而成。

（4）吸湿性

吸湿性是指塑料对水的吸附性能。对于具有吸水性或黏附水分倾向的塑料（如 PMMA、PA、PC、PSU、ABS 等）成型前应干燥。对于不吸水或不黏附水分的塑料（如 PE、PP、POM 等）可不干燥。常用塑料含水率与干燥温度见表 1-3。

■ 表 1-3 常用塑料含水率与干燥温度

塑料名称	允许含水率/%	干燥温度/℃	塑料名称	允许含水率/%	干燥温度/℃
聚乙烯	0.01	71	聚碳酸酯	最高 0.02	121
聚苯乙烯	0.05～0.10	71～79	尼龙	0.04～0.08	71
聚丙烯	0.10	71～82	脂类纤维塑料	0.10	76～87
聚氯乙烯	0.08	60～93	纤维素塑料	最高 0.40	65～87

（5）水敏性

水敏性是指塑料在高温下对水降解的敏感性，即使含少量水分，高温高压下也易分解，如 PMMA、PA、PC 等。因此成型前应进行干燥处理，控制水分，防止分解。

（6）结晶性

结晶性是指塑料在成型后的冷凝过程中具有的结晶特性。根据塑料是否结晶可分为结晶型和非结晶型。

结晶型塑料有 PE、PP、PA、POM、PTFE 等，一般呈不透明或半透明状。

非结晶型塑料有 PS、PVC、PC、PMMA、ABS、PSF 等，一般为透明状。

结晶型塑料使用性能较好，但收缩大，易产生缩孔，制品内应力大，各向异性显著，制品易翘曲、变形。

结晶型塑料结晶与否取决于成型条件，如熔体温度和模具温度高，则结晶度大，制品密度大，且强度、硬度高，耐磨性好，耐化学和耐电性能好；相反，则结晶小，柔软性、透明性好，伸长率和冲击韧性大。

（7）热敏性（热稳定性）

热敏性是指塑料在受热、受压时的敏感程度。某些热稳定性差的塑料，在料温高和长时间高温下会产生降解、变色，如硬质 PVC、POM 等。

防止降解的措施：在塑料中加入热稳定剂；控制成型工艺条件，如缩短高温时间和成型周期、及时清除模具和设备中的分解产物。

（8）应力开裂性

某些塑料对应力敏感，成型时易产生内应力，塑件在外力或溶剂作用下易产生开裂，如 PS、PC、PSU 等脆性材料。

防止缺陷产生的措施是加入增强材料、正确设计成型工艺过程和模具、提高塑件结构工艺性。

（9）熔体破裂

当一定熔体指数的塑料熔体在恒温下通过喷嘴孔时，其流速超过一定值后，挤出物的熔体表面发生明显的横向凹凸不平或外形畸变以致支离或断裂，如图 1-3 所示。

采取措施有增大喷嘴、流道、浇口截面，降低注射速度，提高料温。

剪切应力、剪切速率
增大方向

图 1-3 PVC 在 200℃时不同
剪切应力和剪切速率下
挤出熔体的变化

五、热固性塑料的成型工艺性能

1. 流动性

热固性塑料的流动性除与塑料品种有关外，还受到如下因素的影响。

（1）塑料的填料及润滑剂

填料不同，流动性也不同。用木粉作填料时，流动性最好；用无机盐作填料时，流动性较差；用玻璃纤维和纺织物作填料时，流动性最差。而添加润滑剂可提高流动性。

（2）成型工艺

采用压锭、预热、加大成型压力及提高成型温度等措施，都能提高塑料的流动性。

（3）模具结构

模具成型表面光滑、型腔形状简单、浇口位置及流道设计合理，都能减少流动阻力，提高流动性。

2. 收缩性

热固性塑料的收缩率形式、计算公式与热塑性塑料相同。影响收缩率的因素有塑料品种、塑料填料、塑料件结构、模具结构及成型工艺等因素。常用热固性塑料的收缩率见表 1-4。

3. 固化速度

热固性塑料在成型过程中，树脂发生交联反应，分子由线型结构变成网状体型结构。塑料由可熔变为不熔不溶（即固化状态），热固性塑料需解决固化速度和固化程度问题。固化不足（欠熟）即交联反应不够，塑料件的力学性能下降、表面缺少光泽、易发生翘曲变形或开裂。过度固化（过熟）时，塑料件机械强度不高，变色、变脆，甚至产生焦化和裂解现象。

■ 表1-4 常用热固性塑料的收缩率

塑料名称	填料	收缩率/%
酚醛树脂	无	1.0～1.2
	木粉	0.4～0.9
	石棉	0.2～0.9
	玻璃纤维	0.05～0.2
脲甲醛	α-纤维素	0.6～1.4
三聚氰胺甲醛	α-纤维素	0.3～0.6
环氧树脂	无	0.4～1.0
	玻璃纤维	0.4～0.8

4. 比体积和压缩比

比体积是指单位质量的松散塑料所占的体积，单位为 cm^3/g。

压缩比是指塑料体积与塑料制品体积之比，其值恒大于 1。比体积和压缩比都表示原料的松散程度，用来确定模具加料室的大小，值小时利于成型。常用热固性塑料的密度和压缩比见表 1-5。

■ 表1-5 常用热固性塑料的密度和压缩比

塑料名称	密度 ρ /（g/cm³）	压缩比 k
酚醛塑料（粉状）	1.35～1.95	1.5～2.7
氨基塑料（粉状）	1.50～2.10	2.2～3.0
碎布塑料（片状）	1.36～2.00	5.0～10.0

5. 水分和挥发物

塑料中的水分和挥发物来源：生产过程或运输、保管期间吸收水分；成型过程中发生化学反应的副产物。

在成型过程中含有过多的水分和挥发物无法及时排出时，塑料件易产生气泡、翘曲、变形、裂纹及表面粗糙度值增大等现象，使塑料件表面质量差、尺寸精度和机械强度降低，尤其是电绝缘性能降低。因此，模具设计时应开设必要的排气系统，让水分和挥发物在成型时变成气体并及时从模具中排出。

6. 颗粒度和均匀性

颗粒度是指塑料粉料颗粒的大小。均匀性是指颗粒相对大小的差异性。成型时颗粒细的塑料流动性好，但预热不均匀，成型周期长。颗粒太细，生产时造成粉尘飞扬，污染环境；颗粒太粗，塑料件表面粗糙；颗粒不均匀，运输或振动时容易造成大颗粒在上，小颗粒在下的分层现象，使加料不准确，影响塑件质量和尺寸。

第二节 常用热塑性塑料的性能和用途

一、聚乙烯（PE）

聚乙烯简称 PE，它是塑料工业中产量最大、用途最广的通用塑料，占世界塑料总产量的30%左右。

1. PE的化学和物理特性

（1）PE结构分析

PE由乙烯均聚以及与少量α-烯烃共聚制得的乳白色、半透明的热塑性塑料，分子结构式—CH_2—CH_2—。分子链长，结构规整，易结晶，性软，流动性好，易成型，收缩率大，吸水性小（一般无须干燥），无毒，价廉。其密度、刚性和强度随结晶度的提高而增加。

（2）PE的性能特点

PE耐热性差，使用温度不超过80℃，但耐寒性好，-60℃时仍有较好机械强度；化学稳定性好；耐水性好，长期与水接触，其性能保持不变；卫生性好（特别是高密度PE）。

（3）PE的种类

PE按聚合反应时采用的压力不同，可分为高压、中压和低压三种，由于聚合条件不同，性能有所差异。

① 高压聚乙烯，又称低密度聚乙烯，用代号LDPE表示。结晶度不高（60%～70%），分子量较小，密度较低（0.910～0.925g/cm³），收缩率为2%～5%。具有较好的柔韧性、耐冲击性、透明性、介电性能及耐寒性。

② 中压聚乙烯，又称中密度聚乙烯，密度为0.926-0.94g/cm³，收缩率为1.5%～4%。

③ 低压聚乙烯，又称高密度聚乙烯，用代号HDPE表示。密度为0.94～0.965g/cm³，收缩率为1.5%～4%。它的耐热性、硬度和机械强度比LDPE高，但柔性、耐冲击性、透明性及成型加工性能较LDPE差。

2. 模具设计与制造方面注意事项

① 设计使熔体快速充模的浇注系统，但尽量不用直接浇口，因直接浇口附近易产生较大取向应力，使塑件翘曲变形。对于扁平塑件宜采用点浇口。

② 模具流道直径为4～7.5mm，长度尽量短。浇口长度不应超过1mm。

③ PE流动性好，溢料间隙值很小，只有0.02mm，模具镶件配合面需严密。

④ 冷却系统应保证模具具有较高的冷却效率，水道直径应不小于6mm。

⑤ 质软易脱模，塑件有浅的侧凹或凸筋时可强行脱模。

3. PE注塑成型的工艺条件

① PE吸湿性小，一般不需要干燥处理。

② 料筒温度：LDPE成型温度160～210℃，HDPE成型温度140～240℃。

③ 模具温度：30～50℃。

④ 注射压力：50～105MPa，保压压力取注射压力的30%～60%。

⑤ 注射速度：建议使用快速注射。

4. 注塑成型注意事项

PE成型性能好，黏度小，流动性好，但冷却速度慢，制品收缩率大，易产生翘曲变形，故成型应注意模温稳定、均匀。浇注系统设计时应考虑不同方向收缩的差异，避免收缩差异太大。

5. PE的应用

① LDPE主要用作电冰箱容器、存储容器、家用厨具、密封盖、塑料薄膜、软管、塑料瓶等。

② HDPE主要用作碗、盆、箱柜、塑料管道、塑料板、塑料绳、管道连接器、管材、

异型材等。

二、聚氯乙烯（PVC）

聚氯乙烯简称 PVC，原料来源丰富且价廉，性能优良，它是世界上产量仅次于聚乙烯（PE）的通用塑料。

1. 化学和物理特性

（1）PVC 结构分析

PVC 是由单体氯乙烯烃加聚反应生成的热塑性线型树脂，分子结构式—CH_2—$CHCl$—。属于非结晶态高聚物，原料供应状态外形如白色或浅黄色粉末，造粒后为透明块状，类似明矾。其可溶性和可熔性差，加热后塑性很差，故 PVC 材料在实际使用中经常加入增塑剂、稳定剂、润滑剂、填充剂、色料、抗冲击剂及其他添加剂。

（2）PVC 的性能特点

力学性能、电性能优良，耐酸碱能力极强，化学稳定性好（PVC 对氧化剂、还原剂和强酸都有很强的抵抗力），但软化点低（长期使用温度−15～55℃）；具有不易燃烧、高强度、耐气候变化性以及优良的几何稳定性，但卫生性差，含氯的 PVC 有毒，不能做食品包装材料和玩具。纯 PVC 密度为 $1.4g/cm^3$，加入填料后密度为 $1.15～2.00g/cm^3$。

（3）PVC 种类

根据所加增塑剂的多少，可制得硬聚氯乙烯（HPVC）塑料和软聚氯乙烯（SPVC）。

① HPVC 收缩率较小，一般为 0.2%～0.6%；流动性较差，需加入润滑剂改善流动性。

② SPVC 收缩率较大，一般为 1.5%～2.5%；流动性较 HPVC 好。

2. 模具设计与制造方面的注意事项

① HPVC 流动性很差，浇注系统流动阻力要小，浇口及流道要粗、短、厚。

② PVC 分解产生腐蚀性气体，模具成型表面要做防腐处理，并设计合理的排气系统。

③ 制品设计壁厚均匀、有合适的脱模斜度；模温较低，需要设冷料穴。

3. PVC 注塑成型工艺条件

（1）成型性能

成型性能差，即流动特性较差，稳定性差，成型温度范围窄，140℃开始分解，180℃加速分解，分解时逸出腐蚀、刺激性气体。故 PVC 在加工时熔化温度是一个非常重要的工艺参数，如果此参数不当，将导致材料分解。

（2）注塑工艺条件

① 无定型（结晶）塑料，吸湿小，通常不需要干燥处理。

② 熔化温度185～205℃；料筒前段温度170～190℃，中段温度165～180℃，后段射嘴温度160～170℃。热稳定性差，应严格控制料温和停留时间。

③ 模具温度控制在 20～60℃。

④ 注射压力最大可达 150MPa，保压压力可达 100MPa。为避免材料降解，注射速度不能太高。

4. PVC 应用

PVC 主要用作防腐管道、家用下水管道、房屋墙板、门窗结构、商用机器壳体、电子产品包装、电线电缆、电器插座插头、软胶板、凉鞋（拖鞋）、雨衣、薄膜、泡沫等。

三、聚丙烯（PP）

聚丙烯简称 PP，是仅次于 PE 和 PVC 的第三大通用塑料，是常用树脂中最轻的一种。原料易得，价格低廉，力学性能优良，发展速度极快，应用广泛。

1. 化学和物理特性

（1）PP 结构分析

PP 分子结构式—$[CH_2—CH(CH_3)]$—，线型结构。外观为白色透明蜡状固体，形似 PE，但比 PE 更透明。属于结晶型塑料（结晶度达 50%～70%），无色透明、无味、无毒、质轻（密度 $0.90～0.91g/cm^3$）。

（2）PP 的性能特点

PP 耐热性好，长期使用温度 100～120℃，软化温度为 150℃，但耐寒性不如 PE，PP 不存在环境应力开裂问题。其化学稳定性好，除强氧化剂外，与大多数化学药品都不发生作用。耐水性特别好。电绝缘性优良，但低温下冲击强度较差。由于分子结构的特点，PP 在热、氧、光作用下易降解（易老化），故应在 PP 中加入稳定剂。

通常采用加入钛白粉、玻璃纤维、金属添加剂或热塑橡胶的方法对 PP 进行改性。

2. 模具设计与制造方面注意事项

① 模具冷却系统应能较好地控制塑料的冷却速度，保证冷却均匀。

② 普通流道通常采用圆形截面的分流道，直径范围 4～7mm。成型面积较大的扁平塑件，不宜用直接浇口，通常采用点浇口。

③ PP 材料适合采用热流道系统。

④ 溢边值 0.03mm。

3. 注塑成型工艺条件

（1）成型性能

成型性能好，可用注射、挤出、吹塑和真空成型。软化温度 150℃，熔点 160～175℃，热稳定性较好。PP 的收缩率相当大，一般为 1.0%～2.5%，通常取平均收缩率 1.5%。加入 30% 的玻璃添加剂可以使收缩率降到 0.7%。熔体流动性好，黏度随压力和温度升高而降低，但对注射压力更敏感。易产生分子定向，制品产生各向异性。

（2）注塑工艺条件

① 如果储存适当，成型前不需要干燥处理。

② 熔化温度 164～275℃，前料筒温度 200～240℃，中料筒温度 170～220℃，后料筒温度 160～190℃。注意不要超过 275℃。

③ 模具温度控制在 40～80℃，建议使用 50℃。如果模温小于 40℃，塑料件表面光泽差。模温如果大于 90℃，塑料件易发生翘曲变形及收缩凹陷。其结晶程度主要由模具温度决定。

④ 注射压力通常在 50～80MPa，保压压力取注射压力的 80% 左右。

⑤ 注射速度通常使用高速注塑，可以使内部压力损失减到最小。如果制品表面出现缺陷，那么应使用较高温度下的低速注塑。

4. 注塑成型注意事项

① 制品收缩率大，要注意补缩，否则制品易出现缩孔，模具设计也应注意。

② 后收缩：收缩不均，导致制品翘曲、变形（可通过提高注射温度和模具温度减少后

收缩或通过热处理减少后收缩）。

5. PP 的应用

PP 广泛应用于汽车工业（主要使用含金属添加剂的 PP，如挡泥板、通风管、风扇等）、器械（洗碗机门衬垫、干燥机通风管、洗衣机内桶和脱水桶及机盖、冰箱门衬垫等）、日用消费品（水桶、洗脸盆、草坪和园艺设备如剪草机和喷水器等）。

四、丙烯腈-丁二烯-苯乙烯共聚物（ABS）

丙烯腈-丁二烯-苯乙烯共聚物简称 ABS，是家用电器及汽车行业常用的一种热塑性工程塑料。

ABS 树脂的化学名称为丙烯腈-丁二烯-苯乙烯共聚物，属于非结晶性高聚物。其特性是由三组分的配比及每一种组分的化学结构、物理形态控制。丙烯腈组分在 ABS 中表现的特性是耐热性、耐化学性、刚性、抗拉强度，丁二烯表现的特性是抗冲击强度，苯乙烯表现的特性是加工流动性、光泽性。这三种组分的结合，优势互补，使 ABS 树脂具有优良的综合性能。

（1）化学和物理特性

① ABS 外观为淡黄色透明粒状物，无臭、无味、无毒。密度 $1.02\sim1.05\text{g/cm}^3$，收缩率为 $0.4\%\sim0.7\%$，通常取平均收缩率 0.55%。

② ABS 的优点：ABS 综合性能优良，制品刚性好，冲击强度和硬度较高，耐低温、耐化学药品性，机械强度和电器性能优良，易于加工，加工尺寸稳定性和表面光泽好，容易涂装、着色。表面可以进行喷涂金属、电镀、焊接和粘接等二次加工。

③ ABS 的缺点：ABS 耐热性不高，长期使用温度 70℃，热变形温度 87～93℃。易溶于有机溶剂，耐候性差，受紫外线照射易老化。

（2）模具设计与制造方面注意事项

① 需采用较高的料温与模温。

② 注意选择浇口位置，避免浇口与熔接痕位于塑料件显眼处。

③ 塑料件顶出时，表面易顶白或拉白，因此应合理设计顶出机构。

④ 溢边值 0.04mm。

（3）注塑成型工艺条件

① ABS 具有吸湿性，吸水率稍高，若存放严密，可不干燥。通常工厂生产前都需进行干燥。干燥温度 $T=80\sim85℃$，干燥时间 2～4h。

② ABS 为无定型高聚物，无明显熔点。热稳定性较好，成型温度 170℃ 以上，270℃ 开始分解。黏度适中，冷却固化速度快。黏度随温度、压力增大而增大，但对压力稍敏感。流动性好，具有较好的成型性能，成型收缩率小。

③ 注塑工艺条件：

a. 熔化温度 170～200℃，建议温度 185℃。

b. 模具温度 50～80℃（模具温度将影响塑件表面粗糙度度，温度较低，则导致表面粗糙度较低）。

c. 注射压力 50～100MPa。

d. 注射速度为中高速度。

（4）注塑成型注意事项

对于电镀产品，不允许有顶出痕迹；壁厚不能太薄，厚些有利于电镀。

（5）ABS 的应用

ABS 广泛应用于汽车（仪表板、工具舱门、车轮盖、反光镜盒等）、电冰箱、电视机外壳、显示器外壳、洗衣机机盖、空调室内机外壳、大强度工具（头发烘干机、搅拌器、食品加工机、割草机等）、电话机壳体、打字机键盘、娱乐用车辆（如高尔夫球手推车）以及喷气式雪橇车、玩具等。

五、聚酰胺（PA）

聚酰胺俗称尼龙（Nylon），简称 PA，是分子主链上含有重复酰胺基团—[NHCO]—的热塑性树脂总称。

尼龙中的主要品种是尼龙 6 和尼龙 66，占绝对主导地位，其次是尼龙 11、尼龙 12、尼龙 610、尼龙 612，另外还有尼龙 1010、尼龙 46、尼龙 7、尼龙 9、尼龙 13，新品种有尼龙 6I、尼龙 9T 和特殊尼龙 MXD6（阻隔性树脂）等。

1. 化学和物理性能

① PA 为韧性角状半透明或乳白色结晶型树脂，结晶度高。密度 $1.14g/cm^3$，收缩率为 $0.8\%\sim2.5\%$。

② PA 的优点：作为工程塑料的尼龙具有很高的机械强度，软化点高（可在 100℃ 内长期使用），摩擦系数低，耐磨损，自润滑性、抗拉强度高，吸振性和消音性好，耐油、耐弱酸、耐碱和一般溶剂，电绝缘性好，有自熄性，无毒，无臭，耐候性好，染色性差。流动性好，容易成型。

③ PA 的缺点：吸水性大，纤维增强可降低树脂吸水率，使其能在高温、高湿下工作。收缩率波动范围大，注塑技术要求严，塑料件尺寸稳定性差，易产生飞边。

2. 模具设计与制造方面注意事项

① 采用较高模温，保证结晶度要求。

② 收缩率波动范围大，注意控制模具成型零件尺寸。

③ 溢边值仅 0.02mm，控制镶件与分型面间隙。

④ 选用耐磨性较好的模具材料。

3. 注塑成型工艺条件

（1）成型性能

① PA 具有吸水性，易吸水，成型前应干燥处理。

② PA 为结晶型塑料，有明显熔点，熔点 200～210℃，熔融温度范围窄，约 10℃。

③ PA 流动性好，要防止产生溢料、飞边。

④ 热稳定性较差，要防止成型时温度过高产生氧化降解。

⑤ 收缩率大，要防止产生缩孔。

（2）注塑工艺条件

① 成型温度为 200～210℃，由于热稳定性差，温度不宜过高。

② 注射压力：黏度低，流动性好，但冷凝快，压力也不能太低。一般为 60～100MPa。

③ 模温：40～100℃，对制品性能影响较大。模温高，结晶度高，硬度大，耐磨性好；模温低，结晶度低，伸长率大，透明性和韧性好。

4. 注塑成型注意事项

成型要防止注射机产生流涎和倒流，采用自锁式喷嘴和装有止逆环螺杆头。为稳定尺寸，塑料制件可根据使用要求采用调湿处理。

5. PA 的用途

PA 广泛用于工业上制造各种机械零件，如齿轮、蜗轮、凸轮、轴承、滑轮、风扇叶片、阀座，输油管、密封圈、尼龙绳、传动带、轮胎帘子布等。

六、聚甲醛（POM）

聚甲醛又名聚氧亚甲基，简称 POM，属于过程塑料。分子结构式—O—CH$_2$—，分子结构规整和结晶性使其物理力学性能十分优异，有金属塑料之称。

1. 化学和物理性能

① POM 为乳白色不透明粉末或颗粒、结晶型及线型热塑性树脂。结晶度 77％～78％，密度 1.42g/cm^3，收缩率高达 1.2％～3.5％。

② POM 的优点：具有良好的综合性能和着色性，具有较高的弹性模量，很高的刚性和硬度，比强度和比刚度接近于金属；抗拉强度、抗弯强度、耐蠕变性和耐疲劳性优异，耐反复冲击；摩擦系数小、耐磨耗，自润滑性仅次于尼龙，尺寸稳定性较好，表面光泽好，电绝缘性优且不受湿度影响；耐化学药品性优；力学性能受温度影响小，具有较高的热变形温度。

③ POM 的缺点：POM 阻燃性较差，遇火徐徐燃烧，氧指数小，即使添加阻燃剂也得不到满意的要求，另外耐候性（老化）不理想，室外应用要添加稳定剂。

2. 模具设计与制造方面注意事项

① 具有高弹性，浅的侧凹或凸筋可强行脱模。

② 可使用任何形式的浇口。

③ 流动性差，易分解，因此，浇注系统流道阻力要小。

④ 收缩率大，应合理设计脱模机构。

⑤ 高温下分解出腐蚀性气体，模腔表面需镀铬或使用耐腐蚀材料，并注意模具排气。

⑥ 溢边值为 0.04mm。

3. 注塑成型工艺条件

（1）成型性能

① POM 熔融温度与分解温度相近，成型性能较差，成型收缩率大，一般为 1.2％～3.5％。

② 模具温度宜高些，或塑件进行退火处理，或加入增强材料（如无碱玻璃纤维）。

③ 熔点明显，结晶度高，体积收缩大；热稳定性差，240℃会严重分解，料温不可太高；冷凝速度快，易产生缺陷，如折皱、斑纹、熔接痕等。

（2）注塑工艺条件

① 如果材料储存在干燥环境中，通常不需要干燥处理。

② 熔化温度：均聚物材料为 190～230℃；共聚物材料为 190～210℃。

③ 模具温度 80～120℃。为了减小成型后收缩率，可选用高一些的模具温度。

④ 注射压力 70～100MPa，背压 0.5MPa。

⑤ 宜用中等或偏高的注射速度。

4. 注塑成型注意事项

成型温度不超过 240℃。在 190℃ 以上，塑料不能停留太久；根据制品要求，可用退火处理，去除内应力；收缩大，塑料件要设计适当脱模斜度。

5. POM 的应用

POM 被广泛用于制造各种滑动、转动机械零件，如齿轮、杠杆、滑轮、链轮，特别适宜做轴承、热水阀门、精密计量阀、输送机的链环和辊子、流量计、汽车内外部把手、曲柄等转动机械，油泵轴承座和叶轮燃气开关阀、电子开关零件、紧固体、接线柱镜面罩、电风扇零件、仪表旋钮；录音录像带的轴承；各种管道和农业喷灌系统以及阀门、喷头、水龙头、洗浴盆零件；开关键盘、按钮、音像带卷轴；动力工具，庭园整理工具零件；另外可作为冲浪板、帆船及各种雪橇零件，手表微型齿轮、体育用设备的框架辅件和背包用各种环扣、紧固件、打火机、拉链、扣环等。

七、聚碳酸酯（PC）

聚碳酸酯简称 PC，是一种综合性能优良的热塑性工程塑料。

1. 化学和物理特性

① PC 是一种无毒、无味、无色，高度透明的非结晶型聚合物。

分子式为 $-O-C_6H_4-C(CH_3)_2-C_6H_4-O-\overset{O}{\overset{||}{C}}-$。密度 $1.20\sim1.43g/cm^3$。收缩率较低，一般为 0.5%～0.7%。无明显熔点，在 220～280℃ 呈熔融状态。

② PC 的优点：具有优良的物理力学性能，尤其是耐冲击性优异，抗拉强度、抗弯强度高；具有良好的耐热性和耐低温性，在较宽的温度范围内具有稳定的力学性能，电性能和阻燃性，长期使用温度可达 130℃。收缩率小，尺寸精度高，稳定性好。

③ PC 的缺点：PC 流动性差；成型时对温度敏感；耐疲劳强度和耐磨性不好；塑料件表面易出现色纹，对模具设计要求高。

2. 模具设计与制造方面注意事项

① 由于其流动性差，流道设计要短而粗，转折少，且需设计冷料穴。
② PC 材料较硬，易损伤模具，成型零件应采用耐磨材料，并进行热处理或表面镀硬铬。
③ 溢边值为 0.06mm。

3. 注塑成型工艺条件

（1）成型性能
① 可采用注射、挤出、吹塑和真空成型。
② 收缩率小，热稳定性好，成型温度范围宽。
③ 对水比较敏感，成型时会出现色纹、气泡等缺陷。

（2）注塑工艺条件
① PC 具有吸湿性，成型前应干燥处理。建议干燥温度为 100～120℃，时间 3～4h。加工前的湿度必须小于 0.02%。
② 由于苯环存在，具有刚性，制品成型易产生内应力，且内应力不易消失，故制品带嵌件成型困难。
③ 熔化温度 260～340℃。
④ 模具温度 80～120℃（高模温，内应力小）。

⑤ 尽可能地使用高注射压力，一般为 80～130MPa。

⑥ 厚壁取中速注射，薄壁取高速注射。

4. 注塑成型注意事项

① 制品要设适当脱模斜度；壁厚 1.5～5mm，要尽量均匀；内应力大，避免尖角，制品过渡要用圆弧。

② 尽可能不用嵌件，若用则周围塑料层厚度要足够，可对嵌件进行预热，制品经常需要进行后处理。

③ 一般不用点浇口。对于透明件，型腔表面粗糙度要小。推出机构的推出力要均匀。

④ 通常不用脱模剂，以免影响制品透明性。

⑤ 后处理采用退火处理，消除内应力。

5. PC 的应用

PC 的三大应用领域是玻璃装配业、汽车工业和电子、电器工业，其次还有工业机械零件、光盘、包装、计算机等办公室设备、医疗及保健、薄膜、休闲和防护器材等。如汽油泵表盘、汽车仪表板、前灯罩，反光镜框、门框套、操作杆护套、接线盒、插座、插头及套管、垫片、电视转换装置，电话线路支架下通信电缆的连接件、电闸盒、电话总机、配电盘元件，继电器外壳，动力工具的手柄，各种齿轮、蜗轮、轴套、导规等。

八、聚甲基丙烯酸甲酯（PMMA）

聚甲基丙烯酸甲酯俗称有机玻璃，简称 PMMA。是高度透明的非结晶型聚合物。分子结构式为 $—CH_2C(CH_3)—$ 。
$$\overset{|}{COOCH_3}$$

（1）化学和物理特性

① PMMA 具有优良的光学特性和耐气候变化特性。白光的穿透性高达 92%。密度 1.18g/cm^3。收速率较小，一般为 0.3%～0.4%。最高使用温度 80℃。

② PMMA 的优点：PMMA 具有较好的抗冲击韧性，可在 −60～−100℃ 范围内保持不变；加工性、着色性、刚性和电绝缘性良好；耐酸碱及氧化剂。

③ 缺点：表面硬度低，易划伤；耐热性差，使用温度在 65～80℃；塑料件内部残留应力较大，可导致应力开裂现象，脆性大。

（2）模具设计与制造方面注意事项

① PMMA 流动性较差，浇注系统阻力要小，适宜采用侧浇口，尺寸取大些。

② 模具成型表面要光滑，需达镜面效果。

③ 脱模斜度要足够大，便于透明塑料件脱模。

④ 合理设计排气结构及冷料穴，防止出现气泡、银纹、熔接痕等缺陷。

（3）注塑成型工艺条件

① PMMA 易吸水，成型前应干燥。干燥温度 70～80℃，时间 2～4h。

② 料筒前端温度 210～270℃，中段温度 215～235℃，后端温度 140～160℃。

③ 模具温度 40～70℃（模温高，利于充模，改善制品透明性，降低内应力，但成型周期长）。

④ 注射速度太快形成明显气泡，注射速度太慢会使熔接痕变粗，因此宜采用中等注

射速度。

⑤ 因流动性稍差，宜采用高压注射成型。

（4）注塑成型注意事项

① PMMA 因有脆性，制品设计壁厚尽量均匀，圆角过渡。

② 宜采用大的浇口和流道。

③ 制品透明，故顶杆要少，型腔、型芯粗糙度值要小；生产过程要干净、整洁，这是加工 PMMA 的基础。

（5）PMMA 的应用

PMMA 主要应用于汽车工业（如信号灯罩、仪表盘、窗玻璃等）、医药行业（如储血容器等）、工业应用（如影碟、灯光散射器）、日用消费品（如饮料杯、文具等）。

九、聚苯乙烯（PS）

聚苯乙烯简称 PS，是第四大通用热塑性塑料。分子式为 $[C_8H_8]n$。

（1）化学和物理特性

① PS 是无毒无味，无色透明有光泽的非晶体线型高聚物，密度 $1.054g/cm^3$，收缩率为 $0.4\%\sim0.7\%$，通常取 0.5%。热变形温度 $76\sim94℃$，使用温度 $70℃$ 以下。

② PS 的优点：PS 流动性好，成型加工容易；具有非常好的几何稳定性、热稳定性、光学透过特性（其光学性能仅次于有机玻璃）、电绝缘特性以及很微小的吸湿倾向；易着色，装饰性能好。

③ PS 的缺点：由于含苯环，制品内应力大，质地硬而脆，易开裂；耐冲击性及耐磨性差；不耐高温，易老化。

（2）模具设计与制造方面注意事项

① 适宜各种类型常规浇口。若用点浇口时，直径为 $0.8\sim1mm$。

② PS 性脆易开裂，因此塑件应设计较大的脱模斜度。脱模机构设计合理，顶出力要均匀，防止顶出力过大导致塑件开裂。

（3）注塑成型工艺条件

① 储存适当，通常不需要干燥处理。若需干燥，干燥温度为 $80℃$，时间 $2\sim3h$。

② 料筒温度 $180\sim280℃$。

③ 模具温度 $50\sim80℃$。

④ 注射压力 $30\sim80MPa$。

⑤ 注射速度宜高些，以减少熔接痕。但过高的注射速度会导致产生飞边或脱模时粘模、顶白、顶裂等缺陷。

（4）PS 的应用

PS 主要用于制造音像制品和光盘磁盘盒、灯具和室内装饰件、高频电绝缘零件、包装行业、家庭用品（餐具、托盘等）、电气（透明容器、光源散射器、绝缘薄膜）、仪表外壳、汽车及摩托车灯罩等产品。

十、聚砜（PSU 或 PSF）

（1）化学和物理特性

① 聚砜简称 PSU，外观透明略带琥珀色的非结晶型聚合物。密度 $1.24g/cm^3$，收缩率

较小（0.2％～0.7％）。

② PSU 的特点：PSU 的优点是具有良好的力学性能，有很好的刚性和强度，冲击性能比 ABS 高；具有突出的耐热、耐氧化性能，可在－100～150℃的范围内长期使用，热变形温度 174℃；制件尺寸稳定，可进行机械加工和电镀。

PSU 的缺点是流动性差，塑料件易开裂；耐疲劳强度差；耐候性差；耐有机溶剂性差。

（2）模具设计与制造方面注意事项

① PSU 流动性较差，对温度变化敏感，冷却速度快，浇注系统阻力要小。

② 塑件和模具应设计较大的脱模斜度。

③ 塑件易产生应力开裂，生产前模具需加热。

（3）注塑成型工艺条件

① PSU 可用注射、挤出、吸塑等成型方法。

② 易吸湿，吸水率为 0.2％～0.4％，加工前原料应充分干燥，保证含水率在 0.1％以下。

③ 制件易发生银丝、斑纹、气泡。

④ 成型后塑件应进行退火处理或甘油浴退火处理。

⑤ 注射料筒前端温度 310～330℃，中段温度 280～300℃，后端温度 250～270℃。

⑥ 模具温度 130～150℃。

⑦ 流动性差，冷却快，应采用较高温度和压力注射，注射压力 80～150MPa。

（4）PSU 的用途

PSU 主要用于电子电气、食品和日用品、汽车、航空、医疗和一般工业等部门，制作各种接触器、接插件、变压器绝缘件、可控硅帽、绝缘套管、线圈骨架、接线柱、印制电路板、轴套、罩、电视系统零件、电容器薄膜，电刷座、碱性蓄电池盒、电线电缆包覆。PSF还可做防护罩元件、电动齿轮、飞机内外部零配件、宇航器外部防护罩、照相器挡板、灯具部件、传感器。代替玻璃和不锈钢做蒸汽餐盘、咖啡盛器、微波烹调器、牛奶盛器、挤奶器部件、饮料和食品分配器。卫生及医疗器械方面有外科手术盘、喷雾器、加湿器、牙科器械、流量控制器、起槽器和实验室器械，还可用于镶牙，由于粘接强度高，还可做化工设备（泵外罩、塔外保护层、耐酸喷嘴、管道、阀门容器）、食品加工设备、奶制品加工设备、环保控制传染设备。

十一、丙烯腈-苯乙烯共聚物（AS）

AS 塑料的学名为丙烯腈-苯乙烯共聚物，是由丙烯腈与苯乙烯共聚而成的高分子化合物，一般含苯乙烯 15％～50％，属于工程塑料，比 PS 有更高的冲击强度和耐热性，广泛应用于电子电气等领域。

（1）化学和物理特性

AS 塑料是透明带黄色至琥珀色的固体，密度 1.06。不易变色，不受稀酸、稀碱、稀醇和汽油的影响，但溶于丙酮、乙酸乙酯、二氯乙烯等中，具有优良的耐热性和耐溶剂性。

（2）注塑工艺条件

① 注塑成型温度 180～270℃。

② 该料易吸湿，注塑前需进行干燥，温度 80℃，干燥 2h。

③ 模具温度 65～75℃，所有常规浇口都可使用。

④ 注塑压力 35～130MPa，高速注塑。

（3）塑料件常见问题

塑料件常见问题包括溢料、飞边、气泡、熔接痕、烧焦及黑纹、银丝及斑纹、光泽不良、翘曲变形等。

（4）AS 的用途

AS 塑料主要应用于耐油机械零件、空调机部件、仪表壳、仪表盘、接线盒、拖拉机油箱、蓄电池外壳、包装容器、开关、日用品等。AS 塑料也可抽成单丝，但主要用作生产 ABS 树脂的掺混料。

十二、聚苯醚（PPO）

PPO 塑料是五大工程塑料之一，综合性能优异，通过改性提升性能，广泛应用于各领域。

（1）化学和物理特性

聚苯醚（PPO）为非结晶型塑料，无明显熔点。外观呈土黄色，密度小，易加工。属于工程塑料，具有高刚性，耐高温，较高的抗拉强度和抗冲强度，耐蠕变，有较好的耐磨性和电性能、环保性，外表美观，电性能优良，耐化学药品性好等优势，可替代铜等金属，节约成本。可在 $-127 \sim 121℃$ 范围内长期使用，热分解温度达 350℃。成型收缩率较小，一般为 $0.2\% \sim 0.7\%$，因而制品尺寸稳定、性能优良。熔体冷却速率快，注意选择合适的模具和工艺，以防制品中产生较大的内应力。

（2）注塑工艺条件

① 吸水较少，但微量水分会破坏制品的表观质量，在成型前需要 $80 \sim 100℃$ 干燥处理 $1 \sim 2h$。

② 注塑成型温度 $260 \sim 290℃$，喷嘴温度低于料筒温度 10℃。

③ 宜采取高压、高速注射，保压及冷却时间不能太长。

④ 模具温度：PPO 熔体黏度大，在注塑成型时应采用较高模温。模温控制在 $100 \sim 150℃$。模温低于 100℃ 时，薄壁塑件易出现充满不足及分层；而高于 150℃ 时易出现气泡、银丝、翘曲等缺陷。

⑤ 注射压力：提高注射压力，有利于熔料的充模，一般注射压力控制在 $100 \sim 140MPa$。

⑥ 保压压力：为注射压力的 $40\% \sim 60\%$，背压为 $3 \sim 10MPa$（$30 \sim 100bar$）。

⑦ 注射速度：有长流道的制品需要快速注射。

（3）PPO 的用途

PPO 用于代替不锈钢制造外科医疗器械、饮水机、洗碗机。在机电工业中可制作齿轮、鼓风机叶片、管道、阀门、螺钉及其他紧固件和连接件等，还用于办公设备、家用电器、电子、电气工业中的零部件，如光纤连接器、线圈骨架及印制电路板等。

第三节　常用热固性塑料

一、酚醛塑料（PF）

1. 酚醛塑料的基本特性与种类

酚醛塑料是一种产量较大的热固性塑料，应用广泛，它是以酚醛树脂为基础制得的。纯净酚醛树脂是黏稠黄色半透明液体或类似松香固体，没有单独使用的价值，必须加入各种纤维素或粉末状填料，然后才能成为具有一定性能和使用要求的酚醛塑料。酚醛塑料与一般热塑性塑料相比，刚性好，变形小，耐热、耐磨，能在 150～200℃ 的温度范围内长期使用；摩擦系数低；电绝缘性能优良。缺点是质脆，冲击强度差，不能重复利用，环保性能差。

根据 PF 中加入填料不同，可制成不同种类的酚醛塑料。

（1）酚醛压缩粉

酚醛压缩粉俗称电木粉，是在 PF 中加入木粉而制得。特点是成本低，电绝缘性能好。用于制造电绝缘零件，如电器开关、仪表外壳、电器旋钮等。

（2）层状酚醛塑料

层状酚醛塑料是指在片状填料上浸渍酚醛树脂溶液制得的塑料。根据填料不同，有纸质、布质、木质、石棉和玻璃布等。布质及玻璃布酚醛塑料具有优良的力学性能、耐油性能和一定的介电性能，用于制造齿轮、轴瓦及电工结构材料、电器绝缘材料；石棉布酚醛塑料用于制造高温下工作的零件。

（3）纤维状酚醛塑料

在树脂中加入纤维状填料称为纤维状酚醛塑料，目的是提高塑料的冲击强度。如玻璃纤维填充的酚醛塑料强度大，具有优良的耐热性和耐化学腐蚀性，用于制造开关、凸轮等零件；石棉纤维填充的酚醛塑料具有卓越的耐热性、耐化学腐蚀性和耐磨性，用于制造离合器的摩擦片、制动块等零件。

2. 酚醛塑料成型特点

① 成型性能较好，适用于压缩成型，部分适用于压注成型，少数可用于注射成型。

② 含有水分及挥发物，成型前要预热干燥，成型过程中要注意排气。

③ 模具温度对流动性影响较大，当温度超过 160℃ 时，流动性迅速下降。

④ 硬化速度比氨基塑料慢，硬化时放出热量大，大型厚壁塑料件内部温度易过高，发生硬化不均及过热现象。

二、氨基塑料

1. 氨基塑料的基本特性与种类

氨基树脂是由氨基化合物与醛基（主要是甲醛）经缩聚反应而制得的塑料，主要品种有脲甲醛及三聚氰胺-甲醛树脂。以氨基树脂为基础添加填充剂、固化剂、润滑剂和着色剂，制成各种氨基塑料。

（1）脲甲醛塑料（UF）

脲甲醛塑料是脲甲醛树脂和漂白纸浆等制成的压塑粉，俗称电玉粉。该塑料着色性能好，表面硬度高，耐腐蚀，长期使用温度 80℃。用作制造电子绝缘零件、电器照明零件、胶合板粘接剂等。

（2）三聚氰胺-甲醛塑料（MF）

三聚氰胺甲醛塑料是由三聚氰胺甲醛树脂与石棉、滑石粉等制成的压塑粉，又称蜜胺塑料。无毒无味，着色性能好，外观像陶瓷，耐酸碱，可在 −20～100℃ 温度范围内长期使用。主要用作塑料餐具、桌面装饰板、电子绝缘零件等。

2. 氨基塑料成型特点

① 常用压缩、压注成型，少数可注射成型。

② 含有水分及挥发物，成型前要预热干燥，成型过程中要注意排气。成型时有酸性分解物及水分析出，模具表面应镀铬防腐。

③ 流动性好，硬化速度快，预热与成型时温度要适当，加料、合模速度要快。

④ 质脆，嵌件周围易产生应力集中，故尺寸稳定性差。

⑤ 塑料颗粒细，压缩比大，料中充气多，不宜采用预压锭成型。

三、环氧树脂（EP）

（1）环氧树脂基本特性

环氧树脂是含有环氧基的高分子化合物。未交联反应前是线性热塑性树脂，在加入硬化剂发生交联反应后生成不熔的网状体型结构的高聚物。

环氧树脂品种多，产量大，有许多优良的性能，应用广泛。其最突出的优点是粘接能力强，如万能胶。此外，环氧树脂耐酸、碱和有机溶剂，耐热，电绝缘性良好，收缩率小，比酚醛树脂机械强度高。缺点是耐候性差、冲击韧性低。

（2）环氧树脂成型特点

① 流动性好，硬化速度快。

② 不易脱模，浇注前应加脱模剂。

③ 硬化时不产生副产物，不需排气。

（3）主要用途

环氧树脂可用作金属或非金属黏合剂；电器开关装置；印制电路板；电器元件的密封、绝缘；防腐涂层和油漆涂料。

第四节　常用塑料的辨别方法

塑料分子结构和成分很复杂，又含有各种添加剂，若要精确鉴别，需借助化学实验、测试仪器等手段，而这些专用设备一般工厂都没有购置。因此，生产现场通常采用下述三种方法。

1. 外观鉴别法

可从颜色、手感、韧性方面进行区分。

（1）查看料粒外观颜色

各种塑料外观呈不同颜色，与样品对比即可区分不同材料。

（2）用手触摸塑件

PE、PP、PA 有不同可弯性，手触有蜡样滑腻感，敲击时有软性角质类声音。PS、ABS、PC、PMMA 塑料则无延展性，手触有刚性感，敲击时声音清脆。

（3）对塑料件进行折弯

从韧性和脆性来判断。

2. 密度鉴别法

PP、PE 比水轻，在水中能浮于水面。PA、PS 密度接近于水，在水中处于悬浮状。其他塑料密度都比水大，沉于水中。各种塑料密度不同，可用表1-6中液体进行鉴别。

3. 燃烧特性鉴别法

所有热塑性塑料受热或燃烧，都会出现软化、熔融现象，但不同塑料燃烧现象不同。而所有热固性塑料受热或燃烧，都不会变软或熔融，只会变脆和焦化。表 1-7 所示为常用塑料燃烧鉴别法。

■ 表 1-6 鉴别塑料常用的液体

测试用液体	相对密度	测试用具
工业用酒精	0.8	
水	1	
氯化钠（饱和盐水）	1.22	试管架、试管、烧瓶、镊子、玻璃搅棒
氯化镁	1.33	
氯化锌	1.63	

■ 表 1-7 常用塑料燃烧鉴别法

塑料名称	代号	燃烧情况	火焰状态	离火后情况	气味
聚丙烯	PP	容易	熔融滴落，上黄下蓝	烟少，继续燃烧	石油味
聚乙烯	PE	容易	熔融滴落，上黄下蓝	继续燃烧	石蜡燃烧气味
聚氯乙烯	PVC	难，会软化	上黄下绿，有烟	离火熄灭	刺激性酸味
聚甲醛	POM	容易，熔融滴落	上黄下蓝，无烟	继续燃烧	强烈刺激甲醛味
聚苯乙烯	PS	容易	软化起泡，橙黄色浓黑烟，有炭末	继续燃烧，表面油性光亮	特殊乙烯气味
尼龙	PA	慢	熔融滴落	起泡，慢慢熄灭	羊毛、指甲燃烧味
聚甲基丙烯酸甲酯	PMMA	容易	熔化起泡，浅蓝色，无烟	继续燃烧	强烈花果味
聚碳酸酯	PC	容易，软化起泡	有少量黑烟	离火熄灭	无特殊气味
丙烯腈-丁二烯-苯乙烯共聚物	ABS	缓慢，软化燃烧，无滴落	黄色，有黑烟	继续燃烧	特殊气味

本章测试题（总分 100 分，时间 120 分钟）

1. 填空题（每空 1 分，共 20 分）

（1）影响塑料件收缩的因素可归纳为_____、_____、_____、_____。

（2）塑料的分类方法很多，按合成树脂_____和_____分为热塑性塑料和热固性塑料，前者特点_____。

（3）常用的添加剂主要有_____、_____、_____、_____、_____、_____。

（4）塑料按用途可分为_____、_____、_____。

（5）产量最大的三种热塑性塑料分别是_____、_____、_____。

（6）常用热固性塑料有酚醛塑料（PF）、氨基塑料和_____。

2. 单项选择题（每小题 1 分，共 8 分）

（1）下列用于制作透明塑料件的有（   ）。

A. 聚甲醛（POM）　　　　　　B. 聚碳酸酯（PC）

C. 聚丙烯（PP）　　　　　　　D. 聚乙烯（PE）

(2) 下列不能用于制作透明塑料件的有（　　　）。

A. 聚甲醛（POM）　　　　　　　B. 聚碳酸酯（PC）

C. 聚苯乙烯（PS）　　　　　　　D. ABS

(3) 下列用于制造齿轮、轴承的塑料是（　　　）。

A. 聚苯乙烯（PS）　　　　　　　B. 聚甲基丙烯酸甲酯（PMMA）

C. 聚酰胺（PA）　　　　　　　　D. 聚氯乙烯（PVC）

(4) 助剂的加入可改善塑料的某些性能，下列何种助剂加入可提高其流动性？（　　　）

A. 填充剂　　　　　　　　　　　B. 稳定剂

C. 润滑剂　　　　　　　　　　　D. 固化剂

(5) 尼龙注射制品成型后，为消除内应力，稳定尺寸，达到吸湿平衡，可用的后处理方法是（　　　）。

A. 淬火　　　　　　　　　　　　B. 退火

C. 调湿　　　　　　　　　　　　D. 回火

(6) 有些塑料易吸水，故注射成型前需干燥，下列不需干燥的塑料是（　　　）。

A. PC　　　　　　　　　　　　　B. PMMA

C. PE　　　　　　　　　　　　　D. PA

(7) 下列塑料中属于热塑性塑料的是（　　　）。

A. EP　　　　　　　　　　　　　B. MF

C. OPP　　　　　　　　　　　　D. PF

(8) 下列塑料中属于热固性塑料的是（　　　）。

A. UF　　　　　　　　　　　　　B. PSU

C. AS　　　　　　　　　　　　　D. PP

3. 判断题（每小题 1 分，共 12 分）

(1) 塑料成型前是否需要干燥由它的含水率决定，一般大于 0.2% 要干燥。（　　　）

(2) 热塑性塑料都是结晶型塑料。（　　　）

(3) 热固性塑料分子结构是网状体型结构，因此，可重复使用。（　　　）

(4) 热塑性塑料分子结构是线型或支链型结构，因此，不可重复使用。（　　　）

(5) 塑料质轻，化学和物理性能稳定，因此，在各行各业得到广泛应用。（　　　）

(6) ABS 综合性能好，机械强度高，抗冲击能力强，抗蠕变性好，有一定的表面硬度，耐磨性好，耐低温，可在 -40℃ 下使用，电镀性能好。（　　　）

(7) PE 的特点是软性，无毒，价廉，加工方便，吸水性小，可不用干燥，半透明。（　　　）

(8) PP 在常用塑料中密度最大，表面涂漆、粘贴、电镀加工相当容易。（　　　）

(9) PC（聚碳酸酯）耐冲击性是塑料之冠、可长期工作温度达 120～130℃。（　　　）

(10) PMMA（聚甲基丙烯酸甲酯）最大的缺点是脆（比 PS 还脆）。（　　　）

(11) PVC 可用于设计缓冲（击）类塑件，如凉鞋、防振垫。（　　　）

(12) PS 透光性好、吸水率低，可不用烘料、流动性好，易成型加工，最大缺点是脆。（　　　）

4. 简答题（每小题 5 分，共 40 分）

(1) 什么是塑料？什么是树脂？塑料一般由哪些主要成分组成？

(2) 塑料的特性有哪些？

(3) 按塑料的物理化学性能分为哪几种？按塑料的用途分为哪几种？

(4) 热塑性塑料的性能有哪几方面？各包含什么主要内容？

(5) 什么是塑料的计算收缩率？塑件产生收缩的原因是什么？影响收缩率的因素有哪些？

(6) 什么是塑料的流动性？影响流动性的因素有哪些？

(7) 简述透明塑料对模具设计有何要求？

(8) 简述 PVC、PE、PP、ABS、POM、PS、PC 七种常用塑料的物理和化学性能。

5. 应用分析题（每小题 5 分，共 20 分）

（1）图 1-4 所示为连接座塑料件结构，大批量生产，要求塑料件具有较高的强度、刚度，较小的脆性，良好的表面外观质量和尺寸精度。试选择成型材料，分析塑件成型工艺，并标注技术要求。

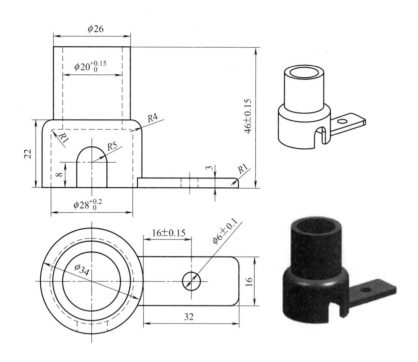

图 1-4　连接座塑料件

（2）图 1-5 所示为管道弯头塑料件，大批量生产。要求塑料件具有一定的刚度、硬度，良好的耐腐蚀性、阻燃性，且价廉。试选择成型材料，分析塑件成型工艺，并标注技术要求。

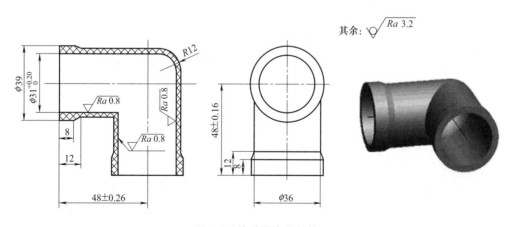

图 1-5　管道弯头塑料件

（3）图 1-6 所示为矿泉水瓶塑料盖，大批量生产。要求塑件具有良好的韧性、化学稳定性，且无毒、价廉。试选择成型材料，分析塑件成型工艺，标注技术要求。

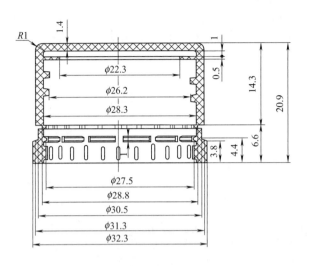

图 1-6 矿泉水瓶塑料盖

（4）图 1-7 所示为双联塑料齿轮，大批量生产。要求塑料件具有较高的强度、良好的韧性及耐磨性、自润滑性、消音性。试选择成型材料，分析塑料件成型工艺，并标注技术要求。

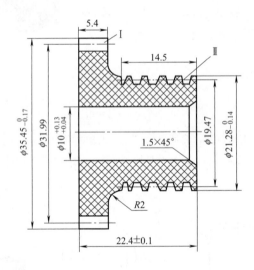

图 1-7 双联塑料齿轮

<<<

第二章

注塑机结构与工作原理及其维护保养

第一节　塑料常见的成型方法简介

塑料常见的成型方法包括注塑成型、压缩成型、压注成型、挤出成型、气动成型（吹塑、吸塑）、泡沫成型、空气辅助成型、滚塑成型等30多种。

一、注塑成型

注塑成型又称注射成型，应用最广泛。使用设备是注塑机，如图2-1所示。成型模具是注塑模（注射模），如图2-2所示。主要成型热塑性塑料，几乎所有热塑性塑料都可以用注塑成型方法生产塑料件。目前，热固性塑料也可使用注塑成型方法生产热固性塑料件。

图 2-1　注塑机

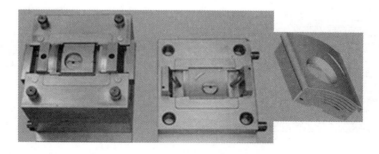

图 2-2　注塑模与注塑件

二、压缩成型

压缩成型（又称压塑成型、压制成型或压胶成型），主要成型热固性塑料。使用设备通常为液压机，如图 2-3 所示。成型模具是压缩模（又称压塑模、压制模、压胶模），如图 2-4 所示。压缩成型塑料件如图 2-5 所示。

压缩成型原理：将粉状、粒状、纤维状或碎屑状热固性塑料加入模具加料腔中，然后合模加热使其熔融，并在压力作用下使塑料流动而充满模腔，同时塑料发生交联反应而硬化定型，最后脱模，得到所需塑料件。

图 2-4 压缩模

图 2-3 液压机

图 2-5 压缩成型塑料件

三、压注成型

压注成型（又称挤胶成型、挤塑成型），主要成型热固性塑料。使用设备通常为液压机或专用压注机，如图 2-3 所示。成型模具是压注模（传递模、挤胶模、挤塑模），如图 2-6 所示。压注塑料件如图 2-7 所示。

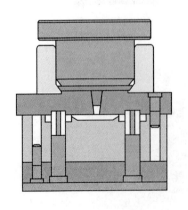

图 2-6 压注模

图 2-7 压注塑料件

　　压注成型是将注塑与压缩成型结合起来的一种塑料成型工艺。其原理是先将聚合物材料加入模具加料腔中，加热熔融后，在柱塞压力下经过浇注系统将其压注到模具型腔中，冷却固化后得到所需的塑料制品。压注所需的充模压力较小，物料在成型时的取向性小，制品的内应力也较小。

四、挤出成型

　　挤出成型工艺原理是将塑料（粒状或粉状）加入挤出机料筒内加热熔融，在挤出机挤压系统加压的情况下通过具有与塑料型材截面形状相仿的口模，使之成为与口模相仿的粘流态连续体，然后通过冷却定型，形成具有一定几何形状和尺寸的塑料制品型材。主要成型热塑性塑料的管材、棒材、板材、薄膜、电线、电缆、丝网、中空制品形坯、异形材及粒料、着色、混炼等。少数热固性如酚醛、脲醛等也可挤出成型。挤出成型塑料产量约为塑料制品总产量的 1/3，是较普遍的塑料成型加工方法之一。塑料挤出成型生产线如图 2-8 所示，挤出模具如图 2-9 所示，挤出型材如图 2-10 所示。

图 2-8　塑料挤出成型生产线

图 2-9　挤出模具

图 2-10　挤出型材

五、气动成型（吹塑、吸塑）

　　气动成型工艺分为中空吹塑成型工艺、真空吸塑成型工艺、压缩空气成型工艺。

　　中空吹塑成型工艺是将处于塑性状态的塑料型坯置于模具型腔内，使压缩空气注入型坯中将其吹胀，使之紧贴于模腔壁上，冷却定形得到一定形状的中空塑件的加工方法。成型各种容器、瓶子，使用设备有挤出吹塑机、注塑吹塑机。

　　真空吸塑成型工艺是把热塑性塑料板、片材固定在模具上，用辐射加热器进行加热至软化温度，然后用真空泵把板材和模具之间的空气抽掉，从而使板材贴在模腔上成型，冷却后借助压缩空气使塑件从模具中脱出。

压缩空气成型工艺是将片状板材置于加热板和凹模之间，固定加热板，分别从不同方向通入压力为 0.8MPa 的预热压缩空气，迫使软化的塑料板材紧贴在模具型腔表面上成型。制品在型腔内冷却定型后，切除余料，压缩空气将塑料制品从凹模中推出。

六、发泡成型

发泡成型（泡沫塑料成型）是指成型各种包装用泡沫。是以热塑性或热固性树脂为基体，在塑料中加入一定的发泡剂，在模具内发泡定型成塑料制件，内部具有无数微小气孔。发泡是塑料加工的重要方法之一，塑料发泡得到的泡沫塑料含有气固两项（气体和固体）组织。塑料的发泡方法根据所用发泡剂的不同分为物理发泡法和化学发泡法两大类。常用热塑性塑料发泡的有 PE、PS、PVC、PU 等，热固性塑料发泡的有酚醛、脲甲醛（UF）、环氧树脂（EPO）、有机硅等。

七、空气辅助成型（气辅成型工艺）

空气辅助成型工艺是诞生于 20 世纪 80 年代、90 年代才得到实际应用的一项实用型注塑新工艺，其原理是将熔融塑料充填到模具型腔适当位置（90%～99%），再注入高压惰性气体（氮气，压力 30MPa）到制品结构中较厚的部位，利用气体推动熔融塑料继续充满型腔，用气体保压来代替塑料保压，冷却后将气体从气道中排出，形成中空结构塑料件。气辅成型的典型塑料件如图 2-11 所示。

图 2-11　气辅成型的典型塑料件

气辅成型的优点：可降低产品的残余应力，使产品不变形；解决和消除塑料件表面缩痕，用于厚度变化大的产品；降低注塑机锁模力，减少机器损耗，提高寿命；节省塑料原料达 30%；缩短生产周期，提高生产效率；降低模腔内压力，减少模具损耗，提高寿命；对某些塑料件，模具可采用轻质易加工的铝合金材料，大幅度提升加工效率，降低加工成本。

气辅设备是独立于注塑机之外的一套系统。气辅成型过程有合模、射台前进、溶胶充填、气体注入、预塑计量（气体保压）、射台后退（排气泄压）、冷却定型、开模、顶出塑件。气辅成型工艺过程如图 2-12 所示。

图 2-13 所示为熔融塑料充填模具及注入气体、塑件冷却与气体保压过程模拟。

八、滚塑成型

滚塑成型又称旋塑、旋转成型、旋转模塑、旋转铸塑、回转成型等。滚塑成型工艺是先将相当于制品重量的塑料原料加入两瓣或多瓣密闭模具中，然后模具沿两垂直轴不断旋转并使之加热，模内的塑料原料在重力和热能的作用下，逐渐均匀地涂布、熔融黏附于模腔的整个表面上，成型为所需要的形状，再经冷却定型而成制品，最后开模取出制品，如图2-14所示。

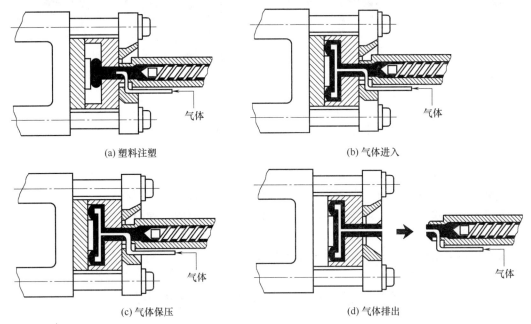

(a) 塑料注塑　　　　　　　　　　　　(b) 气体进入

(c) 气体保压　　　　　　　　　　　　(d) 气体排出

图 2-12　气辅成型工艺过程

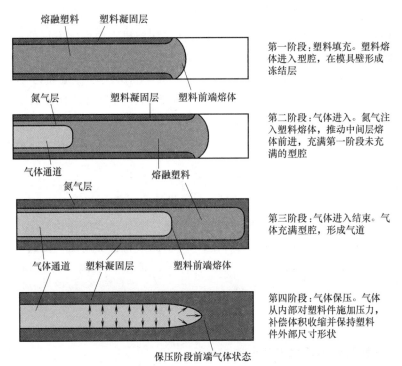

第一阶段：塑料填充。塑料熔体进入型腔，在模具壁形成冻结层

第二阶段：气体进入。氮气注入塑料熔体，推动中间层熔体前进，充满第一阶段未充满的型腔

第三阶段：气体进入结束。气体充满型腔，形成气道

第四阶段：气体保压。气体从内部对塑料件施加压力，补偿体积收缩并保持塑料件外部尺寸形状

保压阶段前端气体状态

图 2-13　熔融塑料充填模具及注入气体、塑件冷却与气体保压过程模拟

滚塑成型工艺过程为加热—加热旋转—冷却定型—开模取件。

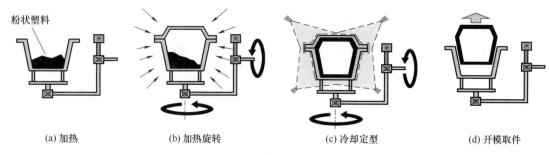

粉状塑料

(a) 加热　　　　　(b) 加热旋转　　　　　(c) 冷却定型　　　　　(d) 开模取件

图 2-14　滚塑成型工艺

广泛应用在球体（如浮标、皮球）、玩具、大型中空件（如塑料溜滑梯）、家用化粪池等。

滚塑成型的优点：适用于大型及特大型制件；适用于多品种、小批量塑料制品的生产；极易变换制品的颜色；适用于成型各种复杂形状的中空制件；节约原材料。

滚塑成型的缺点：自动化程度不高；原材料选择范围有限，原材料成本略高（需特殊添加剂和制备成细粉状）；有些结构（如加强筋）不易成型。

本章只介绍塑料注塑成型设备，其他成型设备不做过多介绍。

第二节　注塑机的作用与类型

注塑成型是利用注塑机和注塑成型模具，采用注塑成型工艺获得制品的方法。注塑机是将塑料的热加工特性和金属的熔融压铸成型原理结合起来的一种专用设备。最初是柱塞式注塑机，到了 20 世纪 40 年代末才发展出预塑化螺杆式注塑机。此后，发展的重点主要是围绕着预塑化螺杆式注塑机进行，以后出现双螺杆、排气式等先进形式。

1980 年法国制造出当时世界上最大的螺杆注塑机，一次注塑容量高达 170kg。从 20 世纪 80 年代到近几年，注塑机的发展主要集中在几个方面：精微自动化控制系统及各种辅助设备在自动化注塑中的应用；精密机械及高性能液压系统的配合；各种专用注塑机的开发及电脑辅助设计对复杂形状塑料制件，进行模流分析以决定最优良的注塑条件；各种节能技术在注塑机上的应用等。

一、注塑机的作用与组成

注塑机具备机电设备的功能即能量的转换与传递，实现工作循环及成型工艺条件的设定与控制。其作用是加热熔化塑料达到黏流状态；对黏流塑料施加高压，使其射入模具型腔而成型，基本功能有塑化、计量、注塑、开模、合模、锁紧、顶出，其结构组成如图 2-15 所示。

二、注塑机的类型

1. 按塑料在料筒内的塑化方式分类

注塑机按塑料在料筒内的塑化方式不同分为螺杆式注塑机和柱塞式注塑机。

① 柱塞式注塑机是用柱塞依次把落入机筒中的原料推向机筒前端的塑化空腔内，空腔内原料依靠机筒外围加热器提供热量，塑化成熔融状态，然后通过柱塞的快速前移把熔料注

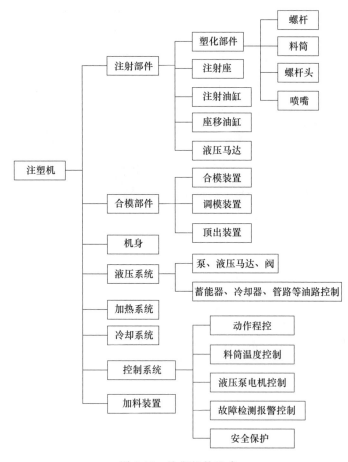

图 2-15 注塑机的组成

塑到模具空腔内，冷却成型。柱塞式注塑机多为立式，螺杆直径 20～100mm，注塑量小于 60g，不易成型流动性差及热敏性塑料，如图 2-16 所示。

② 螺杆式注塑机的注塑过程与柱塞式注塑机基本相同，不同之处是把料筒内的柱塞改为螺杆，先由螺杆旋转把原料塑化，然后经螺杆把熔融塑料注塑到模具内冷却成型。螺杆式注塑机有卧式和立式之分，应用最多的是卧式。螺杆式注塑机塑化能力强，塑化量大，其混炼性优于柱塞式，即预塑原料质量及塑件质量都优于柱塞式，如图 2-17 所示。

2. 按装置排列的形式分类

注塑机按装置排列的形式分为卧式注塑机、立式注塑机、角式注塑机、多模注塑机。

（1）卧式注塑机

图 2-17 所示为卧式注塑机结构，图 2-18 所示为卧式注塑机实物。优点是机身矮且稳定，对于厂房无高度限制；供料方便，易于操作和维修；脱模后制件可自动脱落，易实现自

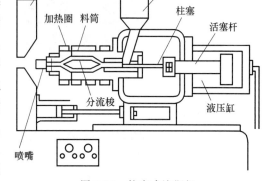

图 2-16 柱塞式注塑机

动化；多台并列排列，成型品容易由输送带收集包装。缺点是占地多、嵌件安放难，模具需通过吊车安装。

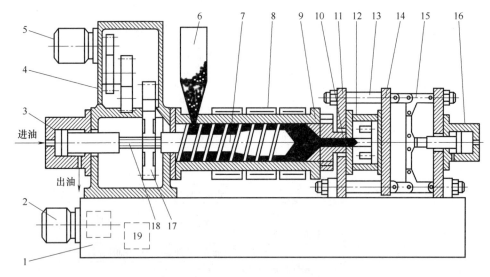

图 2-17   螺杆式（卧式）注塑机结构

1—机身；2—电机及液压泵；3—注塑液压缸；4—齿轮箱；5—电机；6—料斗；7—螺杆；8—加热圈；9—料筒；
10—喷嘴；11—定模安装板；12—模具；13—拉杆（导柱）；14—动模安装板；15—合模机构；
16—合模液压缸；17—螺杆传动齿轮；18—螺杆花键；19—油箱

图 2-18   卧式注塑机实物

（2）立式注塑机

图 2-19 所示为立式注塑机，适用于较小塑料件的生产，特点如下。

① 注塑装置和锁模装置处于同一垂直中心线上，模具是沿上下方向开闭，占地面积只有卧式机的一半左右，缺点是高度大且稳定性差。

② 模具下模成型面朝上，嵌件放入容易，定位可靠。而上模成型面朝下，嵌件安装受重力作用易脱落或倾斜。

③ 锁模装置周围为开放式，容易配置各类自动化装置，适应于复杂、精巧产品的自动成型。

④ 小批量试生产小型塑料件时，模具结构简单、成本低，且便于卸装。

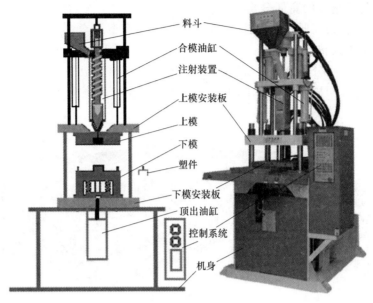

图 2-19　立式注塑机

（3）角式注塑机

角式注塑机注塑螺杆的轴线与合模机构模板的运动轴线相互垂直排列，其优缺点介于立式与卧式之间。因其注塑方向和模具分型面在同一平面上，所以角式注塑机适用于开设侧浇口的非对称几何形状的模具或成型中心不允许留有浇口痕迹的制品，如图 2-20 所示。

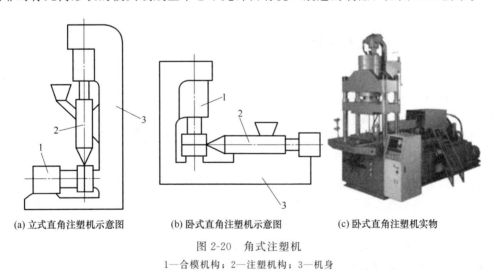

(a) 立式直角注塑机示意图　　　　(b) 卧式直角注塑机示意图　　　　(c) 卧式直角注塑机实物

图 2-20　角式注塑机

1—合模机构；2—注塑机构；3—机身

优点是占地少，安装及拆卸模具方便，下模嵌件安装不易脱落或倾斜。缺点是高度大且稳定性差，塑件推出后，需人工或用机械手取走，只用于小型注塑机。

（4）多模注塑机

图 2-21 所示为多模转盘式注塑机，它是一种多工位操作的特殊注塑机，特点是注塑装置围绕转轴转动的转盘式结构，能够充分发挥注塑装置的塑化能力，缩短成型周期，提高生产效率。特别适合冷却定型时间长，需安放嵌件，需喷脱模剂，开合模需要较多辅助时间的

大批量、小型塑料件。

3. 按成型制品精度的高低分类

按成型制品精度的高低分为普通型、精密型、超精密型。

4. 按成型工艺的特点分类

按成型工艺的特点分为热塑性塑料注塑机、热固性塑料注塑机、反应注塑机、结构发泡注塑机、注塑吹塑注塑机、注塑-拉伸-吹塑注塑机、气体辅助注塑机、复合注塑机、高速注塑机等。

图 2-21　多模转盘式注塑机

第三节　卧式注塑机

一、卧式注塑机的工作原理

卧式注塑机的工作原理如图 2-22 所示，把物料从料斗加入料筒中，料筒外由加热圈加热，使物料熔融。在料筒内装有在外动力马达作用下驱动旋转的螺杆，塑料在螺杆剪切摩擦和加热的双重作用下逐渐塑化、熔融和均化。当螺杆旋转时，螺杆在塑料的反作用下后退，使螺杆头部形成储料空间，把已熔融的塑料推到螺杆头部，完成塑化过程，该过程称为预塑。

当安全门关闭信号或顶针退终信号被控制系统确认后，注塑机便进入合模动作程序，合模液压缸中的压力油按照受控多段压力及速度向前推动合模机构动作，完成合模并锁紧。当模具锁合信号被控制系统确认后，注塑机便进入注塑动作，注塑液压缸的压力油按照受控多段压力及速度向前推动螺杆，将料筒前端储料室内已经预塑好的熔融塑料，通过喷嘴以高速、高压注塑到模具的型腔中，该过程中螺杆移动而不转动，如图 2-22（a）所示。

当注塑完成，熔融塑料充满模具型腔后，螺杆仍保持一定的压力，使浇口冷凝，以阻止塑料从模具中倒流，同时补充因塑料件收缩所需的塑料，该过程称为保压，如图 2-22（b）所示。

型腔中的熔料经过保压、冷却、固化定型后，冷却时间结束，螺杆转动并逐步退回预定位置，前端充满熔料，预塑完成并为下一次注塑做好准备。与此同时，注塑机进入开模动作程序，模具在注塑机合模机构的作用下，开启模具，通过顶出装置把定型好的塑料件从模具中顶出并落下，完成一个工作循环，如图 2-22 (c) 所示。

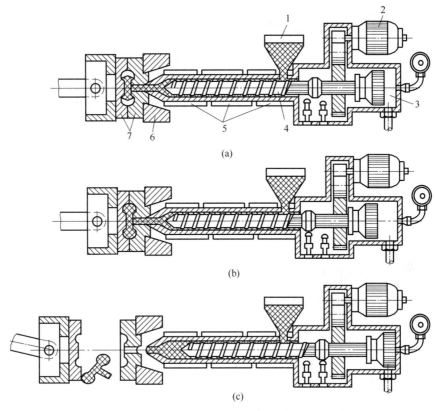

(a)

(b)

(c)

图 2-22　螺杆式（卧式）注塑机注塑成型工艺过程

1—料斗；2—螺杆传动装置；3—注塑油缸；4—螺杆；5—料筒加热器；6—射嘴；7—模具

注塑成型原理与成型工艺过程概括如下：

料斗中抽入塑料→塑料在重力作用下落入料筒→料筒加热→螺杆旋转并剪切挤压塑料、完成预塑→合模→液压缸活塞加压移动→熔融塑料通过喷嘴→射入模具型腔→保压、冷却→开模→顶出制品→取出制品（完成一次循环），如图 2-23 所示。

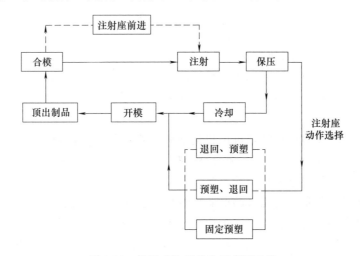

图 2-23　螺杆式注塑机注塑成型工艺

二、卧式注塑机的技术参数

注塑机的基本参数表现在注塑部件、合模部件、综合（整机性能）、技术经济特征参数 4 个方面。

1. 注塑部件技术参数

① 公称注塑量：公称注塑量是指注塑机对空做一次最大注塑行程时获得的最大注塑量。反映注塑机生产制品的质量，表示注塑机规格大小的主要参数。注塑质量或理论注塑容量以 PS 塑料作为标准。

计算方法一：直接按注塑机的最大注塑质量计算。

$$KM_{机max} \geqslant M_s n + m_1 \tag{2-1}$$

式中　K——利用系数（通常取 0.8）；

　　$M_{机max}$——注塑机最大注塑量，g；

　　M_s——每件塑料件的质量，g；

　　n——产品数；

　　m_1——浇口凝料的总质量，g。

计算方法二：若注塑机最大注塑量按容积标注（cm³），需将容积换算为质量，再按上式确定。

$$M_{机max} \geqslant \rho' V_0 = c\rho V_0$$
$$\rho' = c\rho \tag{2-2}$$

式中　V_0——注塑机最大注塑容积；

　　ρ'——在料筒温度和压力下，熔融塑料的密度，g/cm³；

　　c——在料筒温度下，塑料体积膨胀的校正系数，结晶型塑料 $c \approx 0.85$，非结晶型塑料 $c \approx 0.93$。

② 理论注塑容积：螺杆头部面积与最大注塑行程之积，单位为毫升（cm³）。

③ 注塑压力：注塑压力是指注塑机料筒内熔料压力，即柱塞或螺杆头部轴向移动时其头部对塑料熔体所施加的压力，注塑压力必须大于塑件成型所需压力，且有盈余，一般为 40～150MPa。

$$P_{机max} \geqslant P_s \tag{2-3}$$

式中　$P_{机max}$——注塑机最大注塑压力，MPa；

　　P_s——塑件成型时所需要的压力，MPa。

④ 注塑速度：注塑时螺杆移动的最大速度，单位为毫米/秒（mm/s）。

⑤ 注塑速率：注塑机单位时间射胶的理论容积，即螺杆面积乘以螺杆的最高速度，单位为毫升/秒（mL/s）。

⑥ 塑化能力：单位时间内注塑机可塑化物料的最大质量，单位为千克/秒（kg/s）。

⑦ 注塑时间：注塑时螺杆走完注塑行程的最短时间，单位为秒（s）。

⑧ 注塑行程：螺杆前进或后退的距离，单位为厘米（cm）。

⑨ 螺杆转速：塑料塑化时螺杆的最低和最高转速范围，单位为转/秒（r/s）。

⑩ 螺杆直径：螺杆的外径尺寸，单位为毫米（mm）。

⑪ 螺杆有效长度：螺杆上有螺纹部分的长度，常用 L 表示，单位为毫米（mm）。

⑫ 螺杆长径比 L/D：螺杆的有效长度与直径之比。

⑬ 螺杆压缩比 V_2/V_1：螺杆加料第一个螺槽容积（V_2）与计量段最末一个螺槽容积（V_1）之比。

⑭ 螺杆扭矩：塑料塑化时螺杆驱动的最大扭矩，单位为牛顿/米（N/m）。

⑮ 喷嘴伸长量：喷嘴伸出前模板的长度，即伸出模具安装平面的长度，单位为厘米（cm）。

2. 合模部件技术参数

① 锁模力（合模力）：锁模力是指注塑机合模装置对模具所施加的最大夹紧力，是表示注塑机规格大小的主要参数。注塑机锁模力必须大于塑料充满型腔时注塑压力。

$$F_机 \geqslant P_模 A_面 \quad 或 \quad F_机 \geqslant KPA_面 \tag{2-4}$$

式中　$F_机$——注塑机最大锁模力，kN；

　　　$P_模$——模具型腔中的平均压力，Pa，见表2-1；

　　　P——料筒内螺杆对塑料的注塑压力，MPa；

　　　$A_面$——塑件、流道、浇口在分型面上的投影面积之和，m^2；

　　　K——压力损耗系数（取 1/3～2/3）。

■ 表 2-1　常用塑料注塑成型时的型腔压力

塑料品种	PE	PP	PS	AS	ABS	POM	PC
型腔压力/MPa	10～15	15～20	15～20	30	30	35	40

注塑机工作（成型）能力由锁模力和注塑量决定，塑料件与锁模力的关系如表2-2所示。

■ 表 2-2　塑料件与锁模力的关系

序号	塑料件类型	锁模力/kN	理论注塑容积/cm³
1	超小型	160 以下	16 以下
2	小型	160～2000	16～630
3	中型	2500～4000	800～3150
4	大型	5000～12500	4000～10000
5	超大型	16000 以上	16000 以上

② 成型面积：指在一定压力下成型塑料件最大投影面积，单位为平方米（m^2）。

③ 开模力：注塑完毕开模时的最大开启力，单位千牛（kN）。

④ 开模行程：为取出塑料件，使动模板可移动的最大距离（移模行程、模板行程），单位为厘米（cm）。

⑤ 顶出行程：顶出油缸活塞移动的最大距离，顶出行程＞塑料件推出所需距离，单位为毫米（mm）。

⑥ 顶出力：顶出油缸顶出的最大力，顶出力＞塑料件所需推出力，单位为千牛（kN）。

⑦ 模板尺寸（外围长度×高度）和拉杆内距（拉杆之间内测距离）：指模具平面安装尺寸，即模具投影最大长度 l 应小于注塑机模板长度 L，模具最大宽度 b 应小于模板拉杆外圆之间的间距 B_1（即 $l<L$，$b<B_1$），如图2-24所示。

⑧ 容模量：指注塑机上能安装模具的最大模厚和最小模厚，单位为厘米（cm）。模具取出塑件时最大开模距应小于注塑机的两模板间的最大开距，即 $H_开 < H_{max}$。模具闭合高度 $H_闭$ 应大于注塑机两模板间的最小间距 H_{min}，即 $H_闭 > H_{min}$，而注塑机最大开模距离与

模具闭合厚度无关，如图 2-25 所示。

⑨ 模板开距：注塑机的定模板与动模板之间开得最大和最小的间距，如图 2-25 所示 l_1 与 b_1，单位为毫米（mm）。

⑩ 拉杆间距：注塑机拉杆水平方向和垂直方向内侧的间距，如图 2-24 所示，单位为毫米（mm）。

3. 整机性能参数

① 电机最大驱动功率：指驱动油泵电机的功率，单位为千瓦（kW）。

② 油箱容量：液压系统油箱的额定容量，单位为升（L）。

③ 机器体积：机器外形的最大长×高×宽尺寸，单位为毫米（mm）。

④ 质量：机器的总质量，单位为千克（kg）。

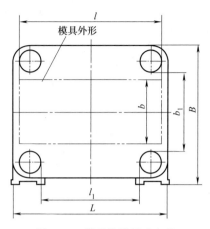

图 2-24　模具外形尺寸与注塑机导柱之间的位置关系

4. 技术经济特征参数

① 移模速度：指移动模板开合速度，反映工作效率。

② 空循环时间：指在没有塑化、注塑、保压、冷却、取件动作时，完成一次循环需要的时间，反映设备驱动能力。

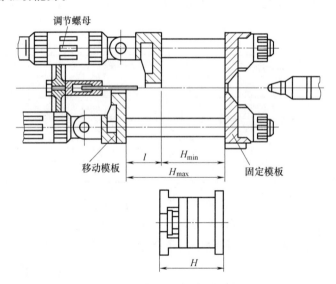

图 2-25　模具闭合高度与注塑机装模空间之间的关系

5. 注塑机型号规格的表示法

如图 2-26 所示，第一项用 S（塑）表示；第二项用 Z（注）表示；第三项为通用或专用型号，通用型省略，专用型用拼音字母表示，如多模注塑机用"M"表示，多色用"S"表示，混合多色用"H"表示，热固性塑料注塑机用"G"表示。

SZ 系列用理论注塑量与锁模力表示，例如型号 SZ—200/1000，其中，SZ——塑料注塑成型机；200——理论注塑量 $200cm^3$；锁模力——1000kN。

S 为早期系列，例如型号 XS-ZY-250A，其中，XS——塑料成型机；ZY——预塑式注塑；250——理论注塑量250cm^3；A——第一次改型。

海天为国内著名注塑机生产企业，用"HT"表示。例如：型号HT250X，表示锁模力为250kN；型号MA600，表示锁模力为600kN。

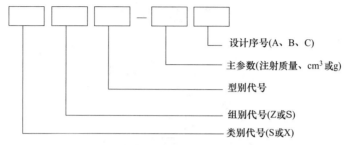

图2-26　注塑机型号规格的表示法

第四节　注塑机的注塑装置

一、柱塞式注塑装置

柱塞式注塑装置是注塑油缸的活塞驱动柱塞做直线运动，完成预塑和注塑，适用于要求不高的小型注塑机。如图2-27所示柱塞式注塑装置由定量加料装置、塑化部件（料筒、柱塞、分流梭、喷嘴）、注塑油缸和注塑座（射台）移动油缸等组成。其工作原理为：加入料斗6中的塑料粒料落入加料装置5的计量室7中，当注塑油缸10中的活塞前进时，推动注塑柱塞8前移，与之相连的传动臂9带动计量室7同时前移，从而将粒料推入料筒4的加料口中，加料口内的塑料在注塑柱塞8的推力作用下，依次进入料筒前端的塑化室。依靠料筒加热圈3的加热，使塑料逐步实现由玻璃态到粘流态的物态变化。注塑柱塞将料筒前端已成黏流态的熔料通过喷嘴1注入模具型腔内。

柱塞式注塑机具有以下特点。

① 塑化不均，塑化能力受到限制：由于靠料筒外部加热圈的热量来使料筒内部的塑料熔融塑化，且塑料的导热性较差，柱塞推挤塑料的过程中对塑料又无混合作用，使塑料在料筒内呈"层流"状态运动，造成靠近料筒壁塑料的温度高、塑化快，而料筒中心塑料的温度低、塑化慢。料筒直径越大，温差越大，塑化越不均匀，甚至出现内层塑料尚未塑化好，表层塑料已过热分解变质的状况发生。

② 注塑压力损失大：因注塑压力不能直接作用于熔料，而是经未塑化的塑料传递，当料筒内部设置有分流梭（塑化零件）时，熔料还必须克服分流梭与料筒壁之间狭窄通道的阻力后才能抵达料筒的前端，最后通过喷嘴及模具流道注入模腔，造成很大的压力损失，模腔压力仅为注塑压力的25%～50%。

③ 不易提供稳定的工艺条件：柱塞在注塑时，首先是对料筒加料区的松散固态塑料进行压实，然后才能将压力传递给塑化后的熔料，将头部的熔料注入模腔。可见，即使柱塞匀速移动，熔料的充模速度也是先慢后快，直接影响熔料在模内的流动状态，且每次加料量的不准确，对工艺条件的稳定和制品质量也会有影响。

此外，清洗带分流梭的料筒比较困难，优点是柱塞式注塑装置的结构简单，设备的制造费用低。

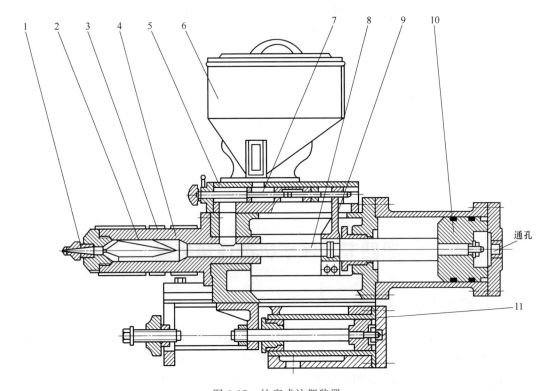

图 2-27　柱塞式注塑装置

1—喷嘴；2—分流梭；3—加热圈；4—料筒；5—加料装置；6—料斗；7—计量室；8—注塑柱塞；
9—传动臂；10—注塑活塞；11—射台移动油缸

二、螺杆式注塑装置

螺杆式注塑装置使螺杆做旋转与前后运动，起预塑与注塑双重作用，如图 2-28 所示。它由料斗、塑化部件（料筒、螺杆和喷嘴）、螺杆传动装置、注塑油缸、注塑座（射台）及注塑座（射台）移动油缸等组成。料斗、塑化部件以及螺杆传动装置安装在注塑座上。注塑座在移动油缸驱动下，使喷嘴与模具接触或离开。螺杆的后端与注塑油缸的活塞相连接。

（1）螺杆式注塑装置工作原理

螺杆螺旋槽向前输送，由于塑料在前进过程中不断吸收料筒外部加热圈传递来的热量，加上螺杆转动使塑料产生剪切热而进一步升温，塑料便逐渐熔融，而螺杆的转动对塑料起到良好的搅拌与混合作用，因此到达螺杆头部（即料筒的前端）时塑料已呈现均匀的黏流态。随着料筒前端累积熔料的增多，熔料压力逐渐增大。当熔料压力达到能克服注塑油缸活塞退回的阻力（由背压形成的）时，螺杆便开始向后退，进行计量工作，而螺杆背压形成的反推力迫使物料中的气体由加料口排除，并使得熔料密度增加。当螺杆前端达到所需要的塑料量时（以螺杆后退一定位置计），计量装置触动行程开关或位移传感器发出信号，螺杆即停止转动和后退，至此塑化程序结束，等待注塑。注塑时，压力油进入注塑油缸，活塞推动螺杆按要求的压力和速度将熔料注入模腔内。当熔料充满模腔并达到一定的紧实度后，螺杆继续保持一段时间压力（即保压）。保压的目的是防止模腔中的熔料反流，并向模腔内补充因制品冷却收缩所需要的物料。模腔内的熔料经过冷却,由黏流态回复到玻璃态,从而定型。

(2) 与柱塞式相比,螺杆式的优缺点

① 塑化能力高:螺杆式的塑化是靠外部加热圈的供热和螺杆旋转对塑料内部造成的剪切摩擦热的共同作用,因而塑化均匀性好,塑化效率提高,塑化量容易增大。加热圈的温度比柱塞式的低。

② 注塑压力损失少:因注塑时,注塑压力直接作用在熔料上,料筒内不设置分流梭。因而也没有分流梭造成的阻力,在其他条件相似的情况下,螺杆式注塑装置可采用较小的注塑压力。

③ 改善了模塑工艺:提高制品质量,增大了注塑机的最大注塑量,并扩大了注塑成形塑料品种的范围,可以注塑热固性塑料、热敏性塑料、流动性差的塑料及大中型制品,并能对塑料直接进行染色加工,而且料筒清洗较方便。

④ 缺点是结构复杂,价格高。

三、螺杆式注塑装置主要零部件

塑化部件主要由料筒、注塑螺杆、螺杆头和喷嘴组成,功能是完成物料的塑化作用。对塑化部件的要求是输送效率高,塑化能力强,塑化质量和混合质量稳定均匀,其中螺杆及料筒要求强度和刚度高,耐磨,耐腐蚀。

(1) 料筒

料筒外部受热,内部受压。要求料筒强度高,壁厚耐压,热容量大,具有一定的热惯性以维持温度稳定,如图 2-28 所示件号 1。

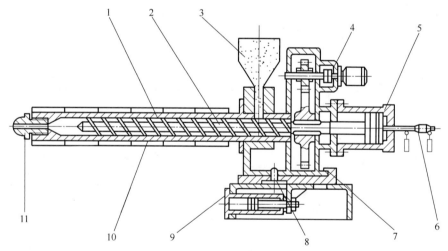

图 2-28 螺杆式注塑装置

1—料筒;2—螺杆;3—料斗;4—螺杆传动装置;5—注塑油缸;6—计量装置;7—射台;8—转轴;
9—射台移动油缸;10—加热圈;11—喷嘴

① 普通整体式料筒:注塑料筒大多采用整体式结构,材料用 45 钢表面镀硬铬或用优质氮化钢 38CrMoAl 等材料。

② 双金属料筒:为了提高料筒的使用寿命和承载能力,在注塑机上已推广使用双金属料筒。料筒是在内壁补上一层 1.5~2mm 厚的特种合金——硼及铁基镍铬合金。比氮化钢料筒寿命长 5~10 倍。双金属料筒由于形成双筒组合结构,改善了内外层的应力分布,提高

了承载能力和使用寿命。

（2）注塑螺杆

注塑螺杆是螺杆式注塑机塑化部件中的重要零件，从塑料进入料筒的塑化过程来看，经过了固体加料和输送、压实和熔融、进一步塑化（均匀化）和计量3个过程。因此，通常螺杆螺纹结构按进料段（又称固体输送段）、熔融段（又称压缩段）和均化段（又称计量段）3段变化。

① 注塑螺杆类型：根据压缩段长度不同，注塑螺杆分为渐变螺杆、突变螺杆和通用螺杆，如图3-29所示，图中L_1、L_2和L_3分别为进料段、熔融段（压缩过渡段、搅拌段）和均化段。注塑螺杆各区段功能如表2-3所示，几类注塑螺杆的特点与适用范围如表2-4所示。

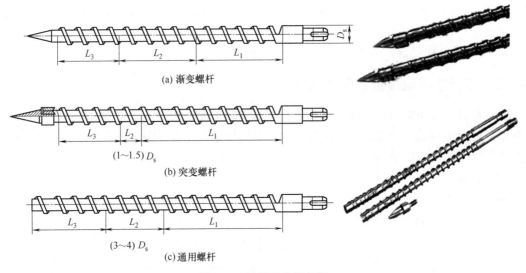

(a) 渐变螺杆

(1～1.5) D_s

(b) 突变螺杆

(3～4) D_s

(c) 通用螺杆

图 2-29　注塑机注塑螺杆

■ 表 2-3　注塑螺杆各区段功能

名区段名称	功能
加料段	承接输送、压缩
压缩过渡段	压实、塑化、熔融、输送
搅拌段	加强固体解体、搅拌、加速熔融、混炼
均化段	将固体滤掉、熔融、匀化

■ 表 2-4　几类注塑螺杆的特点与适用范围

序号	类型	特点	适用范围
1	渐变螺杆	从进料到均匀段的过渡段较长	较宽软化温度范围，高黏度和非结晶型塑料，如硬聚氯乙烯(PVC)、聚苯乙烯(PS)、聚碳酸酯(PC)、ABS等
2	突变螺杆	从进料到均匀段的过渡段较短	黏度低、熔点明显的结晶型塑料，如聚乙烯(PE)、聚丙烯(PP)、聚甲醛(POM)、含氟塑料等
3	通用螺杆	从进料到均匀段的过渡段介于前两种之间	应用范围较宽，只需调整工艺条件，即可满足不同塑料制品的加工要求

② 螺杆头类型：圆锥头式、止回环式、混炼环式。有止回环和没有止回环的螺杆，在预塑过程中表现出很大的差异。有止回环的塑化好，稳定性高，计量准确，注塑时余料变动

小；没有止回环的相反。所以只有少数高黏度材料，热稳定差的使用无止环外，其他大多数螺杆都要装止回环。

止回环与螺杆头同步转动，其止回环在工作时与过胶头一起转动。特点是较适用于结晶塑料，与过胶头磨损小，但与料筒磨损大。

不转动止回环形式常用于普通塑料，特点是与料筒磨损小，与过胶头磨损大。在注塑时，熔体在背压作用下通过环隙通孔流入螺杆头的前端；而注塑时，止回环在注塑压力反作用下右移，与推力环间隙封闭。当止回环与料筒间隙大，长度短时会引起计量误差和注塑余料波动，反之稳定性较好，如图 2-30 所示。

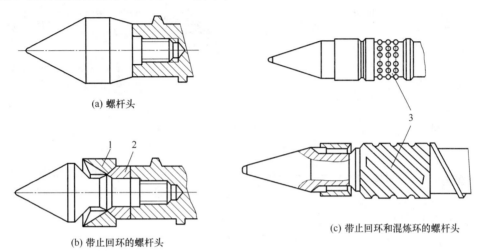

(a) 螺杆头

(b) 带止回环的螺杆头

(c) 带止回环和混炼环的螺杆头

图 2-30 螺杆头与螺杆前端结构
1—止回环；2—止回环座；3—混炼环

（3）喷嘴

注塑喷嘴的功能是预塑时建立背压，防止熔料流涎，提高塑化能力和计量精度；注塑时与模具浇口套形成接触力，保持喷嘴与浇口套良好接触，形成密闭流道，防止熔体在高压下外溢。注塑时，建立熔体的压力，提高剪切应力速率和温升，加强混炼效果和均化作用；承担调温、保温和断料功能；减小高聚物熔体在进出口处的黏弹效应，以稳定其流动。保压时，便于补料，而冷却时增加回流阻力。

喷嘴的形式有开式和关式。

① 开式喷嘴：阻力小、易流涎，适用于高黏度塑料，如图 2-31 所示。

a. 直通型。如图 2-31（a）所示，简单易造，压力损失小，易冷料，易流涎。适用于高黏性塑料，如硬聚氯乙烯（HPVC）。

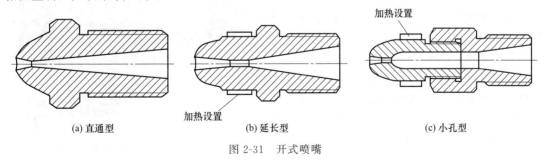

(a) 直通型

(b) 延长型

(c) 小孔型

图 2-31 开式喷嘴

b. 延长型。如图 2-31（b）所示，改善冷料，但仍流涎，适用于纤维素类塑料。

c. 小孔型。如图 2-31（c）所示，冷料及流涎均得到改善，适用于尼于龙塑料。

② 关式喷嘴：能关闭喷（射）嘴，防止流涎。注塑和保压阶段开放，其余时间关闭。

a. 内封闭外弹簧自锁式喷嘴，如图 2-32 所示。射胶前，喷嘴内溶胶压力较低，弹簧 4 推动活动挡圈 3 和导杆 2，使针型阀芯 1 封闭射胶孔。射胶时溶胶具有很高的压力，溶胶推动针型阀芯 1 使其后退，进而推动导杆 2 和活动挡圈 3 后退，弹簧被压缩，射胶孔被打开，溶胶经喷嘴孔进入模具。

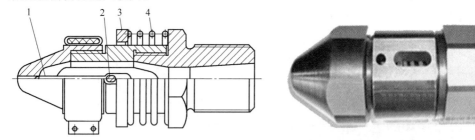

图 2-32　内封闭外弹簧自锁式喷嘴

1—针型阀芯；2—导杆；3—活动挡圈；4—弹簧

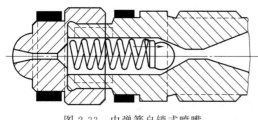

图 2-33　内弹簧自锁式喷嘴

b. 内弹簧自锁式喷嘴，如图 2-33 所示。射胶前弹簧推动钢球封闭出料通道，射胶时溶胶推动钢球，压缩弹簧，出料通道被打开。

c. 液控喷嘴，如图 2-34 所示，它是靠液压控制的小油缸通过杠杆联动机构来控制阀芯启闭的。这种喷嘴具有使用方便、锁闭可靠、压力损耗小和计量准确等优点，但在注塑机液压系统中需增设控制小油缸的液压回路。

四、螺杆传动装置

螺杆的传动装置是为螺杆在加料预塑时提供所需要的扭矩和转速的工作部件。根据螺杆式注塑装置的工作原理，螺杆加料预塑是间歇式进行的，启动频繁并带有载荷，故传动装置必须首先满足此项要求，而螺杆塑化塑料的状况可以通过调节背压来控制。因此，对螺杆转速调整的要求并不十分严格。

按照螺杆变速的方式分类，螺杆传动装置有无级调速和有级调速两大类。

（1）无级调速传动装置

无级调速是用液压马达作为原动机来驱动螺杆：一种是用高速液压马达经齿轮减速箱驱动螺杆，如图 2-35 所示；另一种是用低速大扭矩液压马达直接驱动螺杆，如图 2-36 所示。

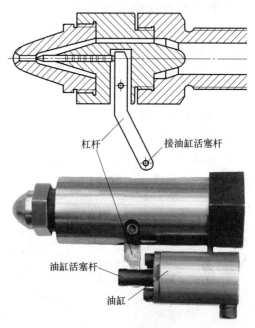

杠杆　　接油缸活塞杆

油缸活塞杆

油缸

图 2-34　液控喷嘴

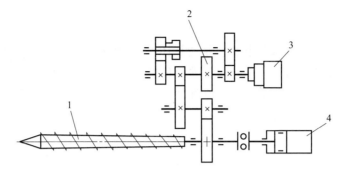

图 2-35　高速液压马达经齿轮减速箱驱动螺杆

1—螺杆；2—齿轮；3—液压马达；4—油缸

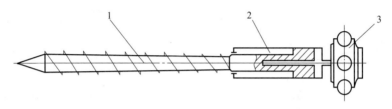

图 2-36　低速大扭矩液压马达直接驱动螺杆

1—螺杆；2—油缸；3—液压马达

　　从注塑螺杆传动的要求出发，使用液压马达比较理想。因为液压马达可以无级变速，它的传动特性软、启动惯性小，可对螺杆起保护作用。大部分注塑机采用液压传动，是由于当螺杆预塑时，机器正处于冷却定型阶段，油泵此时为无载荷状态，用液压马达可方便取得动力来源。另外，由于传动装置放在注塑座上，工作时随着注塑座做往复移动，采用液压马达尤其是低速大扭矩液压马达直接驱动螺杆的传动方式，结构简单紧凑，因此被广泛采用。

　　（2）有级调速传动装置

　　有级调速传动装置由电动机和变速齿轮箱组成，如图 2-37 所示。它是通过齿轮换挡或调换齿轮进行变速，调速范围窄。这种传动方式的优点是制造与维修容易、成本低。缺点是传动特性比较硬，必须设置螺杆保护装置（用液压离合器），启动力矩大、功耗大、噪声大，还要克服电动机频繁启动影响电动机的使用寿命，该传动装置在早期应用较多，现代新型注塑机已很少采用。

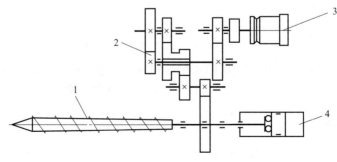

图 2-37　电动机-变速齿轮箱传动

1—螺杆；2—齿轮；3—电动机；4—油缸

五、注塑座台

注塑座台是注塑装置的安装基准，结构如图 2-38 所示。生产时，注塑座台下方的注塑座移动油缸驱使注塑座前进、后退，使喷嘴连接模具（需施加一定的压紧力）或离开模具。注塑座台上设有转动装置，当需要更换或维修螺杆、料筒时，就将注塑料筒向操作侧偏转一定角度，如图 2-39 所示。

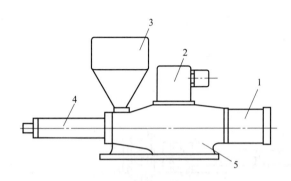

图 2-38　注塑座台的结构
1—注塑油缸；2—螺杆传动装置；3—料斗；
4—料筒；5—注塑座

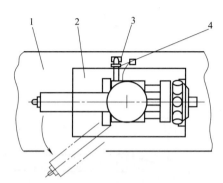

图 2-39　注塑料筒偏转
1—机身；2—注塑座；3—注塑座旁移专用油缸；
4—旁移操纵阀

第五节　注塑机合模系统

注塑机合模系统的作用：除为模具的打开和闭合提供动力外，还要在成型时提供强大的锁模力，确保模具不被内部胀型力所胀开，另外要提供顶出力。合模系统主要由合模架（含前模板、后模板、移动模板、拉杆等）、合模装置、调模装置、顶出装置、抽芯装置、辅助装置等组成。

一、合模架

图 2-40 所示为合模架，它是由模板、拉杆和调模螺母等构成一个刚性框架，是合模部件安装的基础。

① 模板：前模板（头板）用于固定模具的定模部分，移动模板用于固定模具的动模部分。开合模具时，移动模板在拉杆上滑动。后模板（尾板）上装开合模油缸，肘杆机构、调模装置、顶出装置安装于后模板和移动模板上，如图 2-40 所示。

② 拉杆（格林柱）：拉杆除与模板组成刚性框架外，还为模板移动提供导向作用，因此要求形状精度、尺寸精度、4 根拉杆的同步精度较高，耐磨性高和表面粗糙度值较低。锁模时，拉杆受到非对称循环应力作用，要求具备较好的抗疲劳性能，如图 2-40 所示。

二、合模装置

按合模装置驱动力来源分为机械式、液压机械联合式、液压式和电动式等类型。

早期注塑机曾采用机械式，因锁模力及模板移动行程有限、工作噪声大，目前已被淘汰。全电动式注塑机是近些年发展起来的，它采用电气元件驱动，杜绝了液压驱动中液压油渗漏造成的环境污染，是一种低耗能、高洁净、高精度和低噪声的合模装置，但是现阶段尚存在制造成本高，若电流不稳定易受干扰和锁模力提高受限等问题。

目前广泛应用的是液压-双曲肘合模装置和充液增压式合模装置。

（1）液压-双曲肘合模装置

液压-双曲肘合模装置由液压系统和肘杆机构两部分组成，如图 2-40 所示，利用肘杆机构运动的特性和力的放大特性，采用较小的液压油缸驱动来实现模具开合的速度要求和锁模力的要求。

合模时，压力油从开合模油缸活塞右边进入，活塞右移，迫使肘杆伸直成一线排列（$\alpha = \beta = 0$），整个合模机构发生弹性变形，使拉杆被拉长，肘杆、模板和模具被压缩，从而产生预紧力，使模具可靠地闭锁。此时，如果油缸卸载，锁模力不会随之改变，整个系统处于自锁状态。开模时，压力油从开合模油缸活塞左边进入，活塞左移，使连杆屈曲打开模具。由于是双曲肘作用，可使面积较大的模板受力均匀，因此大中小型注塑机都有采用。

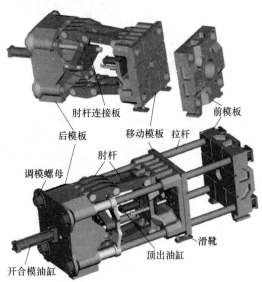

图 2-40　液压-双曲肘合模装置

液压-双曲肘合模装置具有以下特点。

① 增力作用：用较小的开合模油缸，通过肘杆机构增力，从而减少能耗。例如 XS-ZY-125 型注塑机，其驱动肘杆的油缸产生的推力为 72kN，但却能产生 900kN 的锁模力，增力倍数为 12.5。

② 自锁作用：注塑保压之后可卸去高压，开合模机构仍处于锁紧状态，锁模安全可靠。

③ 开合模动作提供理想的速度变化：肘杆机构的动作规律与设备及模具的安全操需求相符合。合模时肘杆由屈曲到伸直，模板速度从零很快升到最高，然后以慢速停止；开模时肘杆机构同样按由慢到快再到慢的规律运动。

④ 设有专门的调模机构：该机构需要针对每副模具调节与其相适应的模板间距、锁模力，因此，操作上比液压式合模装置麻烦一些。

此外，曲肘的机构复杂，加工精度要求较高，机构易磨损。

（2）充液增压式合模装置

图 2-41 所示为混合使用充液式与增压式的液压合模装置。合模时压力油先进入两旁的小直径、长行程的移模油缸 2 内，使移动模板 4 和锁模油缸 1 的活塞快速前移。同时，锁模油缸内形成负压，充液阀便打开充油。当模具闭合后，锁模油缸 1 的左腔进入压力油，使锁模油缸内的油压升高，而锁模油缸的直径很大，锁模机构能达到很大的锁模力。

总的来说，充液增压式压合模装置具有下述优点。

① 可实现较大的模板开距，加工制品的高度范围较大。

② 移动模板可以在行程范围内的任意位置停留和改变力与速度的大小，例如借助随锁模油缸移动的控制杆的挡块使限位开关动作，以控制液压阀变换液压回路。

③ 无需专门的调模装置，调节模板间的距离简便；锁模力调节容易（锁模力 $F =$

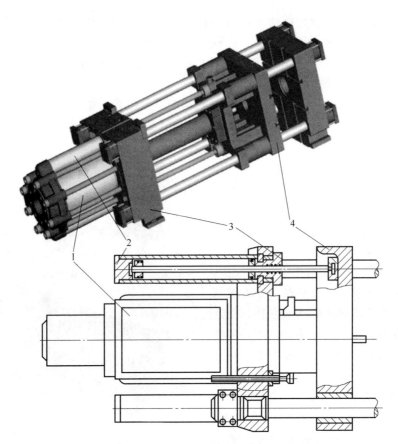

图 2-41　充液增压式合模装置

1—锁模油缸；2—移模油缸；3—固定板；4—移动模板

$P_{油缸}$ $A_{油缸面积}$），从油压表上可以直接读出压力大小。

三、调模装置

调模装置是调节移动模板与前模板两台面之间距离的专用装置，以保证锁紧模具。该距离称为模厚，凡液压-双曲肘合模装置均设计有一定的模厚范围。每更换一次模具，需用调模装置调节一次厚度。由于调模装置可以精确地调整肘杆伸直时所产生的弹性变形量的大小，由此改变锁模力的大小，所以，调模装置也是调整锁模力的装置。

（1）机动齿轮正反转拉杆螺母调距

图 2-42 所示为机动齿轮正反转拉杆螺母调距机构，它是一种机动调模装置，合模油缸装在后模板上，开动调模油马达，油马达上的小齿轮 4 正转或反转带动大齿轮 1，大齿轮同步带动 4 个拉杆齿轮螺母 2 同步旋转，合模油缸的位置即前移或后撤，模厚得到改变。该装置还设有手动调节机构（见手动调模齿轮 3）便于做微调。该种装置操作方便，调整位移准确、灵活，保证了同步性，受力均匀、安全可靠，适用于大中型机。

（2）机动链轮正反转拉杆螺母调距

图 2-43 所示为机动链轮正反转拉杆螺母调距机构，它采用一根大链条同时带动 4 个拉杆链轮螺母实现调距。缺点是链轮链条易磨损，因此设计有偏心涨紧轮；调模精度没有齿轮调模精度高；设备长期使用后，4 个链轮螺母难以达到同步，造成受力不均，致使螺母与螺

杆损坏变形而锁死，无法调模。

（3）移动合模油缸位置调模

图 2-44 所示为利用移动合模油缸位置调模机构，带外螺纹的合模油缸 1 与后模板 3 上的调节螺母 4 相连。调距时，旋转调节螺栓 2，通过齿轮带动调节螺母 4 转动，带外螺纹的合模油缸 1 即产生轴向位移，从而使整个肘杆机构相对拉杆前移或后退，达到调距目的，该调距装置适用于中小型注塑机。对液压式合模装置而言，调整合模油缸活塞的行程，并使锁模力达到规定值，调距即可完成，故液压式合模装置的调距工作简单方便。

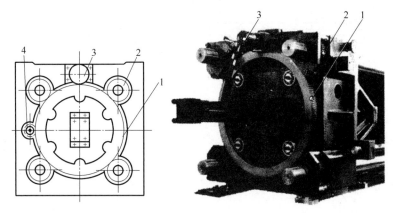

图 2-42　机动齿轮正反转拉杆螺母调距机构

1—大齿轮；2—拉杆螺母齿轮；3—手动调模齿轮；4—油马达齿轮

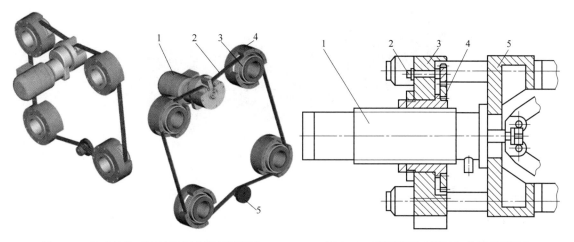

图 2-43　机动链轮正反转拉杆螺母调距机构

1—电机；2—链条；3—链轮螺母；4—防护罩；

5—偏心涨紧轮

图 2-44　利用移动合模油缸位置调模机构

1—带外螺纹的合模油缸；2—调节螺栓；

3—后模板；4—调节螺母；5—动模板

四、顶出装置

① 机械式顶出装置：该顶出装置冲击较大，且不能进行多次顶出，较少应用（只适用于小型机）。

② 液压式顶出装置：液压式顶出装置如图 2-45 所示，顶出油缸 1 推动顶出油缸活塞杆 2，活塞杆推动顶杆 3、4 完成顶出。

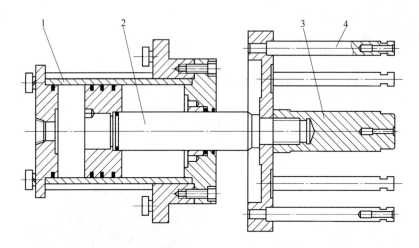

图 2-45　液压式顶出装置
1—顶出油缸；2—顶出油缸活塞杆；3—主顶杆；4—副顶杆

③ 气吹式顶出装置：多数注塑机都设有气动顶出控制回路，将气源与气动顶出回路连接，再与模具气动顶出系统相接。该顶出装置顶出力较小，较少应用。

五、抽芯装置

一般注塑机都设有一组或多组液压抽芯系统，俗称中子，如图 2-46 所示。

图 2-46　注塑机用多组液压抽芯系统

六、辅助装置

（1）加料系统

加料系统由料斗和上料装置组成。料斗形状有圆锥形、圆柱形、矩形、方形。料斗内有开合门，调节和截断进料。也有磁力棒（永久磁体），吸住金属异物，防止进入料筒，保证安全，如图 2-47 所示。

（2）料斗上料装置

① 负压上料装置：负压上料装置如图 2-48 所示。

② 鼓风上料装置：鼓风上料装置如图 2-49 所示。

③ 螺旋管上料系统：螺旋管上料系统如图 2-50 所示。

（3）预热干燥装置

① 热风干燥料斗：热风干燥料斗如图 2-51 所示。

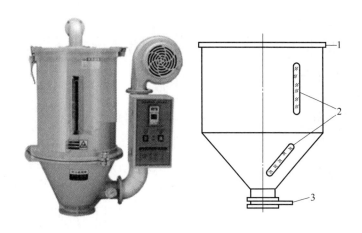

图 2-47 加料系统

1—料斗盖；2—透视镜；3—开合门

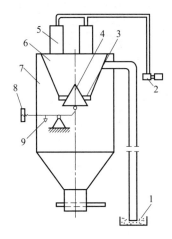

图 2-48 负压上料装置

1—储料罐；2—真空泵；3—小料斗底板；

4—密封锥体；5—过滤池；6—小料斗；

7—大料斗；8—重锤；9—微动开关

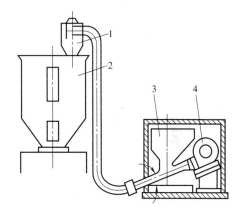

图 2-49 鼓风上料装置

1—旋风分离器；2—料斗；

3—加料器；4—鼓风机

　② 除湿干燥设备：除湿干燥设备如图 2-52 所示。

（4）模具恒温控制机

模具恒温控制机如图 2-53 所示。

（5）注塑机与模具冷却系统

注塑机冷却系统的作用是冷却注塑机液压油及模具。水路冷却系统的 3 条回路包括液压油冷却、料斗入料口冷却、模具冷却回路。冷却水系统压力为 0.2～0.6MPa，液压油理想工作温度为 45～50℃。

　① 冷水机：常见冷水机有箱式和螺杆式，如图 2-54 所示。

　② 冷却塔及配件。冷却塔及配件如图 2-55 所示。

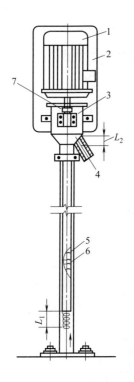

图 2-50　螺旋管上料系统

1—电动机；2—支承板；3—铅皮桶；4—出料口；

5—软管；6—弹簧；7—联轴器

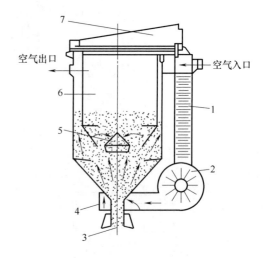

图 2-51　热风干燥料斗

1—电热器；2—鼓风机；3—阀门；4—空气过滤器；

5—物料分散锥；6—内层料斗；7—盖子

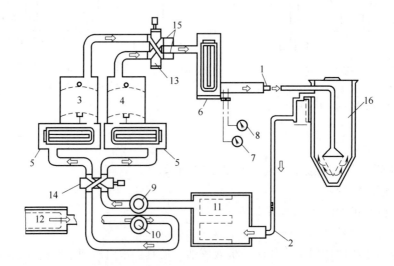

图 2-52　除湿干燥设备

1—干燥空气；2—湿空气；3,4—除湿装置；5,6—加热器；

7—空气恒温器；8—安全恒温器；9,10—风机；11,12—过滤器；

13,14—控制阀；15—排放口；16—加压通风干燥料筒

图 2-53 模具恒温控制机

(a) 箱式冷水机   (b) 螺杆式冷水机

图 2-54 冷水机

图 2-55 冷却塔及配件

第六节　注塑机的安全操作、维护与保养

一、安全操作

（1）开机前的检查与注意事项

① 检查安全系统是否有效：前后门安全互锁开关、射嘴护罩开关、前后门液压保护、低压护模、光电护模等动作灵敏，安全可靠。进入注塑机合模机构前要先关油泵，双手操作。

其方法是注塑机打在半自动状态，关上安全门，合模。在模具即将合拢时，立即打开安全门5cm左右，合模动作应马上停止。如未能停止，必须停机检查安全装置。

② 检查机械安全撞杆调整是否适当：其方法是开模到底后机械安全撞杆与挡块的最佳距离为5～10cm。

注意事项：每次更换模具后，应按调整后的开模行程，重新调整安全撞杆至合适的伸出长度。

③ 检查安全防护罩螺钉是否松脱，模具安装是否牢固，清理设备安装面及活动部位障碍物。

注意事项：切勿在打开安全防护罩或其他安全装置时操作机器，安全装置有故障时严禁开动设备。

④ 检查料筒温度、模温、烘料桶温度是否达到设定要求，核对工艺是否合理。

注意事项：待料筒温度、模温及烘料温度达到设定时方可开机，在工艺员未对工艺进行调整前严禁开机操作。

操作人员严禁擅自更改工艺及各行程开关位置，防止因开合模或脱模距离改变而发生事故。

⑤ 检查设备开合模、座台移动及脱模动作是否正常。检查方法是以手动方式操作，检查设备开合模、座台移动是否正常。

注意事项：座台移动时，不可用手去清除射嘴的溢料；座台前进时严禁将手放在设备机台上或将手深入射嘴前段，防止出现挤伤、烫伤事故；工艺员在设定座台进退工艺时必须降低移动速度，保证座台进退动作轻缓。必须在模具合紧并进入"压模"状态后再座进。

⑥ 检查急停开关有效性。检查方法是分别在手动、半自动、全自动状态时，打开安全门，按下急停按钮，设备能立即切断电源，停止马达油泵，终止锁模动作。

（2）生产中需检查事项

① 检查料筒温度、烘料桶温度、油温及模具温度是否正常，检查频次每小时不少于1次。

② 对模具紧固部件（拉杆螺钉、模具固定螺钉和其他可见螺钉）不定期检查，发现松动现象，立即停机处理。

③ 检查设备运转、模具开合及螺杆转动声音是否异常，异常时立即停机检修。

④ 对射嘴是否溢料进行监视，发现溢料及时处理。

⑤ 检查模具、模温机是否存在漏油、漏水情况，防止造成污染和浪费，防止油管和水管开裂，高温液体喷出伤人。若出现串水、漏水，应先关闭注塑机电源，再关闭水阀，避免设备电器进水损坏。

（3）设备操作注意事项

① 操作设备时戴耳塞。

② 站立姿势要求：操作设备时姿势端正，左手把握安全门，安全门的敞开宽度约比肩宽，双脚自然分开直立，分开距离约等于肩宽，面向模具。严禁身体歪斜、左右扭晃、倚靠安全门或脚踏其他物品。

③ 手动操作规范：一手操作设备按钮，另一手背到身后。

注意事项：若一手进行模具或设备故障检查或处理，另一只手严禁靠近和触碰设备键盘，防止发生误操作。

④ 半自动操作规范：一手把握安全门，另一手取件。

注意事项：操作中禁止用手接触设备或模具的任何活动或非活动部位。

（4）上下注塑机要求

上下注塑机时必须面向机台、双手扶持、慢上慢下。

注意事项：严禁从机台跳上跳下，女工禁穿高跟鞋；严禁攀附安全撞杆及套管或其他运动部位。

（5）对空射料或储料要求

注意检查射嘴是否牢固，在射嘴松动的情况下严禁进行射料操作，必须停机维修。

在对空射料或储料时，操作人员要站在融料所能喷溅的范围之外，严禁近距离观察融料射出情况，其他人员注意闪避。出现堵射嘴而射不出料的情况时，严禁用升高温度、加大射出压力冲开射嘴的方式操作，以免造成料管法兰胀裂、物料喷出伤人情况。

注意事项：在因低温物料更换为高温物料或易分解物料导致长时间停机，重新开机时勿用高速、高压清除原料，需将压力、速度降低，以防止被溅出物烧伤。

（6）溢料处理要求

清理射嘴溢料或进行射嘴拆卸时，必须关闭料筒电源。

注意事项：加热料筒上严禁放置任何物品，严禁踩踏料筒；溢料必须清理干净（不要损伤加热圈、热电偶），设备加热圈上严禁留有剩余物料，以免加热起火。

（7）卫生清理要求

在清理曲肘卫生、对曲肘进行润滑或清理设备其他活动部位卫生时，必须设置在手动状态下，关闭液压马达，然后才能将手伸入设备中进行工作。

注意事项：在卫生清理时，严禁使用气枪清吹。

（8）机械手防护注意事项

① 登高作业或个高员工在工作中要注意机械手各动作，防止机械手伤人。

② 在安全门打开的状态下，部分机械手仍可完成下行、夹取等动作，此时在接取制件时要注意闪避，防止被机械手撞伤或夹伤。

③ 机械手调整时，必须确保气源处于关闭状态。对于动模带长型芯或顶针的模具，必须将机械手设置为先下行再前进。

④ 机械手动作中，严禁靠近或用手攀附，以免造成挤伤或撞伤事故。

（9）换料换色操作要求

打开前要检查烘料筒各连接部位紧固螺钉是否牢固；打开烘料盖需要轻拿轻放，防止配件掉落；同时移动料桶只能拉动把手，严禁推拉其他部位。磁力架放入料筒时仔细检查，防止吸附其他金属带入料桶。

注意事项：移动料桶前必须对下料口及滑道上粒料未进行清除；在打开料桶上盖时，必须保证料桶中部连接螺钉处于紧固状态；在挪动或打开烘料桶时，烘料桶下严禁站人；在烘料桶打开的情况下严禁进行进退座台动作。

二、维护与保养

（1）日常保养

① 检查电热圈是否工作正常，热电偶是否接触良好，温度仪表是否指在零位。

② 检查各电气开关，特别是安全门和紧急制动开关的灵敏情况。

③ 检查模具安装固定螺栓的情况。

④ 检查冷却水循环供应情况。

⑤ 检查仪表，如压力表、功率表及转速表等。

⑥ 检查油箱内的油量、油温。

⑦ 检查运动部件的润滑情况。

（2）定期例行检查工作

注塑机经常是每天连续24小时工作，因此保养工作非常重要，直接影响它的使用寿命和工作效率。保养工作内容按每日、每周及每月制订，详细内容参见所购设备的使用手册。

① 每日例行检查项目包括检查液压油温，保持油温在 $30\sim50℃$；检查中央润滑系统油量。

② 每周例行检查项目包括检查各活动部分润滑情况、各行程开关的固定螺钉有无松脱、各油嘴接头部分有否漏油。

③ 每月例行检查项目包括：检查各电路接点有无松脱；检查压力油是否清洁、油量是否需要添加、清洗过滤器；检查各润滑部分是否缺润滑油；检查各排气扇是否工作正常并清除隔尘网灰尘，以免影响电源箱散热。

④ 每年例行检查项目包括：更换压力油，可延长泵、阀及密封圈的寿命；清理热电偶接触头；检查电源箱所有线接头，电线老化情况；检查所有指示灯；清洁电机、液压阀。

（3）新机调试

① 设备清洁、检查外观，调整行程开关位置。

② 灌注液压油，润滑全机。

③ 通电、启动油泵，调整系统压力。

④ 检查工作方式。先点动、手动，再半自动、全自动。

⑤ 检查调模机构和注塑装置。

⑥ 加料、预热，对空注塑；最后试生产。

（4）注塑机故障及排除方法

注塑机故障及排除方法见表2-5。

■ 表2-5 注塑机故障及排除方法

故障	故障原因	排除方法
油泵电机不启动	电源断开	检查电源是否正常、自动断路器是否断开、电源箱内控制电机启动的磁力开关是否吸合
	电机烧坏，发出烧焦味或冒烟	按照检修要求修理或更换电机
	油泵卡死	清洗、检修或更换油泵

故障	故障原因	排除方法
油泵电机与油泵启动,但没有压力	压力阀接线松脱或线圈烧毁	检查压力阀是否卡死
	油液杂质堵塞压力阀控制油口	拆洗压力阀,清除杂质
	液压油不洁,杂质积聚于滤油器表面,阻止液压油进入油泵	清洗滤油器及更换压力油
	油泵使用过久或液压油不洁造成损坏,使内部漏油	修理或更换油泵
	油缸、接头漏油	修理泄漏处
	油阀卡死	检查油阀阀芯是否活动正常
不锁模	安全门微动开关接线松脱或损坏	接好线头或更换微动开关
	锁模电磁阀线圈可能进入阀芯缝隙内,使阀芯无法移动	清洗或更换锁模、开模控制阀
	方向阀可能没有复位	清洗方向阀
	顶杆没有退回原位	检查顶杆动作是否正常
螺杆不注塑	注塑电磁阀线圈可能烧毁,或异物进入阀内卡死阀芯	清洗或更换注塑电磁阀
	压力过低	调高注塑压力
	注塑时温度过低	调整温度表以升高温度达到要求,若温度不能升高,检查电加热圈或保险管是否烧毁或松脱
	注塑组合开关接线松脱或接触不良	维修组合开关
螺杆不预塑或预塑太慢	行程开关失灵或位置不当	调整行程开关位置或更换行程开关
	节流阀调整不当	适当调整流量
	预塑电磁阀线圈可能烧毁或有异物进入,卡死阀芯	清洗或更换预塑电磁阀
	塑料温度过低,引起电机过载	检查加热线圈是否烧毁(此时禁止启动预塑电机,否则会损坏螺杆)
螺杆转动,而塑料不进入料筒内	背压过高,节流阀损坏或调整不当	维修或更换节流阀
	冷却水不足,导致温度过高,使塑料黏结堵塞进料口,导致塑料进入料筒时受阻	调整冷却水量,取出已黏结的塑料块
	料斗内无料	料斗内加料
注塑装置不移动	注塑装置限位行程开关被调整撞块压合	调整行程开关
	注塑装置移动电磁阀的线圈烧毁或有异物进入阀内卡死阀芯	清洗或更换电磁阀
不能调模	调模机构锁紧装置未松开	松开锁紧装置
	调模机构不清洁或无润滑油而黏结	清洗调模机构,加润滑油
	调模电磁阀线圈损坏,或有异物进入阀内卡死阀芯	清洗或更换电磁阀
开模发出声响	开模行程开关固定不牢	调整或更换行程开关
	慢速电磁阀固定不牢或阀芯卡死	调整至有明显慢速

续表

故障	故障原因	排除方法
开模发出声响	开模停止行程开关撞块调整位置太靠前,使开模停止时活塞撞击油缸盖	调整开模停止行程开关撞块到适当位置
	脱螺纹机构、抽芯机构磨损,某一部位螺钉松脱	调整或更换
压力油温度过高	油泵压力过高	调整到注塑所需压力
	油泵损坏或压力油黏度过低	检查油泵及油质
	压力油量不足	增加压力油量
	冷却系统有故障导致冷却水供应不足	维修冷却系统
半自动失灵	若手动状态下,每一个动作都正常,而半自动失灵,则是电器行程开关及时间继电器故障未发出信号	首先观察半自动动作是在哪一阶段失灵,对照动作循环图找出相应的控制元件并检查维修
全自动动作失灵	固定螺钉松动或聚光不好引起红外检测装置失灵	检修红外检测装置
	时间继电器失灵或损坏	检修或更换时间继电器
料筒加热失灵	加热圈损坏	更换
	热电偶接线不良	检修
	热电偶损坏	更换
	温度表损坏	更换

本章测试题(总分 100 分,时间 120 分钟)

1. 填空题(每空 1 分,共 20 分)

(1) 塑料成型的种类很多,其成型的方法也很多,有_____成型、_____成型、_____成型、_____成型、_____成型、_____成型、_____成型等。

(2) 一般来说,模具型腔数量越多,塑件的精度就_____,模具的制造成本就越_____,但生产效率会显著_____。

(3) 注塑机主要技术参数有_____、_____、_____、_____、_____。

(4) 热塑性塑料注塑成型过程中,根据熔体进入型腔的变化情况,熔体充满型腔与冷却定型可分为_____、_____、_____和_____ 4 个阶段。

(5) 注塑机正常生产,每天对设备_____,缺料时需_____。

2. 选择题(每小题 2 分,共 10 分)

(1) 下列反映注塑机加工能力的参数是( )。

A. 注塑压力　　　B. 合模部分尺寸　　　C. 注塑量　　　D. 动模板行程

(2) 对于一副塑料模,影响其生产效率的最主要因素是( )。

A. 注塑时间　　　B. 开模时间　　　C. 冷却时间　　　D. 保压时间

(3) 在一个模塑周期中要求注塑机动模板移动速度是变化的,合模时的速度( )。

A. 由慢变快　　　B. 由快变慢　　　C. 先慢变快再变慢　　　D. 速度不变

(4) 型号 XS-ZY-125 的注塑机各参数中( )是正确表述。

A. Z 表示注塑　　　B. 125 表示锁模力　　　C. S 表示成型　　　D. X 表示塑料

(5) 大多数的热塑性塑料注塑模要求模温在（　　　）。

A. 10～30℃　　　　　B. 40～80℃　　　　　C. 110～150℃　　　　　D. 230～260℃

3. 判断题（每小题 2 分，共 10 分）

(1) 设计模具时，应保证成型塑件所需的总注塑量小于所选注塑机的最大注塑量。（　　）

(2) 卧式注塑机的缺点是推出的塑件必须要人工取出。（　　）

(3) 模具总厚度位于注塑机可安装模具的最大厚度与最小厚度之间。（　　）

(4) 注塑成型可用于热塑性塑料的成型，也可用于热固性塑料的成型。（　　）

(5) 注塑机操作女工允许穿高跟鞋。（　　）

4. 简答题（每小题 10 分，共 60 分）

(1) 简述螺杆式注塑机注塑成型原理与工作过程。

(2) 常见注塑机有哪些类型？

(3) 模具与注塑机配合要求有哪些方面？

(4) 注塑机半自动与全自动在生产模式上有哪些差别？

(5) 简述注塑机的日常保养。

(6) 简述注塑机的调模过程。

第三章

典型注塑模具结构与工作原理及其维护保养

　　塑料模具有注塑模、压注模、压缩模、挤出模、气动成型模、发泡成型模、空气辅助成型模等类型。注塑模具又称注射模，使用设备是注塑（射）机，可成型热塑性塑料或热固性塑料，小到零点几克，大到几十千克的塑料件均可成型。注塑模具结构最复杂、最具有代表性，也是应用最广泛的塑料模具，本章重点学习注塑模具。

　　图 3-1 所示为大型、复杂、精密的注塑模具，图 3-2 所示为超级镜面注塑模具。

图 3-1　大型注塑、复杂、精密的模具　　　　　　　　图 3-2　超级镜面注塑模具

　　图 3-3 所示为世界上最大的注塑模具，其质量高达 160t，使用注塑机的质量超过 2000t，

图 3-3　世界上最大的注塑模具与注塑产品

如图 3-4 所示。

图 3-4 巨型注塑机

第一节 注塑模的特点和分类

一、注塑模的特点

① 塑料加热熔化是在注塑机内进行，熔体通过浇注系统充满型腔，因此，浇注系统对注塑模具至关重要，有时关系到整套模具的成败。

② 先闭合模具后注射塑料。塑料制品材料不同，成型时模具温度也不同，有的模具需要冷却降温，有的模具则需要加热升温。

通常模具升温是由高温塑料传导而得，当模温超过所需温度范围时，则需冷却降温。需要时可在模具中设置加热或冷却系统。

③ 注塑模生产适应性强，大、小塑件及简单、复杂塑件均可生产，且生产效率高，容易实现自动化。

④ 注塑模结构复杂，制造周期长，成本高。

二、注塑模的分类

1. 注塑模组成按分型面划分

注塑模按分型面划分由动模和定模两大部分组成，安装在注塑机固定板上这一部分模具是固定不动的，故称为定模。另一部分安装在注塑机移动板上，随移动板前进和后退，与定模形成合模或开模状态，称为动模，如图 3-5 所示。

2. 注塑模按各部分功能结构划分

① 成型部分：与塑料件表面接触，直接成型塑料件的模具零件。如型芯为成型塑件内表面的外凸模具零件（大部分在动模，故称动模型芯，有时定模也存在型芯）。型腔为成型塑件外表面的内凹模具零件（大部分在定模，因此称定模型腔，有时动模也存在型腔），如图 3-6 所示的型腔、型芯镶件。

② 侧向分型与抽芯部分：由侧型芯（成型塑件侧孔、侧凹的模具零件）、斜导柱、侧滑块、限位板、弹簧等零件，如图 3-6 所示。

③ 浇注部分：由浇口套、分流道（充灌型腔的通道）、冷料井（储存熔料前端冷料）、浇口组成，如图 3-6 所示的进料浇口。

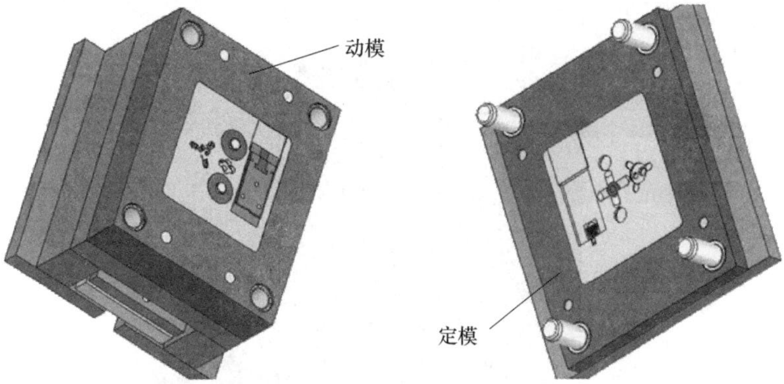

图 3-5　注塑模组成按分型面划分为动、定模

④ 导向及定位部分：由导柱、导套、定位圈、限位板、销钉等零件组成，如图 3-6 所示。

⑤ 推出及复位部分：由推（顶）杆、拉料杆、顶杆固定板、推板、复位杆、复位弹簧组成，如图 3-6 所示。

⑥ 结构零件：主要指模架，由动模座板及定模座板、固定板、支承板、紧固件（螺栓）等零件组成，如图 3-6 所示。

⑦ 加热与冷却部分：由动、定模冷却水道、密封圈、水管接头等零件组成，如图 3-6 所示。

⑧ 排溢部分：指排气和溢料。

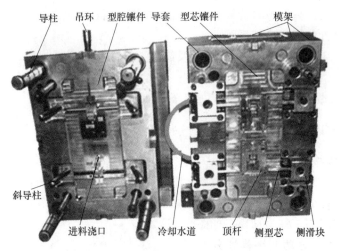

图 3-6　模具各部分功能结构组成

3. 注塑模按生产工艺和模具工作原理划分

① 按成型塑料制品材料分为热塑性塑料注塑模和热固性塑料注塑模。

② 按注塑机类型分为卧式注塑机用模具、立式注塑机用模具和直角式注塑机用模具。

③ 按注塑模的整体结构分为单分型面注塑模（两板模，只有一个主分型面）、双分型面注塑模（三板模，有两个主分型面）、侧面分型和抽芯结构注塑模、垂直分型注塑模（带有斜滑块，俗称哈夫块）、定模有推出装置的注塑模等。

④ 按浇注系统结构分为普通流道注塑模（有浇口废料）和热流道注塑模（流道有加热

或绝热装置，无浇口废料）。

第二节　两板模（单分型面注塑模）的结构与工作原理

整个模具中只在动模与定模之间具有一个分型面的注塑模叫两板模（动模板 A 和定模板 B）或单分型面注塑模，它是注塑模中最简单的一种类型，其他形式的模具都是在两板模基础上发展起来的。

（1）两板模结构

图 3-7 所示为两板模实物。图 3-8 所示为单分型面注塑模合模注射时的模具状态（平面结构图），此时为合模注塑状态。图 3-9 所示为开模时的模具状态。图 3-10 所示为顶出塑料件时的模具状态。

（2）两板模模具工作原理

① 合模：注塑机注射，经过保压、冷却，如图 3-8 所示。

② 开模过程：注射完毕，注塑机动模安装板带着动模后退，动、定模分离，如图 3-9 所示。为保证主流道及浇注系统凝料顺利从浇口套中脱出，本模具设置了拉料杆 9。

③ 推出过程：开模完成后，在注塑机顶杆作用下推动推板 17、推杆 3、复位杆 10，把塑件从动模型芯 4 上推出，同时拉料杆把浇注系统退出，如图 3-10 所示。

图 3-7　两板模实物

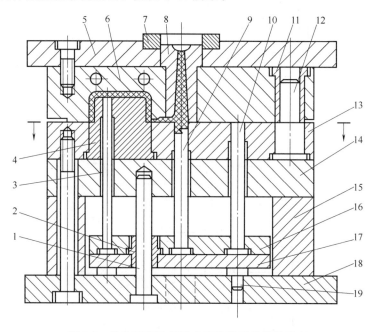

图 3-8　单分型面注塑模合模注射时的模具状态

1—推出系统导柱；2—推出系统导套；3—推杆（顶杆）；4—动模型芯；5—定模座板；6—定模型腔板（A 板）；
7—定位圈；8—浇口套（唧嘴）；9—拉料杆；10—复位杆；11—导套；12—导柱；13—动模板（B 板）；14—支承板；
15—垫块；16—推杆固定板；17—推杆底板（推板）；18—动模座板；19—支承钉（限位钉、垃圾钉）

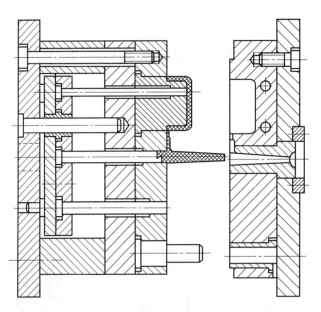

图 3-9 开模时的模具状态

④ 合模过程：塑件取出后，注塑机动模安装板带着动模前进，动、定模接合。同时复位杆 10 被定模型腔板 6 推动，进而推动推板 17 后退，带动推杆、拉料杆复位。

（3）两板模结构特点分析

① 该类模具只需一次分型即可顺利取出塑件，只有一个分型面，因此称为单型面。成型部分在件号 6（定模板或 A 板）和件号 13（动模板或 B 板），因此称为两模板。浇口（由流道进入型腔）在零件侧面，因此称为侧浇口。

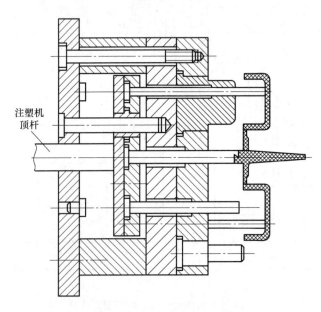

图 3-10 顶出塑料件时的模具状态

② 该模具件号 6 定模型腔板较厚，为缩短浇口长度，浇口套 8 沉入定模座板内（一般

情况下，浇口套大端在定模座板外），这样设计有两点作用。

a. 流道短，熔融塑料温度降低慢，易成型。

b. 减少浇注系统，节约塑料和能源。

③ 动模型芯 4 设计在动模，它有 3 点作用。

a. 确保塑件冷却后留在动模。

b. 动模设置推出机构，使模具结构相对简单。

c. 该盒型件表面要求平整、光滑，型芯成型塑件内表面，型芯上面设置推杆，塑料件内表面有顶出痕迹，不影响塑件外观质量。

④ 导柱、导套的安装位置：大导柱 12 可装在动模，也可装在定模，但必须与伸出分型面最长的型芯所在位置一致，即伸出分型面最长的型芯在动模，导柱应装动模。伸出分型面最长的型芯在定模时，导柱应装在定模。

4 条导柱按井字形等距离排列，中心距应错开 3～10cm，防止合模时调转 180°而造成模具压伤；也可把其中一条导柱直径设计成比其他导柱小 2～3mm。

⑤ 件号 9 拉料杆较短，留出孔深作为储料井（冷料穴），它有 3 点作用。

a. 存储喷嘴前端的冷料、防止进入型腔造成塑件融合不良，形成熔接痕。

b. 冷料穴塑料可起到型腔内塑料冷却时补缩作用。

c. 拉料杆拉住流道，确保浇注系统脱离定模、留在动模，以便推出机构推出。因为定模通常不设推出装置，塑件留在定模将难以脱模。

⑥ 导套大端平面靠近模具边缘侧，加工排气槽。

排气槽尺寸：宽×深＝(2～3)mm×(0.6～1.2)mm，模具在装到注塑机安装板上时，便于合模时导柱、导套排气。由于配合间隙较小，像气缸、活塞一样，严重时合不了模。

⑦ 件号 19 支承钉装入件号 18 动模座板后，统一磨平，确保高度一致，它有两点作用。

a. 起限位作用，保证推杆与型芯分型面平齐，保证塑件上没有凸起或凹坑（推杆端面低时，塑件上有凸起；端面高时，塑件上有凹坑）。

b. 当推板与动模座板之间有塑料屑或其他杂物时，易于清理，不影响合模，保证合模到位。因此，该零件又称垃圾钉。

⑧ 在件号 6 定模型腔板的型腔外围四周加工去除 0.5mm 材料，比分型面低 0.5mm，以减小分型面的密合面积，保证合模时密封可靠，防止塑件出现飞边。塑件推出后，浇口很容易从拉料杆上取出。

⑨ 设置推板导柱、导套导向结构，见件号 1 和件号 2。

目前大中型及精密注塑模具，均设置推板导柱、导套结构。小型低档模具可省略该导向机构。顶出系统设置导向结构的作用有两点。

a. 保证推出和复位平稳，防止推杆、推管、推块等推出零件与型芯孔产生剧烈摩擦，造成顶出孔过早磨损，从而使塑料进入空隙中，出现较大塑料飞边，严重时甚至顶断推杆或复位时拉断推杆，折断的推杆合模时插坏定模型腔镜面，出现较大的模具安全事故，影响产品质量和正常生产。

b. 推杆固定板、推板等活动板均悬挂在导柱上，由导柱承受其重量，避免这些模具零件因自重下垂，使推杆、推管及复位杆顶出及复位时受力不均。

⑩ 图 3-8 中型芯、型腔均需设计冷却水道，以提高塑件质量和生产效率。

第三节　三板模的结构与工作原理

三板模又称双分型面、点浇口、细水口注塑模，它有两个分型面，模具完全开模后分成三部分，比两板模增加了一块流道推板并多出一个流道分型面，塑件由定距分型机构实现顺序分型，开模后由推出机构推出，图 3-11 所示为三板模合模注射时的模具状态。

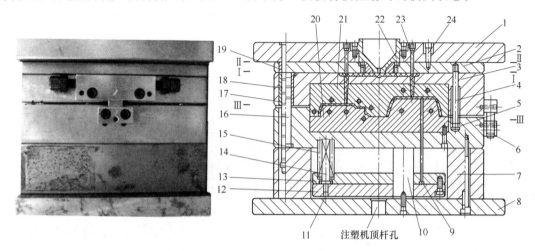

图 3-11　三板模合模注射时的模具状态

1—定模座板；2—流道推板；3—定模板（A板）；4—定距拉杆；5—动模板（B板）；6—弹簧拉扣；
7—垫块；8—动模座板；9—推杆（顶杆）；10—支撑柱；11—支承钉；12—推杆底板；13—推杆固定板；
14—复位杆；15—复位弹簧；16—合模导柱与导套；17—A板导套；18—A板与流道板导柱；
19—流道板导套；20—型芯；21—型腔镶件；22—浇口套；23—流道拉料杆；24—流道板定距拉杆

一、三板模的动作原理与工作过程

① 合模，注塑机注塑，经过保压、冷却。

② 开模过程一：图 3-12 所示为三板模 I—I 面分型打开时的模具状态。注塑完毕，注塑机动模板带着动模后退，在弹簧拉扣 6 作用下，定模板 3 与动模板 5 紧密贴合不分离，此时件号 3 与流道推板 2 分离，在 II—II 处分型，浇注系统在流道拉料杆 23 作用下与塑件分离（拉断），并留在件号 23 和件号 2 上。

③ 开模过程二：图 3-13 所示为三模板 II—II 面分型打开时的模具状态。注塑机动模板继续后退，定距拉杆 4 行程到位，进而拉动流道推板 2 迫使塑件从件号 23 上脱出，在重力作用下落入注塑机下的料箱内。

④ 开模过程三：图 3-14 所示为三模板 III—III 面分型打开时的模具状态。注塑机继续开模，流道板定距拉杆 24 行程走完，开始起限位作用，使流道板不能再随动模继续移动，此时弹簧拉扣 6 脱开，I—I 面分型，动、定模分离。液道推板长导柱端部装有限位块，作用是防止定距拉杆断裂时模具从导柱上脱落，平时不起作用。

⑤ 推出过程：开模完成后，在注塑机顶杆作用下，推动推板、推杆，把塑件从型芯上推出，如图 3-15 所示。这样的开模顺序，可以增加塑件在模具型腔内的冷却时间，缩短模具的成型周期。

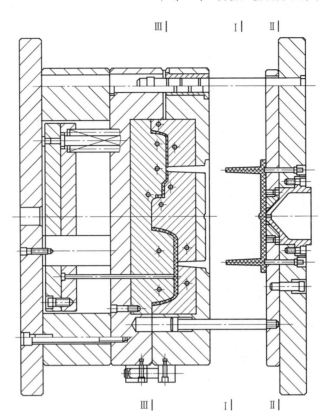

图 3-12 三板模Ⅰ—Ⅰ面分型打开时的模具状态

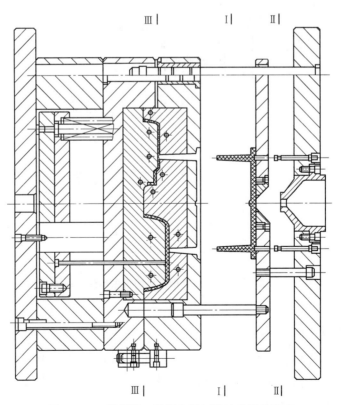

图 3-13 三板模Ⅱ—Ⅱ面分型打开时的模具状态

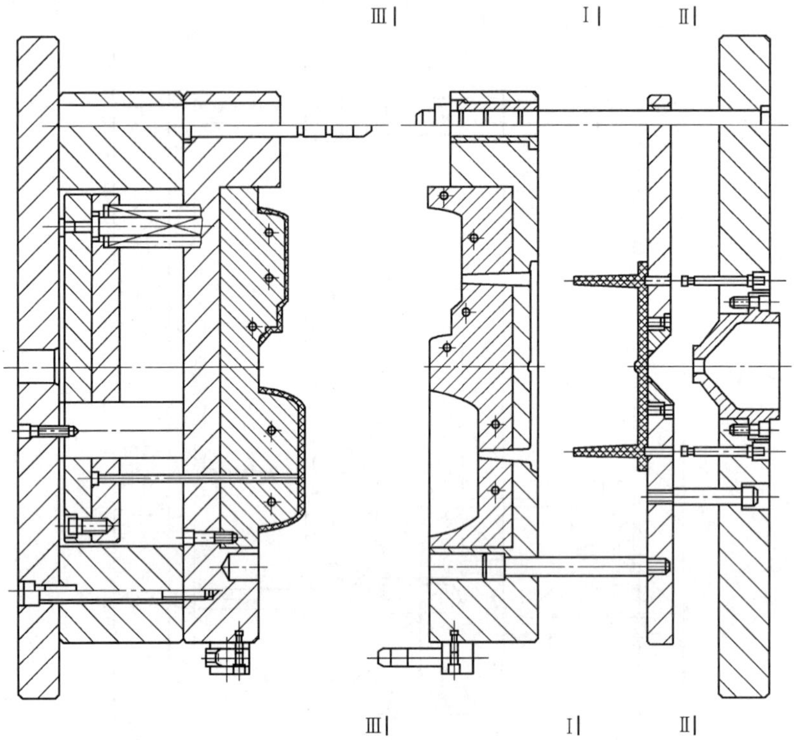

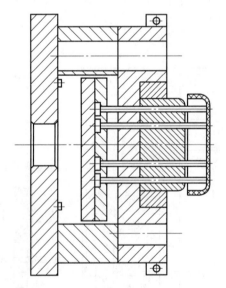

图 3-14　三板模Ⅲ—Ⅲ面分型打开时的模具状态

图 3-15　模具推出机构推出塑件

二、三板模的浇注系统

三板模一定是点浇口，它有单点进料、多点进料之分。单点进料只有一个模腔，多点进料可能是一个模腔（一模一件），也可能有多个模腔（一模多件），如图 3-16 所示。

为减小主流道长度，成型主流道的浇口套多用美式浇口套，如图 3-17 所示。

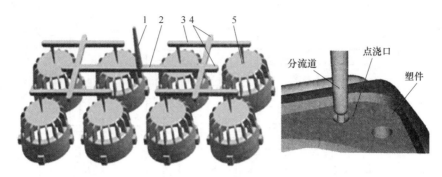

图 3-16　三板模浇注系统

1—主流道；2,3—分流道；4—冷料穴；5—点浇口

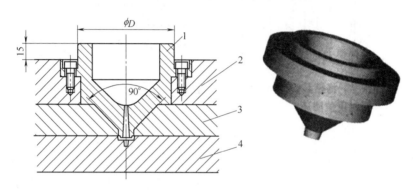

图 3-17　三板模美式浇口套

1—浇口套（兼定位圈）；2—定模座板；3—流道推板；4—定模板

三、三板模的开模行程与定距分型机构

1. 三板模开模行程

三板模的开模行程通过定距分型机构来保证。

① 流道推板和定模板打开的距离：$B=$ 流道凝料总高度$+30\text{mm}\geqslant100\text{mm}$。

② 流道推板移动的距离：$C=6\sim10\text{mm}$。

③ 定距拉杆移动距离：$L=$ 流道推板行程$+$定模板行程$=C+B$。

流道推板定距拉杆移动距离：$l=$ 流道推板和定模座板打开的距离 C。

定模板和动模板的开模距离：$A=$ 动模型芯凸出高度$+$塑件高度$+10\text{mm}$。

三板模开模行程如图 3-18 所示。

2. 三板模的定距分型机构

（1）内置式定距分型机构

内置式定距分型机构装于模具内部，如图 3-19 所示。

设计要点：

① 流道板定距拉杆直径确定：流道板定距拉杆是定距分型机构中限制流道推板和定模板之间开模距离的零件，它用螺钉紧固在流道推板上，其直径可按表 3-1 选取。

■ 表 3-1　流道板定距拉杆直径设计

mm

模架宽度	300 以下	300~450	450~600	600 以上
定模板定距拉杆直径	$\phi16$	$\phi20$	$\phi25$	$\phi30$

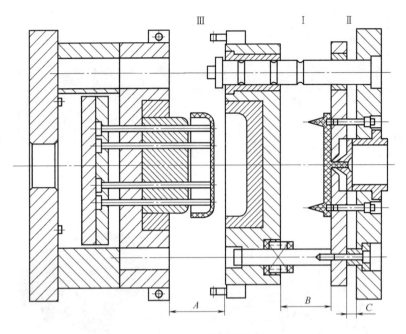

图 3-18 三板模开模行程

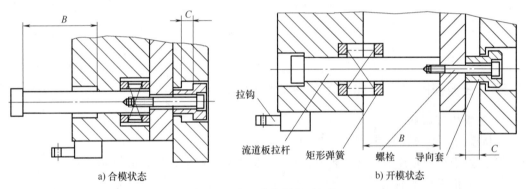

a) 合模状态
b) 开模状态

图 3-19 内置式定距分型机构

流道板定距拉杆数量的确定：模宽小于或等于 250mm 时取两支，模宽大于 250mm 时取 4 支。注意流道板定距拉杆的位置不要影响流道凝料取出。

② 在流道推板与定模板间加弹簧，弹簧压缩量取 20mm 左右，以保证流道推板和定模板先开模。

（2）外置式分型机构

外置式定距分型机构种类较多，常见的结构为双拉条式，如图 3-20 所示。模具开模后动、定模通过拉条仍连接在一起，此时调节注塑机开模行程时要特别注意，避免开模距离过大而拉断拉条。

四、三板模的动、定模板开模拉扣

拉扣用于增加定模板和动模板之间的开模阻力，保证流道推板和定模座板先于定模板和动模板之前打开。常见拉扣有树脂拉模扣和矩形拉模扣两种，两者均已形成标准系列，根据

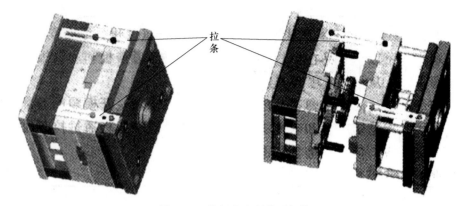

图 3-20　拉条式定距分型机构

模具大小可以外购。

（1）树脂拉模扣

树脂拉模扣材料通常为尼龙，俗称尼龙塞。它是用锥度螺钉来微调拉扣外圆直径，进而调节模板内孔与树脂间的摩擦力。

图 3-21 所示为树脂拉模扣实物与装配结构。树脂拉模扣装置装拆容易，价格低，使用寿命约 5 万次。但是其拉力没有矩形拉模扣大，多用于中小型模具。

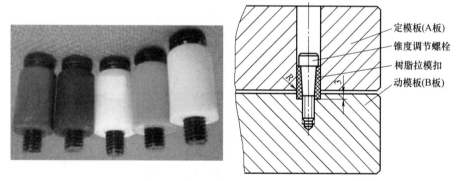

图 3-21　树脂拉模扣实物与装配结构

设计注意事项：

① 树脂拉模扣中的尼龙塞应嵌入动模板 3mm 左右。

② 定模板孔开口处应倒圆角 $R1.5mm$，内孔及孔口部位应抛光，防止刮伤尼龙塞。若孔口做成斜倒角，则宜将尼龙塞表面磨花，降低尼龙塞的使用寿命。

③ 定模板孔底部应加装排气装置。

④ 切勿在尼龙塞上加油，因为加油会使摩擦力减小，难以拉开定模板。

⑤ 尼龙塞本身已使用精密自动车床修整过，圆度可达到 0.01mm 以内，因此提高了尼龙塞的接触面。

⑥ 使用时不需要将螺钉锁得太紧。

⑦ 尼龙塞数量的确定：模具质量 100kg 以下用 $\phi12\times4$ 个；500kg 以下用 $\phi16\times4$ 个；1000kg 以下用 $\phi20\times4$ 个；若超过 1000kg，则增加到 $\phi20\times6$ 个以上。

树脂拉模扣尺寸标注如图 3-22 所示，尺寸规格见表 3-2。

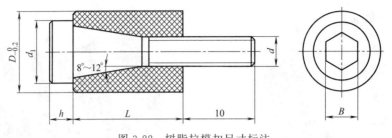

图 3-22 树脂拉模扣尺寸标注

■ 表 3-2 标准树脂拉模扣（GB/T 4169.22—2006）尺寸规格　　　　　　　　　mm

D	L	d	d_1	h	B
12	20	M6	10	4	5
16	25	M8	14	5	6
20	30	M10	18	5	8

（2）矩形拉模扣

矩形拉模扣可以增加分模面的开模阻力，使其他分型面先打开，它通常需要配合定距分型机构，以实现模具定距有序的分型。这种结构可以通过调整弹簧压缩量来调整开模阻力，阻力较大，效果较好，适用于大中型三板模。图 3-23 所示为矩形拉模扣实物与装配结构。

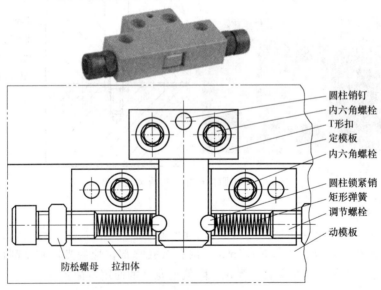

图 3-23 矩形拉模扣实物与装配结构

第四节　注塑模分型面的选择

为了将塑件从密闭的模腔内取出，或能够安放嵌件、取出浇注系统等注塑工艺过程，必须将模具分成两个或几个部分。

分型面是指分开模具能取出塑件的面。以分型面为界，模具分成两部分，即动模与定模部分，其他分开面可称为分离面或分模面，如图 3-24 所示。

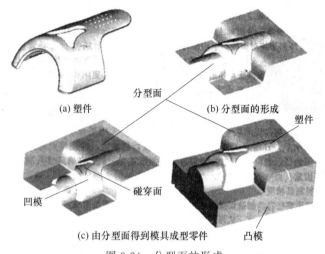

(a) 塑件 (b) 分型面的形成

(c) 由分型面得到模具成型零件

图 3-24 分型面的形成

　　有的模具较简单，只有一个分型面；有的模具较复杂，具有多个分型面，将脱模时取出塑件的分型面称为主分型面。分型面的方向尽量采用与注塑机开模方向垂直的方向，如图 3-25（a）、（b）所示；特殊情况下采用与注射成型机开模方向平行的方向，如图 3-25（c）所示的Ⅱ分型面。

1. 分型面的表示方法

　　在模具的装配图上分型面的表示方法如图 3-25 所示。当模具分型时，若分型面两边都在移动，用"←→"表示，如图 3-25（a）所示；若分型面其中一侧不动，另一侧做移动，用"→"表示，如图 3-25（b）所示。箭头指向移动方向，有多个分型面时，按分型的先后顺序用"Ⅰ、Ⅱ、Ⅲ"表示，如图 3-25（c）所示。

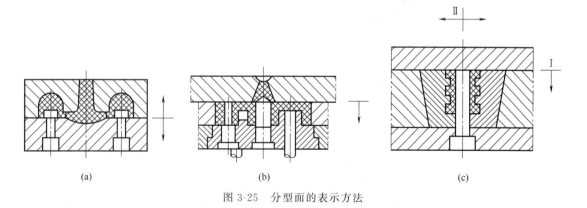

(a)　　　　　　　　　　　(b)　　　　　　　　　　　(c)

图 3-25 分型面的表示方法

2. 分型面的形状

分型面的形状主要有如下几种。

① 平面分型面，它有水平和垂直两种，如图 3-26 所示。

② 斜分型面，如图 3-27 所示。

③ 阶梯分型面，如图 3-28 所示。

④ 曲面分型面，如图 3-29 所示。

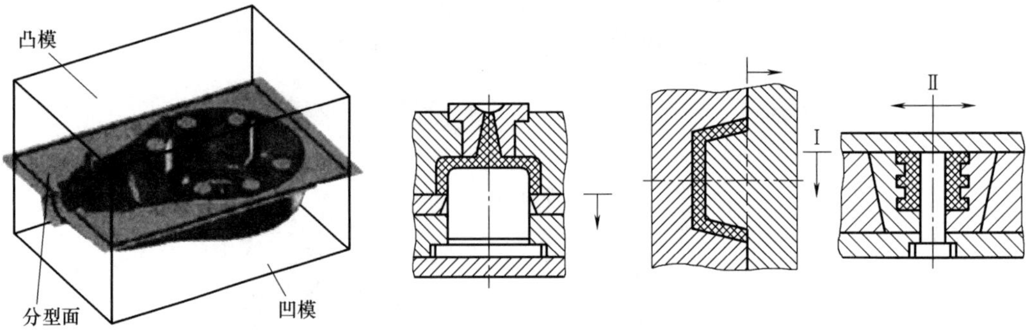

(a) (b) (c) (d)

图 3-26 平面分型面

(a) (b)

图 3-27 斜分型面

(a) (b)

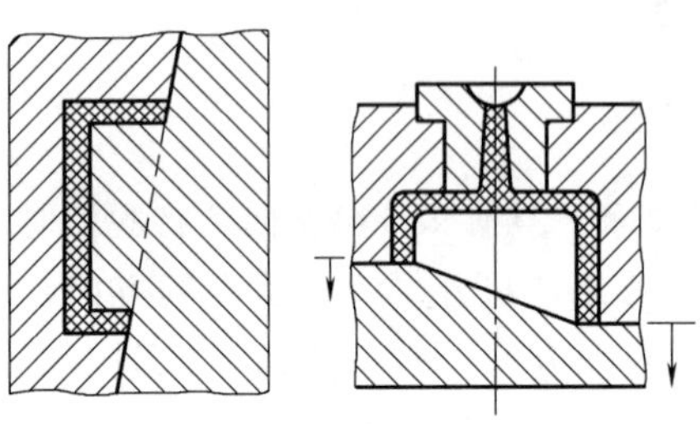

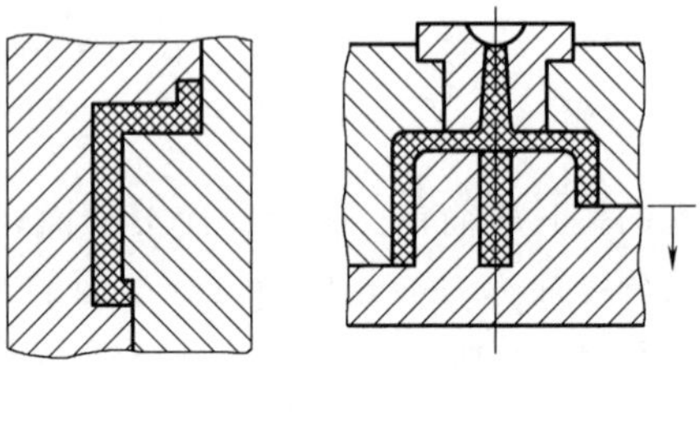

图 3-28 阶梯分型面

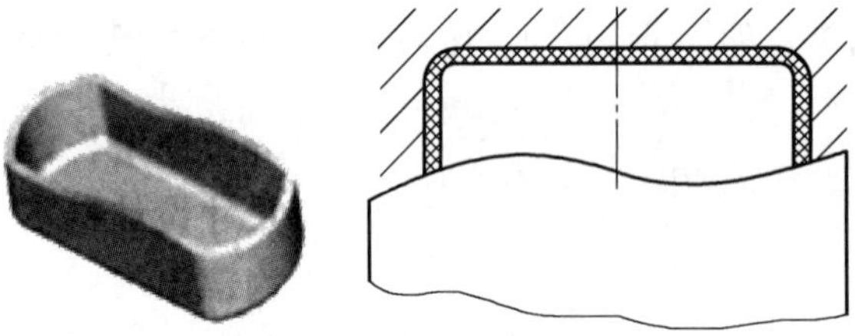

图 3-29 曲面分型面

3. 分型面选择的基本原则

分型面的选择是否合理对模具制造、塑件生产及产品质量都有很大影响，是模具设计中非常重要的环节。分型面选择时应遵循以下基本原则。

(a) 不好 (b) 好

图 3-30 塑件留模方式

1—动模；2—定模；3—推出板

（1）有利于脱模

因为塑件的顶出机构通常都设置在动模部分，所以塑件在开模时应留在动模部分。只有特殊情况时，定模才有顶出机构。为确保塑件能顺利从模具中脱处，主分型面应选在塑件外形最大轮廓处。另外，尽量做到凹模成型塑件外表面，凸模成型内部结构，这种结构俗称天地模，如图 3-30 所示。

当塑件带有金属嵌件时，因为嵌件不会收

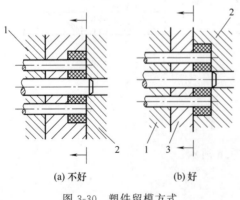

缩而包紧型芯，所以型腔应设在动模上，否则，开模后塑件留在定模上，使脱模困难，如图3-31所示。

（2）保证塑件的尺寸精度

若有同轴度要求的部分全部在动模内成型，则可满足同轴度的要求，如图3-32所示。若塑件较高，由于脱模斜度的存在，大小端尺寸差异较大，当减小脱模斜度时，又会造成脱模困难。若塑件外观无严格要求时，可将分型面选在塑件中间，如图3-33所示。

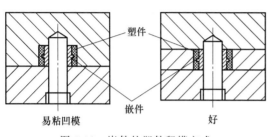

图 3-31　嵌件的塑件留模方式

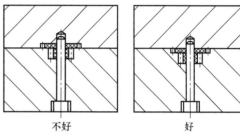

图 3-32　选择分型面位置保证塑件同轴度要求

（3）保证塑件外观质量

分型面应尽可能选择在不影响塑件外观的部位，而且在分型面处所产生的飞边应易于修整和加工，如图3-34所示。

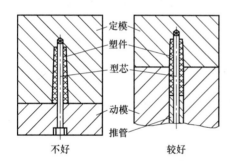

图 3-33　选择分型面位置减小脱模斜度

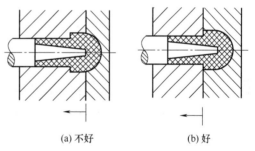

图 3-34　分型面对塑件外观质量的影响

（4）简化模具结构

① 简化侧抽芯机构。

a. 尽量避免侧抽芯机构，若无法避免，应使抽芯行程尽量短，如图3-35所示。

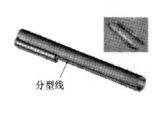

(a) 塑料制品——笔筒　　　(b) 纵向摆放时抽芯距离短　　　(c) 横向摆放时抽芯距离太长

图 3-35　侧抽芯距离越小越好

b. 尽可能把侧滑块设计在动模，避免定模抽芯而使模具结构复杂，如图3-36所示。

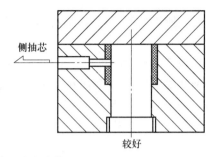

图 3-36 侧抽芯放在动模

② 方便浇注系统的布置。对于两板模，分流道都是沿分型面走向，要使熔体在分流道内的能量损失最小，布置分流道的分型面起伏不宜过大。

③ 便于排气。分型面是主要排气的地方，为了有利于气体的排出，分型面尽可能与料流的末端重合，如图 3-37 所示。

④ 便于嵌件安放。同时应尽量减少分型面数目。

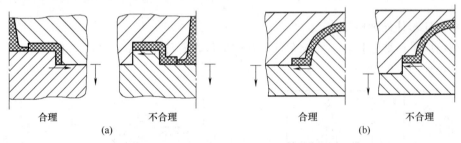

图 3-37 分型面应便于排气

⑤ 有利于模具制造：为方便模具机械加工，尽量采用平直分型面，做到能用平面（与开模方向垂直）不用斜面，能用斜面不用曲面，如图 3-38 所示。

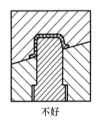
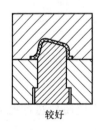
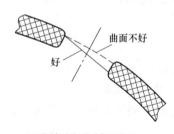

(a) 能平面分型不斜面分型   (b) 能斜面分型不曲面分型

图 3-38 分型面选择有利于模具制造

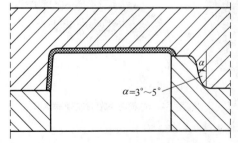

图 3-39 阶梯分型面处的插穿倾斜角度

（5）确定分型面注意事项

① 阶梯分型面处的插穿面倾斜角度取 3°～5°，如图 3-39 所示。

② 封料距离 $L \geqslant 5mm$，保证熔融塑料不泄漏，如图 3-40 所示。

③ 创建基准平面：在创建分型面时，若同时具有斜面、台阶、曲面等高度差异的一个或多个分型面，必须设计一个基准平面，以方便加工和

测量，如图 3-41 所示。

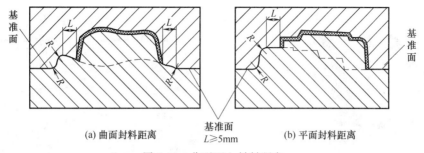

(a) 曲面封料距离　　基准面 $L \geqslant 5mm$　　(b) 平面封料距离

图 3-40　分型面上封料距离

④ 平衡侧向压力：由于型腔内熔融塑料产生的侧向压力使动、定模不能自身平衡，容易引起动、定模的错位，通常采用增加锥面锁紧，利用动、定模的刚性，平衡侧向压力，如图 3-42 所示。锁紧斜面在合模时要求完全贴合，锁紧斜面倾斜角度一般取 $10°\sim15°$，斜度越大，平衡效果越差。

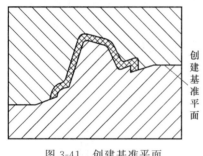

图 3-41　创建基准平面

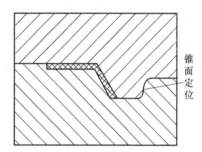

图 3-42　分型面加锥面锁紧定位

第五节　注塑模浇注系统设计

浇注系统是指模具中从喷嘴开始到型腔入口为止的一段塑料熔体的流动通道。其作用是将塑料熔体顺利地充满型腔，并在填充及凝固过程中，将注射压力传递到型腔的各个部位，以获得外形清晰、内在质量优良的塑件。浇注系统设计合理与否，将直接影响到塑件的外观和内部质量、尺寸精度和成型周期，甚至关系到模具设计的成败。

一、注塑模浇注系统的组成和分类

浇注系统可分为普通浇注系统和热流道浇注系统。

普通浇注系统都是由主流道、分流道、浇口及冷料穴组成，如图 3-43 所示的侧浇口和图 3-44 所示的点浇口应用实例。

二、浇注系统的设计原则

浇注系统设计应遵循如下设计原则。

① 保证塑件外观质量：浇口在塑件表面会留下痕迹，影响表面质量。因此，浇口应设置在塑件隐蔽部位，且浇口容易切除、痕迹不明显。

② 避免熔料直接冲击细小型芯、嵌件或薄壁等薄弱环节，防止模具型芯和其他成型零

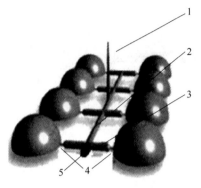

图 3-43　侧浇口浇注系统组成

1—主流道；2——级分流道；3—二级分流道；
4—浇口；5—冷料穴

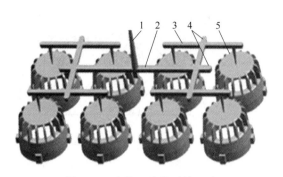

图 3-44　点浇口浇注系统组成

1—主流道；2——级分流道；3—二级分流道；
4—冷料穴；5—浇口

件的变形。

③ 排气良好：如图 3-45（a）所示的浇注系统不合理，因为熔体流入型腔后，首先在分型面 2 处封闭，气体鼓在 3 处，优点是塑件表面疤痕较小，缺点是气体无法排出。如果塑件表面要求较高，可改用图 3-45（b）所示三板模，气体在分型面 1 处排走，但是模具结构复杂。若塑件表面质量要求不高，可改用图 3-45（c）所示直接浇口浇注系统，排气容易且模具结构简单克服了上述缺点。

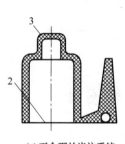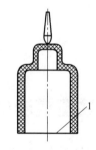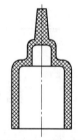

(a) 不合理的浇注系统　　　(b) 三板模浇注系统　　　(c) 直接浇口浇注系统

图 3-45　浇注系统应排气良好

④ 流程要短，塑料熔体应以最短的流程来充满型腔，以缩短成型周期，提高成型质量，节约塑料用量，降低生产成本。

⑤ 尽可能采用平衡式布置使收缩均匀，尺寸精度高，塑件有互换性。

⑥ 生产批量较大时，浇注系统采用自动与塑件分离并自动脱落，便于实现自动化，如采用潜伏式浇口或点浇口，如图 3-44 所示点浇口。

三、浇注系统的设计

浇注系统设计主要是对主流道、分流道、浇口及冷料穴进行形状和尺寸确定。

1. 主流道设计

（1）普通主流道尺寸

主流道是指浇口套口进料口至分流道入口处止的一段锥形流道，在浇口套内成型，与注塑机喷嘴在同一轴心线上，熔料在主流道中不改变方向。

主流道尺寸确定如图 3-46 所示，L 应尽量短。$D_1 = 3 \sim 6\text{mm}$，$D_2 = 3.5 \sim 5.5\text{mm}$，$R = 1 \sim 3\text{mm}$，$\alpha = 2° \sim 6°$，$\beta = 6° \sim 10°$。

注意：主流道应设计在浇口套内，避免做在模板上或采用镶拼结构，防止塑料进入接合面形成横向飞边，造成脱模困难。

（2）倾斜式主流道设计

由于受塑件结构或模具结构、浇注系统、型腔数的影响，使主流道偏离模具中心，此时可采用倾斜式主流道，保证模具压力中心与注塑机模板中心重合。浇口套倾斜角与塑料品种有关，韧性较好的塑料，如 PP、PE、PA 等取 $\alpha_{\max} = 30°$；韧性一般或较差的塑料，如 PS、ABS、PC、POM、PMMA 等取 $\alpha_{\max} = 20°$。图 3-47 所示为浇口套带防转销的倾斜式主流道。

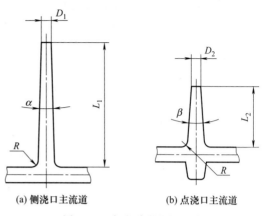

(a) 侧浇口主流道　(b) 点浇口主流道

图 3-46　主流道形状与尺寸

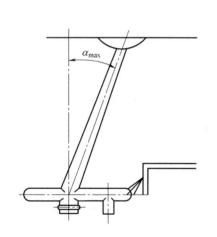

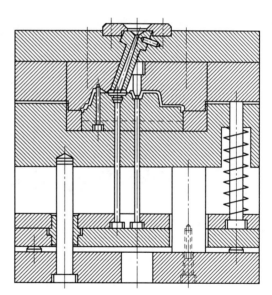

图 3-47　浇口套带防转销的倾斜式主流道

2. 分流道设计

（1）分流道的作用

分流道是连接主流道与浇口的熔体通道，是塑料熔体从主流道进入单型腔或多型腔模具进料的通道，其作用是起分流和转向。要求塑料熔体在流动中热量和压力损失最小，使流道中的塑料量较小，且保证各型腔同时充满。

（2）设计分流道应考虑的因素

① 塑料流动性及塑件形状。

② 型腔的数量。

③ 壁厚及内在和外观质量。

④ 注塑机的压力及注射速度。

⑤ 主流道及分流道的拉料方式。

（3）分流道的断面形状及尺寸

在同等断面积的条件下，正方形的周边最长，圆形的最短。从传热面积考虑，热固性塑料的注塑模的分流道最好是采用正方形；但从散热面积考虑，热塑性塑料注塑模分流道的断面形状则采用圆形；从压力损失考虑，由于在同等断面面积时圆形的周边比正方形的短，因此料流阻力小，压力损失也小。但从加工方便角度出发，常用圆形、半圆形、梯形和正六边形断面，如图 3-48 所示。分流道直径对应的塑件质量和塑件投影面积如表 3-3 所示。

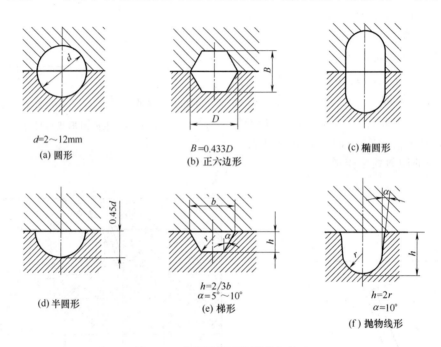

图 3-48　分流道断面的形状和尺寸

■ 表 3-3　分流道直径对应的塑件质量和塑件投影面积

流道直径 d/mm	塑件质量 m/g	流道直径 d/mm	投影面积 A/cm²
4	$m \leqslant 95$	4	$A \leqslant 10$
5			
6~8	$95 < m \leqslant 375$	6	$10 < A \leqslant 200$
10	$m > 375$	8	$200 < A \leqslant 500$
12	大型	10	$500 < A \leqslant 1200$
		12	大型

（4）分流道的分布形式

分流道的分布取决于型腔的布局，型腔与分流道的分布原则是排列紧凑，以缩小模具外形尺寸；分流道的流程长短应适合塑件的质量和结构；保证锁模压力平衡。分流道的分布形式如图 3-49 所示，$L_1 = 6 \sim 10$mm，$L_2 = 3 \sim 6$mm。

（5）分流道的形式

分流道按特性分为平衡式和非平衡式两种，一般以平衡式分布为佳。

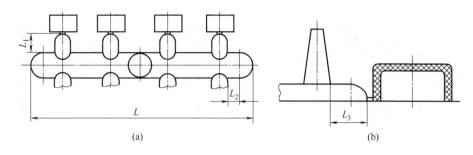

图 3-49　分流道的分布形式

① 平衡式分流道：要求从主流道到各个型腔的分流道长度、形状、断面尺寸都必须对应相等，否则就达不到均衡进料的目的。其特点是各个型腔同时均衡进料，如图 3-50 所示。

图 3-50　分流道平衡布置

平衡式分流道进料型腔排位的形状有 O 形、H 形、X 形，如图 3-51 所示。

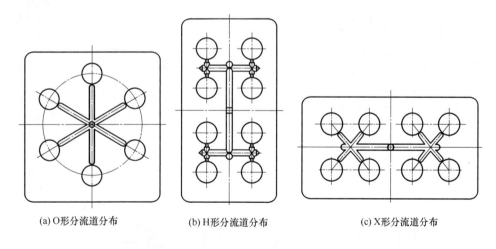

(a)O形分流道分布　　　　(b)H形分流道分布　　　　(c)X形分流道分布

图 3-51　平衡式分流道型腔排位

② 非平衡式分流道：非平衡式分流道型腔排位如图 3-52 所示，其特点是主流道到各个型腔的分流道长度不相同。优点是分流道布置较简洁，可缩短流道的总长度；缺点是难以做到同时充满，收缩率难以达到一致，各零件尺寸有误差。但为了达到各个型腔同时均衡的进料，必须将分流道或浇口开成不同尺寸，如图 3-53 所示。

图 3-52 非平衡式分流道型腔排位

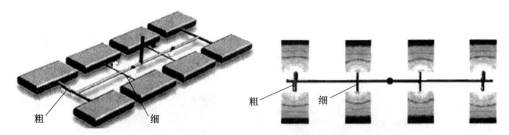

图 3-53 人工平衡分流道（改变流道截面积）

3. 型腔排列方式及分流道布置原则

① 一模多腔，应平衡布置，如图 3-54 所示。

② 浇口平衡，使压力平衡，如图 3-55 所示。

③ 大小塑件对称布置，保持压力平衡，防止产生飞边，如图 3-56 所示。

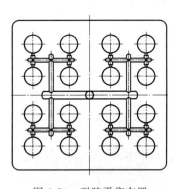

图 3-54 型腔平衡布置

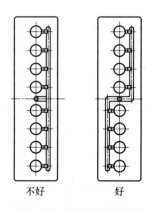

不好   好

图 3-55 浇口平衡布置

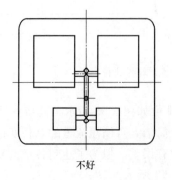

不好

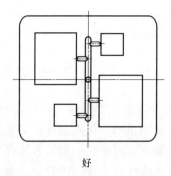

好

图 3-56 对称布置

④ 大近小远，填充时便于保持压力平衡，提高塑件质量，如图 3-57 所示。

⑤ 同一塑件，大近小远，减小压力损失，如图 3-58 所示。

⑥ 精密模具型腔数：一般不超过 4 腔，最多不超过 8 腔。

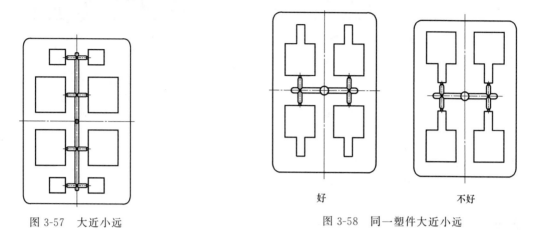

图 3-57　大近小远

好　　　　　　　　不好

图 3-58　同一塑件大近小远

4. 冷料穴和拉料杆的设计

拉料杆形式多种多样，但最常用的是 Z 形、球形和倒锥形。

（1）冷料穴的设计

冷料穴是用来储存注射时前锋产生的冷料，因冷料进入型腔会影响塑件质量。但并非所有模具都需要开设冷料穴。

① 冷料穴的形式与开设位置：冷料穴通常开设在主流道或分流道末端，形式与开设位置如图 3-59 所示。

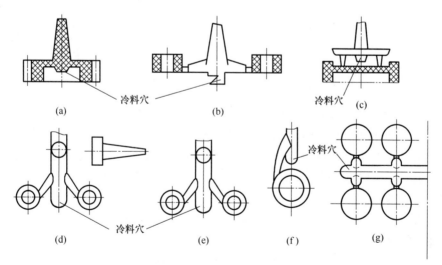

图 3-59　冷料穴的形式与开设位置

② 冷料穴的尺寸确定如图 3-60 所示。

（2）拉料杆的设计

拉料杆的作用是开模时将流道凝料留在预定的地方。拉料杆与推件板配合公差取 H9/f9（间隙应小于塑料的溢料值），拉料杆固定部分配合公差取 H7/m6。表面粗糙度中，配合部

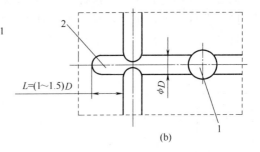

图 3-60　冷料穴的尺寸确定

1—主流道；2—冷料穴

分取 $Ra0.8\mu m$，安装部分取 $Ra0.8\sim 0.4\mu m$。

拉料杆的形式与结构如下。

① Z 型拉料杆，如图 3-61（a）所示。

② 拉料穴，如图 3-61（b）所示。

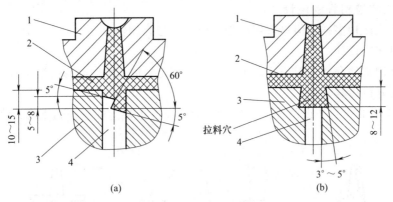

图 3-61　主流道拉料杆

1—浇口套；2—分流道；3—动模板；4—拉料杆（兼顶杆）

③ 球形拉料杆用于推件板推出机构，如图 3-62 所示。塑料进入冷料穴后包紧在拉料杆的球形头上，开模时即可将主流道（或分流道）凝料从主流道中拉出。

④ 三板模点浇口浇注系统分流道拉料杆如图 3-63 所示，其作用是流道推板和定模座板打开时，将浇口凝料拉出定模座板，保证浇口凝料和塑件自动切断。

5. 浇口的设计

浇口是指流道末端与型腔之间的一段细短通道（也称内浇口），它是浇注系统中断面尺寸最小且最短的部分。

（1）浇口的作用

除主流道直接浇口外，其余类型浇口的作用如下。

① 使塑料熔体快速充满型腔，并能很快冷却并封闭型腔，防止型腔内熔体倒流。

② 熔体快速经过浇口时，因剪切、挤压、摩擦而升高熔体温度。

③ 可以调节、控制进料量和进料速度。

④ 浇口设计合理，能克服填充不足、收缩凹陷、熔接痕及翘曲变形等缺陷，提高成型

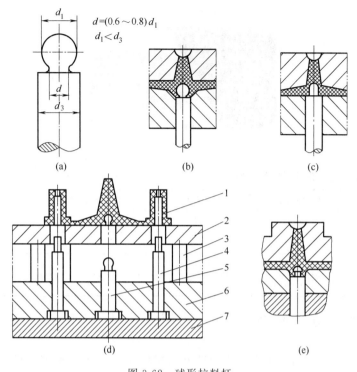

图 3-62 球形拉料杆

1—塑件；2—推件板；3—复位杆；4—型芯；

5—球形拉料杆；6—型芯固定板；7—支承板

质量。

（2）浇口的分类

常见注塑模的浇口形式有侧浇口、点浇口、潜伏式浇口、直接浇口、中心浇口、护耳浇口、搭接式浇口、薄片浇口等。

① 侧浇口：侧浇口（又称边缘浇口）通常开在分型面上，从塑件侧面进料，它能方便地调整充模时的剪切速率和浇口封闭时间，是一种最简单、最广泛使用的浇口形式，如图 3-64 及图 3-65 所示。侧浇口长、宽、深尺寸的经验值如表 3-4 所示。

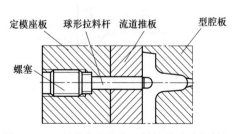

图 3-63 三板模点浇口浇注系统分流道拉料杆

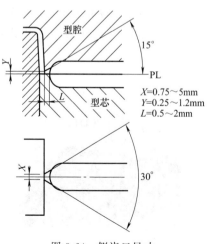

图 3-64 侧浇口尺寸

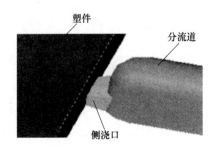

图 3-65　侧浇口立体图

■ 表 3-4　侧浇口长、宽、深尺寸的经验值

塑件大小	塑件质量/g	浇口深度 Y/mm	浇口宽度 X/mm	浇口长度 L/mm
很小	0～5	0.25～0.5	0.75～1.5	0.5～0.8
较小	5～40	0.5～0.75	1.5～2	0.5～0.8
中等	40～200	0.75～1	2～4	0.8～1
较大	>200	1～1.2	4～8	1～2

侧浇口的优点：浇口与塑件分离容易、分流道较短、模具加工与修正容易，适合所有热塑性塑料。

侧浇口缺点：注射压力损失大、流动性差的塑料（PC）容易充填不足，面积较大的平板类塑件易造成气泡或流痕、去除浇口麻烦且塑件侧面易留有明显痕迹。

② 点浇口（针点式浇口、细水口）：点浇口是一种尺寸很小的浇口形式，用于三板模的浇注系统，塑料可由型腔任何一点或多点进入型腔。适合大多数热塑性塑料。点浇口立体图如图 3-66 所示。

优点：点浇口直径很小，一般为 0.5～1.5mm，熔料通过时，有很高的剪切速率，摩擦生热提高料温；方便多点进料；浇口在开模时自动切断，塑件表面疤痕小。

缺点：注射压力损失大，流道凝料多；模具结构复杂（多一块流道板及拉料装置），成本高。

应用场合：

a. 单型腔且塑件壁薄、结构复杂、多点进料才能充满型腔；

b. 一模多腔，各腔大小悬殊，各塑件要求中心进料；

c. 塑料齿轮，常用两点或三点进料可提高尺寸精度；

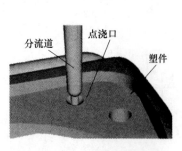

图 3-66　点浇口立体图

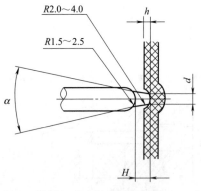

图 3-67　点浇口设计参数

d. 高度较高的桶形、盒形、壳形件，有利于排气，能提高塑件质量，缩短成型周期。

设计要点：

a. 点浇口设置在隐蔽处，以免影响外观质量；

b. 点浇口不能开得太大或太小，太大拉断困难且塑件疤痕大。太小拉断点不确定，塑件留有浇口凸点；

c. 点浇口处常做凹坑（肚脐眼）以改善塑料熔体流动状况。

点浇口设计参数如图 3-67 及表 3-5 所示。

■ 表 3-5 点浇口设计参数值   mm

d	0.5	0.6	0.8	1.0	1.2	1.4	1.5
h	0.5	0.8	0.8	0.8	1.0	1.0	1.5
H	1.5	1.5	1.5	1.5	2.0	2.0	2.5

点浇口应用实例如图 3-68 所示。

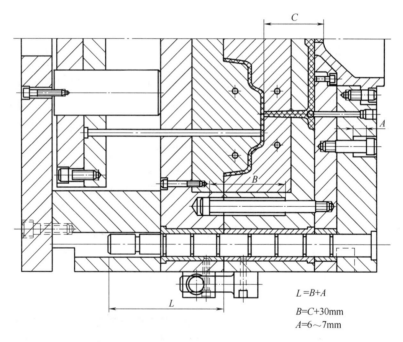

$L=B+A$

$B=C+30mm$

$A=6\sim7mm$

图 3-68 点浇口应用示例

③ 潜伏式浇口（又称剪切浇口或隧道式浇口）：潜伏式浇口是由点浇口演变而来，它除具备点浇口的特点外，其进料口部分一般选在塑件侧面较隐蔽处，因而塑件外表受损伤较小。分流道设置在主分型面上，浇口与流道成一定角度，塑料斜向进入型腔，形成能切断浇口的刀口。潜伏式浇口立体图如图 3-69 所示。

a. 潜伏在凹模上。塑料熔体由凹模通过潜伏浇口进入型腔，开模时塑件包紧凸模而留在动模，浇口和塑件被凹模切断，实现自动分离，如图 3-70 所示。优点是能改

图 3-69 潜伏式浇口立体图

善熔体的流动，易于充满型腔。缺点是塑件外表面会留下浇口痕迹。

b. 潜伏在凸模上。塑料熔体由凸模通过潜伏浇口进入型腔，开模后塑件包紧凸模而留在动模，推出系统顶出塑件时浇口和塑件被凸模切断，实现自动分离，如图 3-71 所示。优缺点与潜伏在凹模上相似。

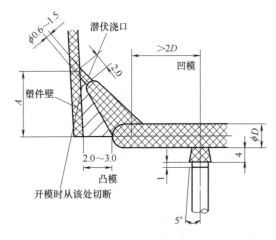

图 3-70　潜伏在凹模上

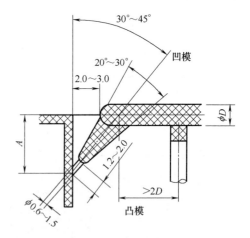

图 3-71　潜伏在凸模上

c. 潜伏在小推杆上端孔内。塑料熔体由潜伏浇口通过推杆上部圆孔进入型腔，开模后塑件包紧凸模而留在动模，推杆推出塑件时浇口和塑件被切断，实现自动分离，如图 3-72 所示。优点是塑件表面没有浇口痕迹，缺点是塑件推出后需人工切除塑件内部的突起塑料。

小推杆直径 $d=2.5\sim3\mathrm{mm}$，若直径过大，塑件表面会产生收缩凹坑。

d. 潜伏在大推杆上。推杆边缘加工出小平面作为进入型腔的流道，推出时浇口和塑件自动切断，如图 3-73 所示。优缺点同潜伏在小推杆上端孔内相似。

大推杆直径 $D\geqslant5\mathrm{mm}$，加工平面厚度（熔体通道）根据推杆大小确定。

e. 潜伏在加强筋上。当分流道尾端没有推杆可潜伏时，塑料熔体通过塑件附近的加强筋进入型腔，成型后人工切除。

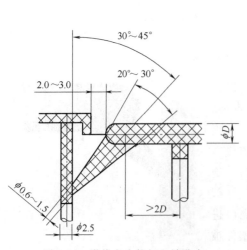

图 3-72　潜伏在小推杆上端孔内

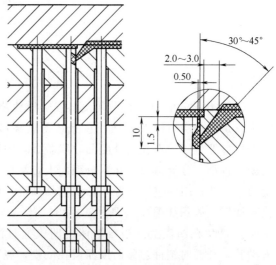

图 3-73　潜伏在大推杆上

潜伏式浇口的优点：

a. 进料位置灵活，塑件分型面没有进料口痕迹；

b. 浇口被自动切断，有时无需进行后处理；

c. 既有点浇口的优点，又有侧浇口的简单；

d. 可潜伏在凹模、凸模、推杆、筋等上，既可潜伏在塑件内侧，又可潜伏在塑件外侧。

潜伏式浇口的缺点：

a. 注射压力损失大。

b. 适合弹性好的塑料，如 PE、PP、PVC、ABS、PA、POM 等。对于质脆的塑料，如 PS、PMMA 不宜选用。

④ 直接浇口（又称端浇口）：如图 3-74 所示，塑料通过主流道直接进入型腔，无分流道，主流道就是浇口。仅适用于单型腔、箱形或深腔壳形塑件，不宜用于平板或易变形的塑件，对于 PE、PP、PVC、ABS、PA、POM、PS、PMMA 等塑料，有时采用直接浇口。

优点：塑料通过主流道直接进入型腔，故塑料流程短，流动阻力小，进料快，动能损失小，传递压力好，保压补缩作用强，有利于排气及消除熔接痕，流道料少，模具结构简单紧凑，制造方便。

缺点：去除浇口比较困难，塑件上有明显的浇口痕迹，浇口附近残余应力大，塑件易翘曲变形。

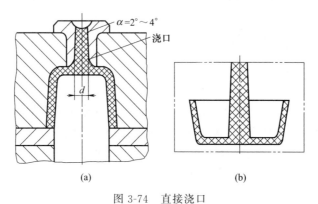

图 3-74 直接浇口

⑤ 中心浇口：中心浇口是直接浇口的变异形式，塑料直接从型腔中心环形或分股进料，具有与直接浇口相同的优点，去除浇口较直接浇口方便，适用于中间带孔的塑件。

a. 圆环形浇口。图 3-75（a）、（b）所示圆环形浇口主要用于筒形塑件；图 3-75（c）、（d）的形式中间起分流锥作用。

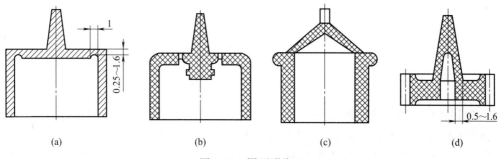

图 3-75 圆环形浇口

  b. 轮辐式浇口。轮辐式浇口是将整个圆周进料改成几小段分流道进料，如图 3-76 所示。浇口料较少且去除方便，型芯上得以定位而增加了型芯的稳定性，但塑件上熔接痕增多，影响塑件的强度。

  c. 爪形浇口。爪形浇口如图 3-77 所示，它是轮辐式的一种变异形式。在型芯的头部开设流道，用于高管形塑件或同轴度要求高的塑件。这种浇口去除方便，在成型细长管件时，型芯具有定位作用，能保证同轴度，但容易产生熔接痕，影响塑件外观质量，且开设浇口比较费时。

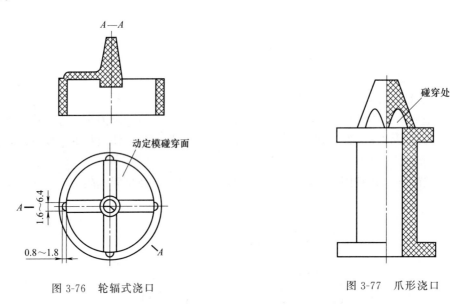

图 3-76 轮辐式浇口   图 3-77 爪形浇口

  ⑥ 护耳式浇口：图 3-78 （a）所示为护耳式浇口，从分流道来的塑料，通过浇口进入耳槽，由耳槽再进入型腔。塑料经过浇口时，由于摩擦使其温度升高，有利于塑料流动；塑料经过与浇口成直角的耳槽，冲击在耳槽对面的壁上，降低了流速，改变了流向，形成平滑的料流均匀地进入型腔，不致造成涡流，保证了塑件的外观质量。当塑件宽度很大时，可用数个护耳，如图 3-78 （b）所示。

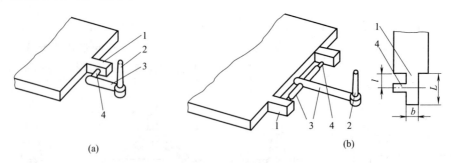

(a)   (b)

图 3-78 护耳式浇口
1—耳槽；2—主流道；3—分流道；4—浇口

  ⑦ 搭接浇口：搭接浇口如图 3-79 所示，它是侧浇口的演变形式，具有侧浇口的优点，适用于平板类塑件。缺点是浇口需人工切除，塑件表面有明显的疤痕。

  ⑧ 薄片浇口：薄片浇口如图 3-80 所示，熔体经过浇口时以较低的速度均匀平稳地进入

型腔，避免平板类塑件变形，因此特别适合于大型平板类塑件。但去除浇口需用专用工具，影响生产效率。

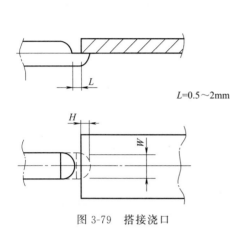

图 3-79　搭接浇口

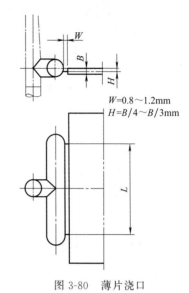

$W=0.8\sim1.2mm$
$H=B/4\sim B/3mm$

图 3-80　薄片浇口

（3）浇口设计要点

① 浇口位置尽量选择在分型面上，以便于清除及模具加工，因此，能用侧浇口就不用点浇口。

② 浇口应开设在塑件断面最宽、最厚处，有利于填充和补缩，如图 3-81 所示。

③ 避免浇口开设在细长型芯和模具薄壁处，以免熔体冲弯或冲断模具零件，如图 3-82 所示。

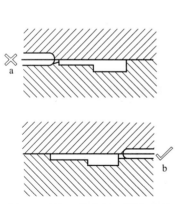

图 3-81　浇口从宽处、厚处进料

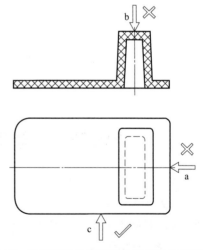

图 3-82　浇口应避免直对细长型芯和模具薄壁处

④ 浇口位置的选择应使塑料流程最短，料流变向最少，如图 3-83 所示。

⑤ 在保证塑件质量和正常生产的情况下，浇口数量越少越好，以减少或避免塑件的熔接痕，增加熔接牢固度，大型薄壁塑件常采用多点进胶，如图 3-84 所示。

⑥ 浇口位置应有利于模具排气，如图 3-85 所示。

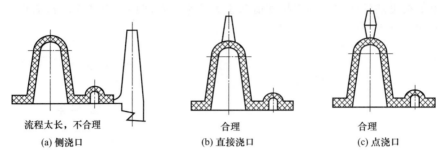

流程太长,不合理	合理	合理
(a) 侧浇口	(b) 直接浇口	(c) 点浇口

图 3-83 浇口位置对填充的影响

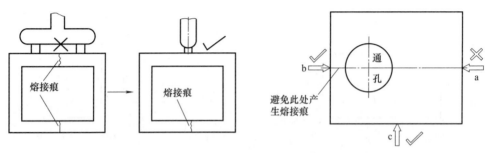

图 3-84 浇口位置对熔接痕的影响

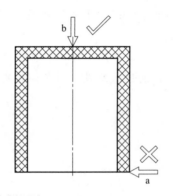

图 3-85 浇口位置应有利于排气

第六节　注塑模排气和引气系统设计

塑料模具属于型腔模,在塑料的注射填充过程中,型腔内除空气外,还有塑料受热或凝固而产生的挥发性气体。在注射时型腔内气体要及时排出,在塑料凝固和推出过程中,空气要及时进入,避免产生真空。因此,设计排气和引气系统是必须要考虑的。

1. 排气系统设计

(1) 型腔内气体排不出造成的后果

① 被压缩的气体产生高温(数百摄氏度),造成塑件局部烧焦炭化。

② 塑件表面形成流痕、气纹、接缝等缺陷。

③ 阻碍塑料难以充满型腔,造成塑件轮廓不清。若加大注射压力,导致动定模被撑开,使塑件出现飞边或损坏模具薄弱零件。

④ 使塑件产生气泡,熔接不良、组织疏松引起强度下降。

⑤ 降低填充速度,使成型周期加长,影响生产效率。

(2) 模具中容易产生困气的位置及解决方法

① 困气在型腔中熔体的末端,如图 3-86 (a)、(b)、(d)、(g) 所示,需在困气处开设排气槽。

② 困气在两股或两股以上熔体混合处,如图 3-86 (c)、(e)、(f)、(h) 所示,需在困气处开设排气槽。

③ 困气在模具型腔盲孔底部,即塑件突起柱位端部位等,如图 3-87 所示,需在困气处安装排气阀或排气针。

④ 困气在加强筋和螺丝柱的底部,如图 3-88 所示,需在困气处开设排气槽。

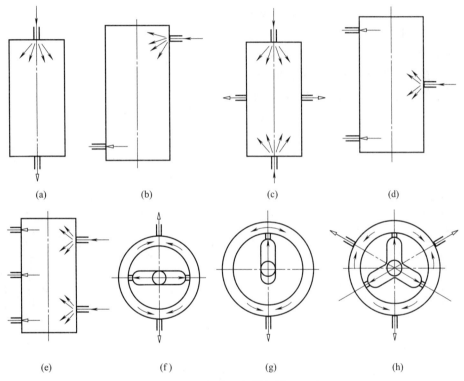

(a)　　　　　(b)　　　　　(c)　　　　　(d)

(e)　　　　　(f)　　　　　(g)　　　　　(h)

图 3-86　困气位置与排气槽的开设

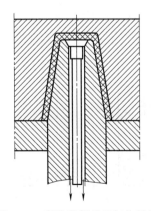

图 3-87　盲孔底部的困气与排气

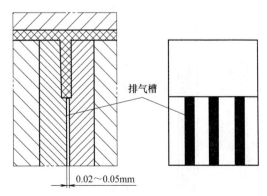

排气槽

0.02~0.05mm

图 3-88　加强筋的困气与排气

⑤ 困气在模具分型面上，如图 3-89 所示。

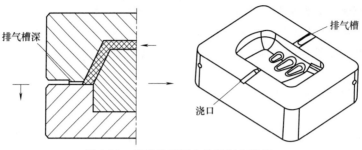

图 3-89　模具分型面上的困气与排气

（3）排气槽尺寸确定

图 3-90 所示为分型面上排气槽的形状与尺寸。

（4）借助其他模具零件排气

① 利用镶件接合面缝隙排气，如图 3-91 所示。

② 利用推杆、推管与模具之间的间隙排气，如图 3-92 所示。

③ 利用侧抽芯间隙排气，如图 3-93 所示。

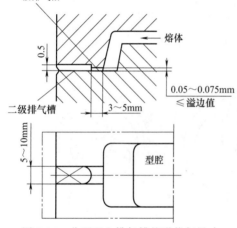

图 3-90　分型面上排气槽的形状与尺寸

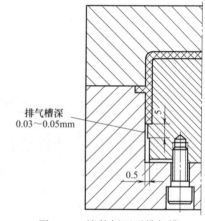

图 3-91　镶件侧面开排气槽

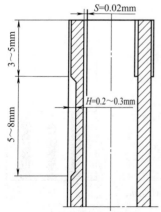

图 3-92　利用推管间隙排气

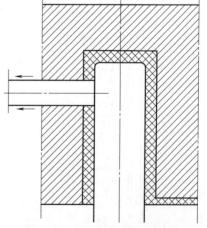

图 3-93　利用侧抽芯间隙排气

2. 型腔、型芯进气装置的设计

在成型大型深腔类塑件时，塑料充满整个型腔，开模时塑件与型腔、型芯之间形成真空，在大气压力作用下造成脱模困难，此时需安装进气装置，进气阀结构如图 3-94 所示，阀芯锥角 80°～90°。阀芯端面应比模具平面高 0.05～0.1mm，否则气阀难以打开。

其工作原理是模具开始注射时停止通入压缩空气，阀芯在弹簧作用下复位，与模具锥面密合，防止熔融塑料进入气阀内。推出塑件时通入压缩空气，阀芯抬起时弹簧被压缩，完成进气工作。

当模具较大，在型腔或型芯上加工锥孔困难时，可直接加工出圆形沉孔，然后镶入标准气阀，但必须采用 H7/p6 或 H7/r6 过盈配合，以防被压缩空气吹出。目前模具用进气阀已形成标准系列，市场上可以购买。

图 3-95 所示为进气装置在注塑模具上的应用。

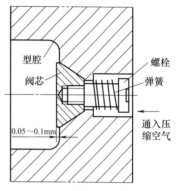

图 3-94 进气阀结构

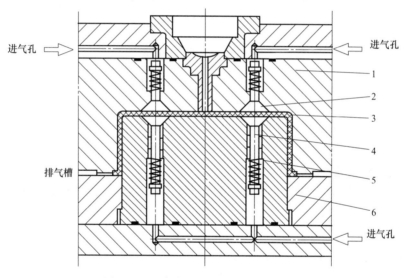

图 3-95 进气装置在注塑模具上的应用
1—定模板；2,4—阀芯；3—塑件；5—弹簧；6—动模板

第七节 注塑模成型零件设计

成型零件是指与塑料件直接接触、构成型腔的模具零件，包括凹模、凸模（型芯）等。型腔是指合模时用来填充塑料、成型塑件的空间，如图 3-96 所示。

一、凹模结构设计

凹模是指成型塑件外表面的零件。按其结构不同，可分为整体式和组合式两类。

1. 整体式凹模结构

整体式凹模由整块材料加工而成，如图 3-97 所示。

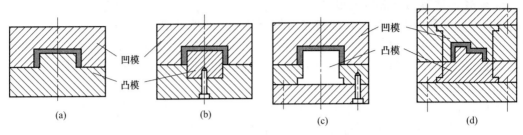

图 3-96　构成型腔的凸模和凹模

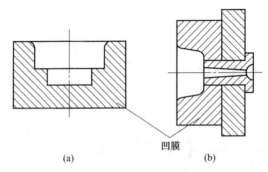

图 3-97　整体式凹模

特点：牢固，使用中不易发生变形，不会使制品产生拼接缝痕迹，成型质量好。但加工工艺性差，热处理不方便，材料成本费用高。

使用范围：只适用于形状简单的中小型模具，或形状复杂但凹模可用线切割、电火花和数控铣加工的中小型塑料模具。

2. 组合式凹模结构

组合式凹模结构是指由两个以上零件组成凹模。按组合方式可分为整体嵌入式、局部镶拼式等形式。

（1）整体嵌入式凹模

凹模由整块金属材料加工而成并镶入模套中，如图 3-98 所示。

结构特点：型腔尺寸小，凹模镶件外形多为旋转体或规则形状，拆卸、维修、更换方便。图 3-98（a）、（b）称为通孔台肩式，即带有台肩的凹模从模板底部嵌入模板，装上底板再用螺栓紧固。如果凹模镶件是回转体，而型腔是非回转体，为防止转动，需用销钉定位，如图 3-98（b）所示；图 3-98（c）是带有台肩的凹模从上部装入，配合应紧一些，防止塑件推出时拔出镶件；图 3-98（d）是盲孔无台肩式，装入模板后，用螺栓从底部紧固，为拆卸方便，模板钻有工艺孔，这种结构可省去垫板。

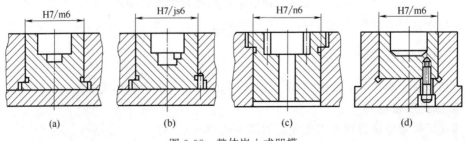

图 3-98　整体嵌入式凹模

适用范围：塑件尺寸较小的多型腔模具，应用较多。装配采用过渡配合：H7/js6 为较松过渡配合；H7/n6 为较紧过渡配合；H7/m6 介于两者之间，应用最广泛。

（2）局部镶嵌式凹模

为方便机加工、研磨、抛光、热处理及拆卸、维修，通常将凹模中复杂、易磨损的部位做成镶件嵌入模体中，如图 3-99 所示。

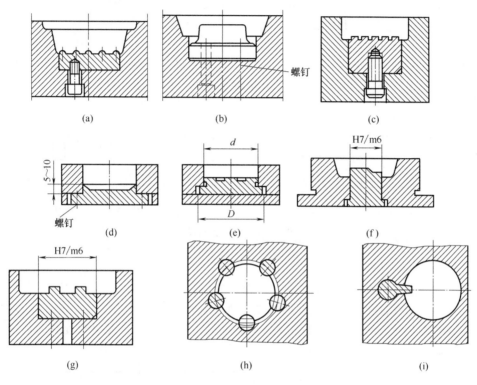

图 3-99 局部镶嵌式凹模

结构特点：复杂或易磨损部位易加工、易拆卸和更换、热处理变形小。

（3）不合理的凹模镶拼结构

如图 3-100 所示的两种凹模镶拼结构，当镶件与模板配合面不够严密时，容易出现与塑件顶出方向垂直的横向飞边，造成顶出力成倍增加，使塑件顶白或变形，甚至开裂。横向飞边是注射过程中严禁出现的，而纵向飞边在不影响塑件质量的前提下是允许的。

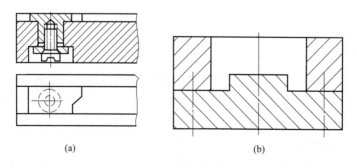

图 3-100 不合理的凹模镶拼结构

在塑件外观质量要求很高时，尽量不要采用局部镶拼式凹模结构，因为拼合面不管加工得如何精密都会在塑件表面留下痕迹。

二、凸模（型芯）的结构设计

凸模（型芯）又称阳模、公模，是成型塑件内表面的模具工作零件。小型芯是成型塑件上较小孔的成型零件。凸模通常装在动模，但有时定模也有凸模镶件。

凸模的类型也有整体式和组合式。

（1）整体式凸模（型芯）

整体式凸模与动模板做成一体，结构牢固，不易变形，成型的制品质量好，应用在形状简单的小型模具上。缺点是加工不便，热处理变形大，优质模具材料浪费大，如图 3-101 所示。

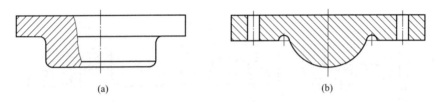

(a)   (b)

图 3-101 整体式凸模

（2）组合式凸模（型芯）

为了节约贵重模具钢和便于加工而把模板和型芯采用不同材料制成，然后拼接起来。凸模固定孔采用通孔或盲孔均可，盲孔的强度和刚度好，但加工工艺性差，如图 3-102 所示。通孔采用线切割加工，可以加工任意复杂形状的孔，适应性广，加工精度高，如图 3-103 所示。

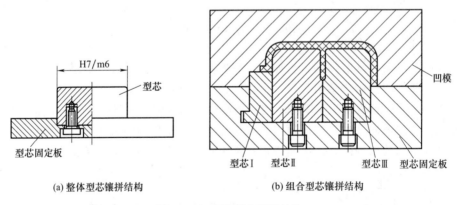

(a) 整体型芯镶拼结构   (b) 组合型芯镶拼结构

图 3-102 盲孔型芯镶拼结构

为防止固定部分为圆形但成型部分为非圆形的型芯在固定板内旋转，必须配作销钉以定位。注意提高型芯镶件的加工和热处理工艺，镶拼必须牢靠严密，同时避免热处理时薄壁处开裂。

（3）拼块组合凸模镶件

图 3-104 所示的拼块组合镶件为多件拼块组合成复杂型芯，分别用线切割加工，使复杂形状简单化，便于加工与抛光。

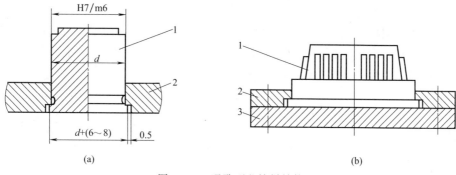

图 3-103 通孔型芯镶拼结构

1—型芯；2—型芯固定板；3—支承板

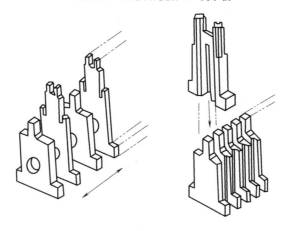

图 3-104 拼块组合镶件

（4）小型芯的安装固定方法

图 3-105 所示为小型芯的各种固定方式。

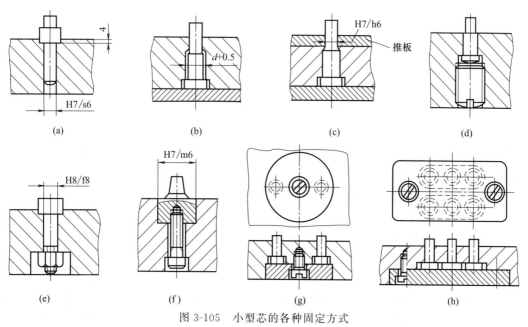

图 3-105 小型芯的各种固定方式

（5）活动型芯的安装结构

活动型芯随注塑件一起推出模外，然后从塑件中拆出，图 3-106 所示为活动型芯的各种安装方式。图 3-106（a）、（b）用弹性夹定位；图 3-106（c）用钢球和弹簧定位；图 3-106（d）用三爪或四爪弹性夹头定位。

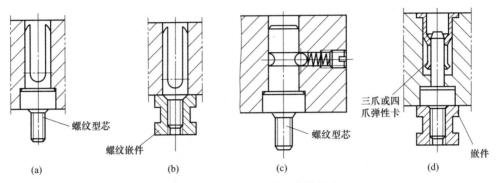

图 3-106　活动型芯的各种安装方式

（6）异型型芯（镶件）的固定

对于非圆小型芯无法用螺栓紧固或由于需要加工冷却水道，不允许钻孔，此时应考虑台肩固定，并注意加工性和可靠性，如图 3-107 所示。

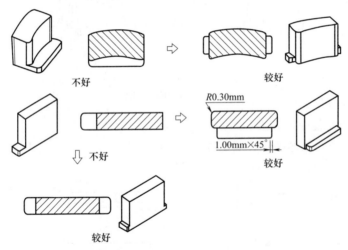

图 3-107　异型型芯的台肩固定

（7）塑件口部成型圆弧的方法

当塑件口部有圆弧时，只能在型芯根部加工出圆弧来成型塑件，模具上圆弧通常用电火花加工的方法成型，如图 3-108 所示。

（8）不合理的凸模镶拼结构

如图 3-109 所示的两种凸模镶拼结构，当型芯镶件与模板配合面不够严密时，容易出现与塑件顶出方向垂直的横向飞边，造成零件顶出困难，应避免出现该结构。

三、塑件孔的成型

塑件孔按不同方法可分为圆孔与异形孔或通孔与盲孔。塑料模具成型通孔的方式有碰穿、擦穿（擦破）与插穿。碰穿是指成型塑件的模具对熔体塑料密封面和开模方向垂直或相

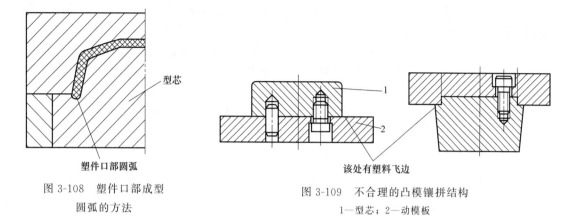

图 3-108　塑件口部成型
圆弧的方法

图 3-109　不合理的凸模镶拼结构
1—型芯；2—动模板

当于垂直，如圆弧面或曲面；插穿则指模具对熔体的密封面与开模方向不垂直，如图 3-110
所示。

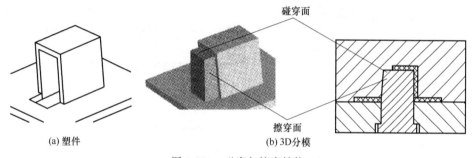

图 3-110　碰穿与擦穿结构

　　模具上碰穿面为平面或曲面。而擦穿面应有斜度，优点：一是斜面密封好，可有效防止
溢料产生飞边，而垂直贴合面无法承受锁模力；二是减少型芯和凹模的磨损；三是可降低加
工精度，便于配研。

　　（1）圆孔的成型

　　成型圆孔应采用圆形镶件（俗称镶针），镶件通常选用标准件，如标准推杆等，方便损
坏后更换和缩短制模周期。圆形通孔的成型也有碰穿和插穿两种方法。如果是台阶孔，还有
对碰、对插和插穿三种方式，如图 3-111 所示。

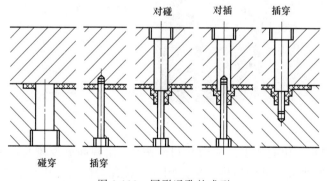

图 3-111　圆形通孔的成型

　　当圆孔直径≥5 倍孔深时，即成型较大直径的孔，为方便模具制造可采用碰穿，但因为

碰穿面总是有飞边存在，碰穿面应尽量在塑件内表面。成型小圆孔宜采用插穿，尤其是斜面或曲面上的圆孔。其原因是：①圆孔加工容易；②圆型芯插穿磨损小；③插穿时镶件不易被熔胶冲弯。另外，插穿的飞边方向是轴向的，碰穿的飞边方向是径向的，哪一种飞边会影响装配，也是设计时必须考虑的。

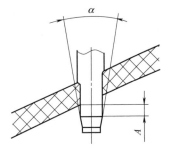

图 3-112 斜面圆形通孔采用穿插成型

斜面上的圆孔必须插穿，以保证型芯受力和方便加工，如图 3-112 所示。图中 α 取 $10°\sim15°$，A 取 $2\sim3$mm。

（2）异型孔的成型

成型异型孔时，如果孔很深，尺寸较小，生产时易损坏凸模，此时应采用镶件，否则可不用镶件。

① 实例一：简化模具结构。原则上异型孔成型：能做碰穿（靠破）不做插穿（擦破），能做插穿不做侧抽芯，能做大角度插穿，不做小角度插穿，如图 3-113 所示。

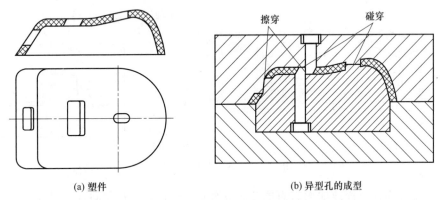

(a) 塑件　　　　　　　　　(b) 异型孔的成型

图 3-113 成型异型孔的插穿与碰穿

② 实例二：保证结构强度。如图 3-114 所示，为避免模具凸出部位因过高而变形或折断，设计上 $H\leqslant3B$ 较合理。碰穿面最小密封距离 $A\geqslant3$mm。插穿面倾斜角度取决于插穿面高度，$H\leqslant3$mm 时，斜度 $\alpha\geqslant5°$；$H>3$mm 时，斜度 $\alpha\geqslant3°$；对斜度有特定要求时，若插穿面高度 $H\geqslant10$mm，允许斜度 $\alpha\geqslant2°$。

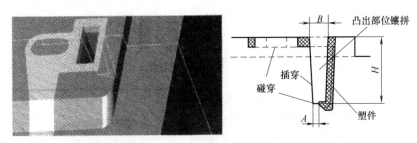

图 3-114 高型芯成型异型孔的插穿与碰穿

③ 实例三：侧孔做枕起成型。如图 3-115 所示，用枕起成型侧孔，可避免侧抽芯，降低模具复杂程度，减少成本并缩短模具制造周期，枕起封胶尺寸应大于 5mm，枕位插穿面斜度 $3°\sim5°$。

④ 其他复杂孔的成型方法如图 3-116 所示。

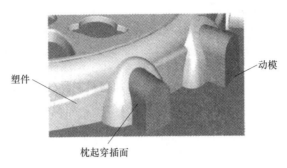

图 3-115 枕起成型侧孔

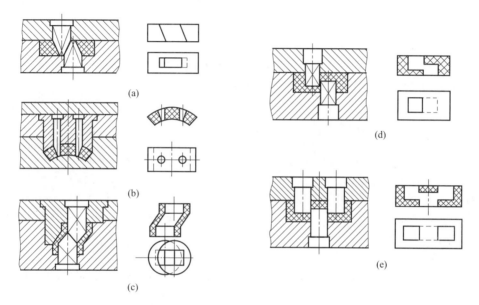

图 3-116 其他复杂孔的成型方法

四、注塑模成型零件尺寸确定

影响塑件的尺寸和精度的因素很多，主要有塑料材料、塑件结构、成型工艺过程、模具结构、成型零件尺寸、精度及磨损量。此外，还有成型零件的结构形式、安装尺寸和滑动部分配合间隙的变化等因素。

1. 决定成型零件尺寸精度的因素

（1）成型收缩

成型收缩是决定成型尺寸精度的重要因素，准确选用收缩率是保证塑件尺寸的关键。生产大型塑件时，收缩率对塑件的公差影响较大。

（2）成型零件的制造公差

一般模具成型零件工作尺寸制造公差取塑件公差值的 $1/4 \sim 1/8$，或取 IT8～IT9。

（3）成型零件的磨损

生产小型塑件时，制造公差与磨损量对塑件公差影响较大，最大磨损量可取塑件公差的 $1/6$。

2. 型腔、型芯的尺寸确定

确定型腔、型芯镶件外形尺寸的方法有两种：经验法和计算法。在实际设计工作中通常采用经验确定法。但对于大型、精密及重要模具，为确保安全，最好再用计算法校核其强度和刚度。

为了保证塑件尺寸的精确性，力图使它符合设计图纸的要求，按影响成型尺寸的因素，需对成型零件尺寸进行精确的计算。

（1）型腔、型芯长、宽尺寸经验确定法

① 确定各型腔的摆放位置。

② 按下面经验数据确定各型腔相互位置尺寸。

一模多腔的模具，各型腔之间的壁厚通常取 15～25mm，型腔越深，型腔壁应越厚，如图 3-117 所示。深腔大型模具的型腔之间壁厚可取 30mm。当采用潜伏式浇口时，应有足够的潜伏浇口位置及布置推杆的位置；当塑料制品较大，固定型芯或型腔镶件的固定板的孔为通孔，此时镶件固定板成框架结构，刚性较差，镶件之间壁厚应加厚，如图 3-118 所示；当型腔之间需通冷却水时，型腔之间距离要大一些。

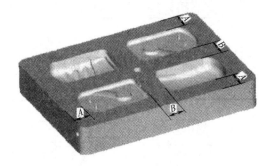

图 3-117　型腔排位确定凹模镶件大小

图 3-118　型芯排位确定镶件大小

③ 型腔镶件长、宽尺寸确定：型腔至型腔镶件边缘的厚度与型腔深度有关，通常取 15～50mm。可参照表 3-6 经验数值选取。

■ 表 3-6　型腔至型腔镶件边缘厚度的经验数值　　　　　　　　　　　　　　　　　　mm

型腔深度	型腔至型腔镶件边缘厚度	型腔深度	型腔至型腔镶件边缘厚度
≤20	15～25	30～40	30～35
20～30	25～30	>40	35～50

（2）型芯、型腔镶件高度尺寸确定

① 型腔镶件厚度 $A=$ 型腔深度 $+H_1$，通常 $H_1=15～20$mm，当塑件在分型面上的投影面积大于 200cm^2 时，$H_1=25～30$mm，如图 3-119 所示。在满足强度和刚度情况下，型腔镶件厚度尽量小一些，以减小主流道的长度，减少浇注系统凝料以及不至于使熔融塑料温度降低过快。

② 型芯与固定板镶件厚度。

a. 型芯与固定板镶件无型腔（天地模），此时应保证型芯有足够的强度和刚度，固定板镶件及型芯厚度取决于型芯的长宽尺寸，$B=$ 沉孔厚度 $+H_2$，通常 $H_2=15～20$mm，如图 3-119 所示。

b. 型芯与固定板镶件有型腔，其镶件厚度如图 3-120 所示。

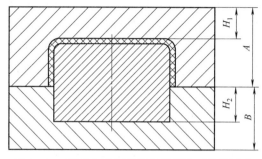
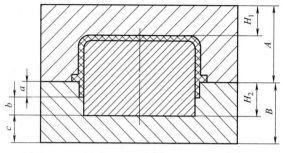

图 3-119 型芯与固定板镶件无型腔时镶件厚度　　图 3-120 型芯与固定板镶件有型腔时镶件厚度

型芯固定板镶件厚度 B ＝型腔深度 a ＋封料尺寸 b（大于 8mm）＋固定板镶件沉孔厚度 c。

如果理论计算得到的厚度小于表 3-7 中型芯固定板镶件厚度 B，则以表 3-7 中厚度为准。

■ 表 3-7　型芯固定板厚度经验确定法　　　　　　　　　　　　　　　　　　mm

型芯长×宽	型芯固定板厚度 B	型芯长×宽	型芯固定板厚度 B
≤50×50	15～20	150×150～200×200	30～40
50×50～100×100	20～25	≥200×200	40～50
100×100～150×150	25～30		

（3）型腔壁厚的刚度和强度计算

在塑件成型过程中，由于单位注射压力 p 的作用，会使型腔产生弹性变形。轻则影响塑件的尺寸精度，重则溢料过多而增加飞边。开模时，由于注射压力的消除，型腔恢复弹性变形，致使脱模困难，有时会使塑件留在模腔内，影响正常生产。特别是在大型模具中较常见，个别严重的有可能会出现模具破裂的现象，为了增加模具的强度和刚度，应按模具零件工作时的受力情况对其进行强度或刚度计算。

单位注射力 p 是计算模具强度和刚度的主要依据，必须正确选取。一般情况下，注塑模型腔内壁所受到的单位压力等于注塑机料筒内单位压力的 25%～50%。通常型腔内压力取 $(1.96～4.90)×10^7 Pa$ 范围内。

经验数据：一般淬硬到 53～58HRC 的钢材，许用应力 $[\sigma]＝(1.372～1.568)×10^8 Pa$，未淬硬钢材采用 $[\sigma]＝(7.84～9.80)×10^7 Pa$。

第八节　注塑模导向与定位机构

注塑模结构零件、导向定位零件及模架已标准化和系列化，因此在设计模具时，只需根据塑料零件的结构、尺寸及使用情况进行合理选用即可。

注塑模具上的零件按其活动形式可分为相对固定零件和相对活动零件。相对固定零件通过螺栓、销钉或零件本身的子口形状定位；相对活动零件必须有精确的导向机构，使其按照预定的轨迹运动，这样的活动机构称为导向机构。

注塑模具的导向机构组成有合模导柱与导套，侧向抽芯机构中的滑块与导轨，推出系统导柱与导套等，如图 3-121 所示。

图 3-121   实物模具导向机构

通常注塑模具成型塑料时，模具型腔内的压力在 $(1.96 \sim 4.90) \times 10^7 \mathrm{Pa}$ 范围内。若塑件不对称时，在高压的熔融塑料作用下，模具成型零件会受到很大的侧向力，使动定模错位，造成塑件壁厚不均或损坏模具，因此必须有定位结构。能承受侧向力，保证动、定模及活动零件相对位置精度，防止模具变形错位的结构称为模具定位机构，包括锥面定位块、锥面定位柱、模板锥面定位、边锁等。在侧向力不大的情况下，导向系统也可起到一定的定位作用，但对于精密模具或具有较大侧向力时，仅靠导向系统难以保证模具正常使用，轻则导套与导柱磨损，重则导柱和导套拉伤（烧伤）或黏结烧死。

1. 导向机构分类

（1）导柱与导套类导向机构

① 对动、定模（A、B 板）合模时起导向作用，如图 3-122 中件号 1、件号 2。

② 三板模流道推板及定模板的导柱、导套，如图 3-122 中件号 5～件号 7。

③ 推出机构的导柱、导套，如图 3-122 中件号 3、件号 4。

（2）侧向抽芯机构中的滑块与导轨、斜滑块（哈夫块）与导轨。

侧向抽芯机构滑块与导轨如图 3-123 所示。

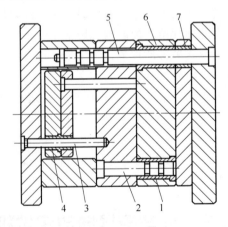

图 3-122   模具导向机构

1—合模导套；2—导柱；3—推出机构导柱；4—推出机构导套；
5—流道推板导柱；6—定模板导套；7—流道推板导套

2. 定位机构的常用形式

动、定模板之间的定位机构用于保证动、定模板之间的相互位置精度，包括以下零部件。

① 锥面定位块，装配于动、定模板之间，使用数量为 4 个，对称或对角布置效果最好，

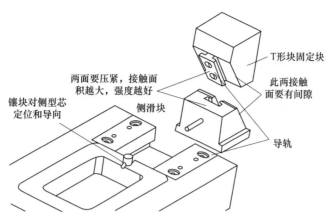

图 3-123 侧向抽芯机构滑块与导轨

如图 3-124 所示。

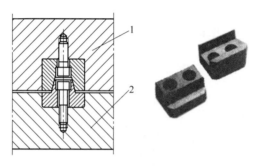

图 3-124 锥面定位块
1—定模板；2—动模板

② 锥面定位柱，它的装配位置、作用及使用场合与锥面定位完全相同，数量 2~4 个，如图 3-125 所示。

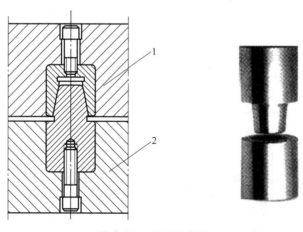

图 3-125 锥面定位柱
1—定模板；2—动模板

③ 边锁，通常装于模具的 4 个侧面，藏于模板内，防止搬运、装模、维修碰坏。边锁有锥面锁和直身锁两种，如图 3-126 所示。

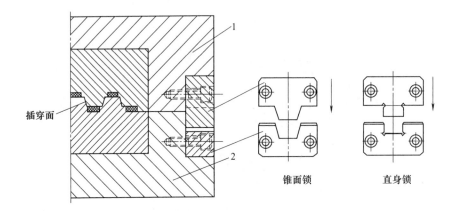

图 3-126　边锁类型及应用

1—定模板；2—动模板

④ 模具镶件之间的定位，保证动、定模镶件模和注射时的相互位置精度，如图 3-127、图 3-128 所示的动、定模镶件锥面定位。图 3-129、图 3-130 所示的动、定模镶件四角锥面定位。

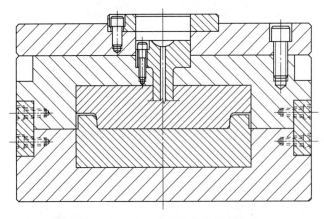

图 3-127　动、定模镶件锥面定位

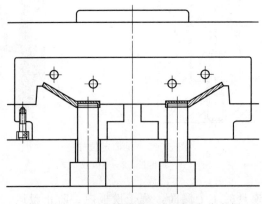

图 3-128　动、定模镶件四角锥面定位实例

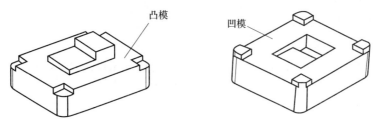

图 3-129 动、定模镶件四角锥面定位立体图

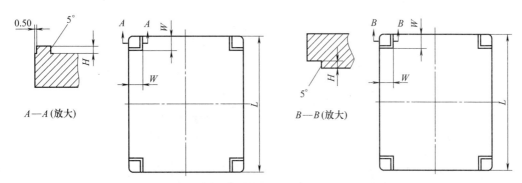

图 3-130 动、定模镶件四角锥面定位平面图

⑤ 模架本身定位，锥面定位块和锥面定位柱的组合形式用在中小型模具上。大型模具要承受较大的侧向力，通常采用模架本身的模板上加工出锥面，定位效果更好，如图 3-131所示。

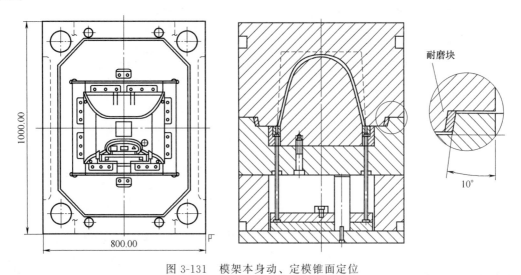

图 3-131 模架本身动、定模锥面定位

3. 导向、定位机构的作用

（1）定位作用

模具合模后，保证动、定模位置准确，确保型腔内塑件的形状和尺寸精度。同时导向机构在模具的装配与拆卸过程中也起到定位作用，便于模具的装配与调整，如图 3-122 所示。

（2）导向作用

当动模和定模合模时，导向零件引导动、定模准确合模，避免型芯先进入凹模可能造成型芯、凹模及其他成型零件的损坏。在推出机构中，导向零件保证推杆定向运动（尤其是细长杆），避免推杆在推出过程中折断、变形或磨损擦伤，如图 3-122 所示。

（3）承受一定的侧向压力

由于塑料熔体充模过程中可能产生单向侧压力，或成型设备、精度低的影响，在注塑过程中需要导向机构承受一定的单向侧压力，以保证模具的正常工作。当侧压力很大时，不能单靠导向机构来承担，需要增设锥面定位机构，如图 3-124～图 3-130 所示。

（4）承受模具重量

推杆固定板、推板、推件板、点浇口流道推板等活动板均悬挂在导柱上，由导柱承担重量，如图 3-122 与图 3-132 所示。

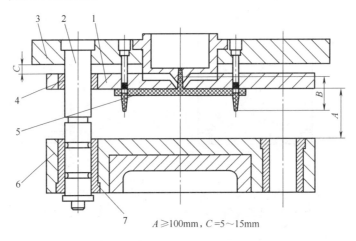

$A \geqslant 100mm, C = 5 \sim 15mm$

图 3-132　定模板与流道板导柱导套的作用

1—流道推板；2—导柱；3—定模座板；4—流道推板导套；5—流道凝料；6—定模板（A 板）；7—定模板导套

4. 导向机构的设计

（1）导向零件的设计原则

① 合模导向通常采用导柱导套导向，而锥面定位承受侧向力。

② 导柱的导向部分应比型芯高，导向后，型芯再进入型腔，以免型芯进入型腔时与型腔相碰而损坏，如图 3-133 所示。

③ 导柱与导套的配合为间隙配合，公差配合为 H7/f7，与模座的配合为过盈或过渡配合。

（2）导柱的结构、大小、数量及其布置

① 导柱的大小、数量及其布置：无论模具形状及尺寸大小，一副塑料模导柱数量均需要 4 个，均匀地布置在模具 4 个角上，导柱孔至模具边缘应有足够的距离，以增加模板强度及对导柱的稳定性，布置方式如图 3-133 所示。导柱直径的大小根据模架尺寸而定，已形成标准化和系列化。为防止合模时动、定模装错方向而压坏模具，有的模架采用等直径导柱不对称布置或不等直径导柱对称布置。

② 导柱的结构：导柱前端应倒圆角、半球形或做成锥台形，以使导柱能顺利地进入导套。导柱表面有多个环形

图 3-133　导柱的数量及布置

油槽，用于储存润滑油，减小导柱和导套表面的摩擦力。

　　导柱材料应具有硬而耐磨的表面和坚韧而不易折断的内芯，因此多采用 20 钢（经表面渗碳淬火处理）或者 T8、T10 钢（经淬火处理），硬度为 50～55HRC。导柱固定部分的表面粗糙度为 0.8μm，导向部分的表面粗糙度为 0.4μm。

　　导柱与固定板的配合为 H7/k6，导柱与导套的配合为 H7/f7。

　　导柱易出现的问题是弯曲变形或导柱与导套磨损烧死。

　　导柱的结构与尺寸标注如图 3-134 所示。

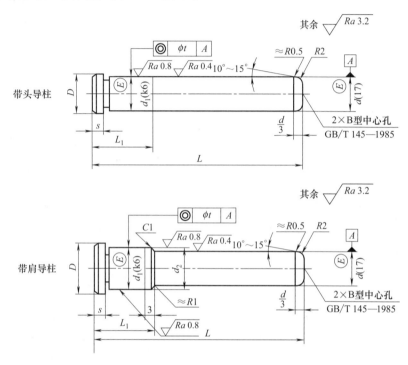

图 3-134　导柱的结构与尺寸标注

　　③ 导柱的装配方式：导柱的安装一般有如图 3-135 所示的四种方式：一般常用图 3-135（a）型；定模板较厚时，为减小导套的配合长度，则常用图 3-135（b）型；动模板较厚及大型模具，为增加模具强度则用图 3-135（c）型；定模镶件落差大，塑件较大，为便于取出塑件，常采用图 3-135（d）型。

　　④ 合模导柱的长度设计：定模板、动模板之间导柱的长度一般应比型芯端面的高度高出 $A=15～25$mm，如图 3-136 所示。当有侧向抽芯机构或斜滑块时，导柱的长度应满足 $B=10～15$mm，如图 3-137 所示。当模具动模部分有推件板时，导柱必须装在动模板内，导柱导向部分的长度要保证推件板在推出塑件时，自始至终不能离开导柱，如图 3-138 所示。

　　⑤ 推出系统导柱设计：

　　a. 推出系统导柱的作用。推出系统导柱主要作用是承受推杆板的重量和推杆在推出过程中所承受的扭力，对推杆固定板和推板起导向定位作用，终极作用是减少复位杆、推杆、推管或斜推杆等零件和动模镶件的摩擦，防止把孔磨大，塑料进入间隙中，使模具过早需要大修。

　　b. 推出系统导柱的使用场合。很多情况下，模具上不加推杆板导柱导套，但下列情况

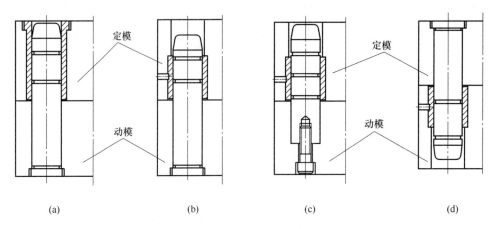

图 3-135　导柱与导套的装配方式

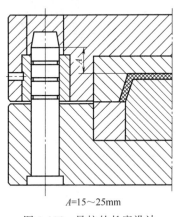

A=15～25mm

图 3-136　导柱的长度设计

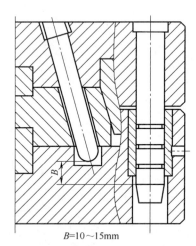

B=10～15mm

图 3-137　有侧向抽芯时导柱长度设计

必须加推杆板导柱导套。

• 模具浇口套偏离模具中心。如图 3-139 所示，主流道偏心会导致注塑机顶杆 1 相对于模具偏心，在推出过程中时，推板会承受扭力的作用，采用推杆板导柱 2 可以分担这一扭力，以提高复位杆和推杆等的使用寿命。

• 直径小于 2.0mm 的推杆数量较多时。推杆直径越小，承受推板重量后越易变形，甚至断裂。

• 有斜推杆的模具。斜推杆和动模的摩擦阻力较大，推出塑件时推板会受到较大的扭力的作用，需要用导柱导向。

• 精密模具要求模具的整体刚性和强度很好，活动零件要有良好的导向性。

• 塑件生产批量大，寿命要求高的模具。

• 有推管的模具。推管中间的型芯通常较细，若承受推杆板的重量，则很易弯曲变形，甚至断裂。

• 用双推板的二次推出模。此时推板的重量加倍，必须由导柱来导向。

• 塑件推出距离大，垫块（方铁）需要加高。因力臂加长，导致复位杆和推杆承受较

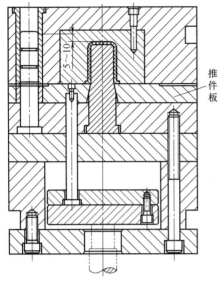

图 3-138 有推件板时导柱长度设计

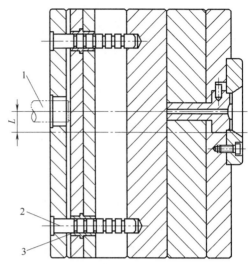

图 3-139 主流道偏离模具中心时使用推板导柱

1—注塑机顶杆；2—推杆板导柱；3—推杆板导套

大的扭矩，必须增加导柱导向。

• 模架较大。一般情况下，模架大于 350mm 时，应加推出系统导柱来承受推板的重量、增加推杆板活动的平稳性和可靠性。

• 使用推杆板导柱时。必须配置相应的导套。

c. 推杆板导柱的装配。推杆板导柱的装配通常有三种方式。

装配方式一：导柱固定于动模底板上，穿过推板和推杆固定板，插入动模支承板或动模板内，导柱的长度以伸入支承板或动模板深 $H = 10 \sim 15$mm 为宜，如图 3-140 所示。这种方式最常见，用于一般模具。

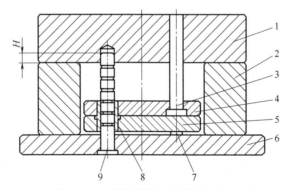

图 3-140 推杆板导柱的装配方式一

1—动模板；2—垫块；3—复位杆；4—推杆固定板；5—推杆底板；

6—动模底板；7—限位钉；8—推杆板导套；9—推杆板导柱

装配方式二：导柱固定于动模托板上，穿过推杆固定板和推板，不插入底板，如图 3-141 所示。

装配方式三：导柱固定于动模座板上，穿过推板和推杆固定板，但与装配方式一不同的是，它不插入动模支承板或动模板，如图 3-142 所示。

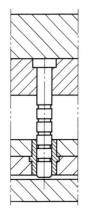

图 3-141 推杆板导柱的装配方式二

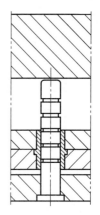

图 3-142 推杆板导柱的装配方式三

装配方式二和装配方式三常用于模温高及压铸模具中。

d. 推杆板导柱的数量和直径。推杆板导柱的直径一般与标准模架的复位杆直径相同，但也取决于导柱的长度和数量。如果垫块加高，则导柱的直径应比复位杆直径大 5~10mm。

推杆板导柱的数量和位置按图 3-143 确定。

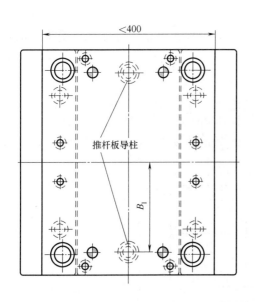

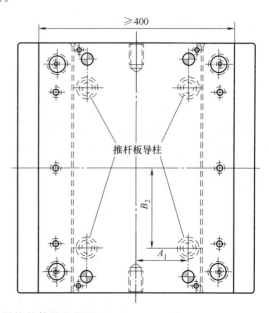

图 3-143 推杆板导柱的数量和位置

对于宽 400mm 以下的模架，采用 2 支导柱即可，B_1＝复位杆之间距离，此时导柱直径可取复位杆直径，或根据模具大小取复位杆直径加 5mm。

对于宽 400mm 以上的模架，采用 4 支导柱，A_1＝复位杆至模具中心的距离，B_2 见表 3-8，此时导柱直径取复位杆直径即可。

■ 表 3-8 推杆板导柱的位置

模架	4040	4045	4050	4055	4060	4545	4550	4555	3560	5050	5060	5070
B_2/mm	252	302	352	402	452	286	336	386	436	336	436	536

注：模架 4045 是指模具宽 400mm、长 450mm，其余类推。

（3）导套的结构及固定形式

导套材料选用及热处理方法与导柱基本相同，个别情况下采用青铜材料做导套。

① 导套结构：导套的前端应有倒角，以便导柱能顺利进入导套。其结构有直导套，制造方便，用于小型模具，如图 3-144（a）所示；头部带台肩导套，用于精度较高或大型模具，如图 3-144（b）所示；中间带台肩导套，通常用于模具推出机构，如图 3-144（c）所示。

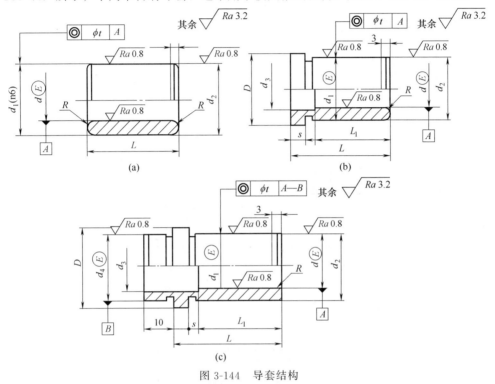

图 3-144　导套结构

② 导套固定形式：导套固定形式如图 3-145 所示。

（4）导柱、导套与模板的配合

导柱、导套与模板的配合如图 3-145 所示。

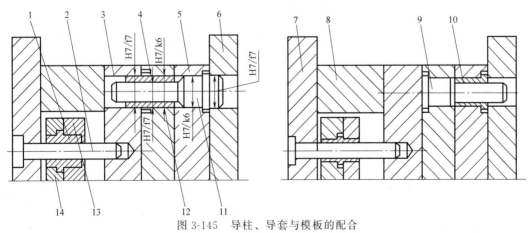

图 3-145　导柱、导套与模板的配合

1—推出系统导套；2—推出系统导柱；3—支承板；4—动模板；5—定模板；6—定模座板；7—动模座板；8—垫块；
9—合模导柱；10—带台肩导套；11—带台肩导柱；12—中间带台肩导套，13—推杆固定板；14—推板

第九节 注塑模架标准及相关零件选用

模架是设计、制造塑料注塑模的基础部件。国家已制定标准 GB/T 12555—2006，规定了塑料注塑模模架组合形式、尺寸与标记。

一、注塑模标准模架规格

1. 模架组成零件名称

注塑模架以其在模具中的应用方式分为直浇口与点浇口两大类型，组成零件名称如图 3-146 所示。

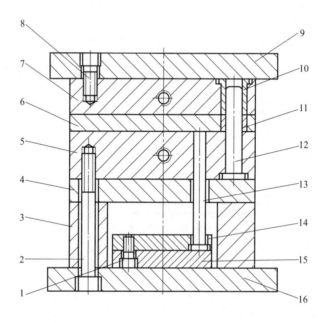

图 3-146 直浇口模架组成零件名称

1,2—内六角螺钉；3—垫块；4—支承板；5—动模板；6—推件板；7—定模板；
8—内六角螺钉；9—定模座板；10—带头导套；11—直导套；12—带头导柱；
13—复位杆；14—推杆固定板；15—推板；16—动模座板

2. 模架组合形式

按模架结构特征分为 36 种主要结构。其中直浇口模架为 12 种、点浇口模架 16 种、简化点浇口模架 8 种。

直浇口基本型有 A 型、B 型、C 型、D 型 4 个品种。A 型包括定模两模板和动模两模板。B 型包括定模两模板、动模两模板、加装推件板。C 型包括定模两模板、动模一模板。D 型包括定模两模板、动模一模板、加装推件板。图 3-147 所示为四种基本型模架实物。

3. 模架标记

按照 GB/T 12555—2006《塑料注塑模模架》标准规定的模架应有下列标记：

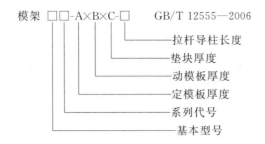

模架 □□-A×B×C-□　GB/T 12555—2006
　　　　　　　　　└────── 拉杆导柱长度
　　　　　　　└────── 垫块厚度
　　　　　└────── 动模板厚度
　　　└────── 定模板厚度
　　└────── 系列代号
　└────── 基本型号

标记示例：

例 1　模板宽 200mm、长 250mm，$A=50mm$，$B=40mm$，$C=70mm$ 的直浇口 A 型模架标记为：模架 A2025—50×40×70 GB/T 12555—2006。

例 2 模板宽 300mm、长 300mm，$A=50mm$，$B=60mm$，$C=90mm$，拉杆导柱长 200mm 的点浇口 B 型模架标记为：模架 DB 3030—50×60×90—200 GB/T 12555—2006。

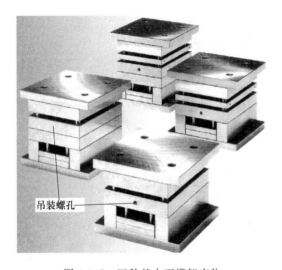

吊装螺孔

图 3-147　四种基本型模架实物

4. 两板模模架选用

虽然模架已标准化，但型号和大小需要设计者自行确定。模架型号一旦确定下来，模板的大小、螺钉大小及位置，导柱、导套大小及位置等参数就已经确定。而模架尺寸系列很多，应充分考虑各方面因素，正确选择。如果尺寸选择过小，会使模架强度、刚度不够，也会使螺孔、销孔、导套的安放位置不够；模架选择尺寸过大，不仅使模具成本过高，还可能使注塑机型号增大，造成生产成本过高。

两板模模架俗称大水口模架，优点是结构简单，制造成本相对较低，成型塑件的适应性强，模具维修率低。缺点是开模顶出后塑件和流道凝料连在一起，通常需人工切除（除潜伏式浇口外）。图 3-147 所示四种模架均属于两板模模架，由定模部分和动模部分组成。两板模模架应用广泛，约占总注塑模的 75%。因此，能用两板模模架时不要用三板模模架。热流道模具通常用两板模模架。

模具宽度尺寸大于 300mm 时，宜选用直身模架，如图 3-148 所示。直身模架动、定模座宽度、长度与模板相等，定模所用的压模凹槽直接在定模座上加工，动模所用的压模凹槽在垫块上加工出台肩。

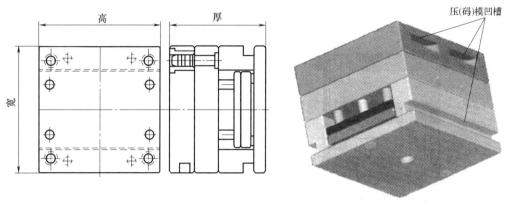

图 3-148   直身模架

5. 动、定模板大小的经验确定法

（1）动、定模板长度、宽度的确定

动、定模板宽度即模架的宽度 D、长度即模架的长度 L，如图 3-149 所示。推板宽度应和模板开框宽度相当，两者之差应在 10mm 之内。推板长度通常等于模架长度（封闭型除外）。型腔排位必须在推板投影面之内，以利于推杆的布置。

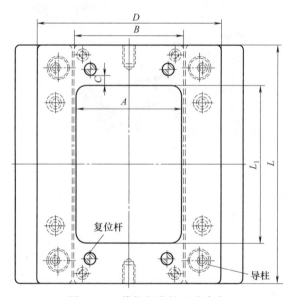

图 3-149   模架长宽的经验确定

开框宽度尺寸 A＝推板宽度 B±0～10mm。

开框长度尺寸至复位杆圆孔边缘距离 C＝10～15mm。

对于小型模具（≤250mm）：模板宽度 $D=A+80$mm，模板长度 $L=L_1+80$mm。

对于中型模具（250～350mm）：模板宽度 $D=A+100$mm，模板长度 $L=L_1+100$mm。

对于大型模具（>350mm）：模板宽度 $D=A+120$mm，模板长度 $L=L_1+120$mm。

以上为经验估算值，计算之后取模架标准值。

（2）动、定模板厚度的确定

① 定模板厚度的确定见图 3-150，$A = a + 30 \sim 40$mm。通常镶件装配后高出分型面 0.5mm 左右。

② 动模板厚度的经验确定：如图 3-150 所示，动模板厚度 $B =$ 开框深度 $b + 30 \sim 60$mm，B 值应尽量取大些，以增加模具的强度与刚度。具体可按表 3-9 选取。

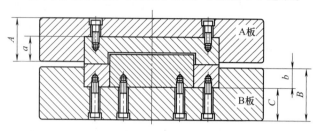

图 3-150 动、定模板厚度经验确定

■ 表 3-9 动模板开框后底部留钢位厚度的经验确定法   mm

长×宽	框深					
	<20	20~30	30~40	40~50	50~60	>60
<100×100	20~25	25~30	30~35	35~40	40~45	45~50
100×100~200×200	25~30	30~35	35~40	40~45	45~50	50~55
200×200~300×300	30~35	35~40	40~45	45~50	50~55	55~60
>300×300	35~40	40~45	45~50	50~55	约55	约60

二、限位钉（垃圾钉）选用

限位钉形状如图 3-151 所示。限位钉的装配结构如图 3-152 所示，限位钉安装在推板和动模座板之间，其作用是减少推板与动模座板之间的接触面积，防止推板与动模座板之间因掉入脏物使复位系统复位不良，影响塑件质量或压坏模具，因此，限位钉俗称垃圾钉，它通过过渡（H7/m6）或过盈配合（H7/n6）安装在动模座板上，限位钉的直径与数量见表 3-10。

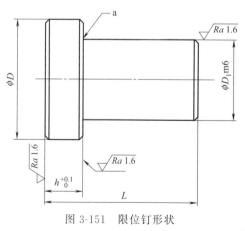

图 3-151 限位钉形状   图 3-152 限位钉的装配结构

1—垫块；2—推杆固定板；3—推板；4—动模座板；5—限位钉

■ 表 3-10　限位钉的直径与数量

安装直径 D_1（H7/n6）/mm	6、8、12、16		
头部直径 D×厚度 h/mm	10×5、16×5	20×6	25×10
总长度 L/mm	16		25
模板长度/mm	≤350	350～550	>550
数量	4	6～8	10～12
安装位置	4 条复位杆下方	尽量平均分布	

三、垫块设计

垫块的结构与安装如图 3-153 所示，垫块的作用是形成推出机构所需的推出空间，以及调节模具闭合高度以适应注塑机最大或最小装模厚度的要求。垫块的高度根据推出行程来确定，使推杆固定板离动模板（或支承板）有 10mm 左右的间隙，不允许推杆固定板碰到动模板时才能顶出塑件。

垫块的高度 H ＝推杆固定板厚度 a＋推板厚度 b＋限位钉高度 c＋顶出距离 L＋10～15mm

限位钉高度 c＝5～10mm

顶出距离 L＝塑件需顶出的高度＋5～10mm

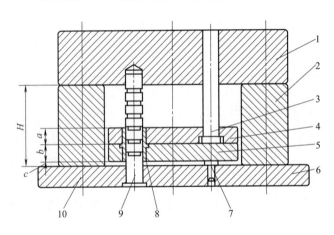

图 3-153　垫块的结构与安装

1—动模板；2—垫块；3—复位杆；4—推杆固定板；5—推板；6—动模座板；7—限位钉；
8—推板导套；9—推板导柱；10—内六角螺栓

通常垫块高度符合模架标准即可，但有时需要加高。

① 塑件很高，顶出距离大，标准模架垫块高度不够。

② 双推板二次顶出，有 4 块板，顶出空间不足，需加高垫块。

③ 内螺纹旋转脱模时，顶出空间内有齿轮传动机构，需加高垫块。

④ 有斜推杆抽芯的模具，斜推杆倾斜角度和顶出距离成反比。若抽芯距离较大，可加大顶出距离来减小斜推杆的倾斜角度，以便减小斜推杆所受的侧向力，减小磨损，推出平稳可靠。

加高垫块后，推出系统应设计导柱导套导向机构，使推出稳定可靠。

四、支承柱设计

支承柱装配图如图 3-154 所示，由于两个垫块支承起一个空间，使动模板中间悬空，为防止合模时的锁模力、注塑时的注塑压力将动模板压弯变形，使塑件尺寸发生变化或出现飞边，塑件质量达不到要求。因此，需要在模具动模座板和动模板之间加支承柱，以提高模具刚性和模具寿命。支承柱通常用螺钉固定在动模座板或动模板上。

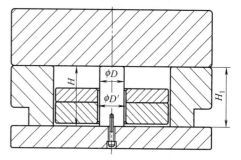

图 3-154 支承柱装配图

① 支承柱的位置应放在动模板受注塑压力集中处，尽量布置在模板的中间位置，应避免与推杆、推管、斜推杆、复位弹簧、推板导柱及注塑机顶杆孔等零件发生干涉。

② 支承柱的数量根据空间位置大小而定，数量越多，效果越好。

③ 支承柱直径根据模具大小而定，直径越大，效果越好，通常为 $25 \sim 80 \mathrm{mm}$。

④ 支承柱的长度见表 3-11。

■ 表 3-11 支承柱的长度 　　　　　　　　　　　　　　　　　　　　　　　　　　mm

模具宽度 B	$\leqslant 300$	$300 \sim 400$	$400 \sim 700$	>700
支承柱长度 H	$H_1 + 0.05$	$H_1 + 0.1$	$H_1 + 0.15$	$H_1 + 0.2$

五、注塑机顶杆孔的确定

为方便加工，注塑机顶杆孔均设计为圆孔。其作用是模具经注射、保压、冷却、开模后，注塑机顶杆通过顶杆孔推动顶出系统，将塑件从模具上推离。顶杆孔加工在动模座板上，如图 3-155（a）所示。有的注塑机除具有顶出功能外，还具有拉回功能，此时推板上应加工螺纹孔，如图 3-155（b）所示。

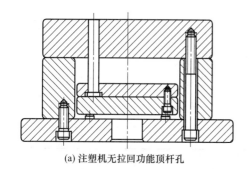
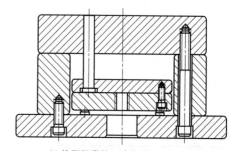

(a) 注塑机无拉回功能顶杆孔　　　　　　　　(b) 注塑机带拉回功能顶杆孔与推板螺纹孔

图 3-155 顶杆孔的形状与位置

顶杆孔的直径通常为 $30 \sim 60 \mathrm{mm}$，小型模具顶杆孔数量一般为 1 个；大、中型模具为保持顶出时平稳可靠，注塑机使用 2 个或 4 个顶杆，此时动模座板需加工出相应的过孔。

下述情况注塑机需用多条顶杆：

① 模具型腔配制处于偏心位置；

② 斜推杆数量较多；

③ 模具尺寸大；

④ 浇口套偏离模具中心；

⑤ 推杆数量一边多、一边少，推出力不平衡。

六、推出系统复位弹簧选用

弹簧的作用主要是缓冲、减振及储存能量。塑料模中使用的弹簧有圆弹簧（弹簧钢丝截面直径为圆形）和矩形弹簧（弹簧钢丝截面直径为矩形或近似矩形）。目前圆形弹簧在塑料模具中应用较少，广泛使用的是矩形弹簧。

1. 矩形弹簧的颜色与规格

矩形弹簧以颜色来区分轻重负荷，颜色越深，弹簧强度越大；弹簧压缩比越小，使用寿命就越长。形状如图 3-156 所示。

矩形弹簧的标记：外径（D）×内径（d）×自由长度（L）。

例如，外径为 30mm、内径为 16mm、自由长度为 100mm，可标记为 $30×16×100$。

矩形弹簧尺寸标注如图 3-157 所示，表 3-12 列出矩形弹簧的颜色与负荷、压缩比与寿命的关系。

图 3-156 矩形弹簧

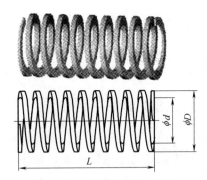

图 3-157 矩形弹簧尺寸标注

■ 表 3-12 矩形弹簧的颜色与负荷、压缩比与寿命的关系 %

种类	轻小荷重	轻荷重	中荷重	重荷重	极重荷重
颜色（代号）	黄色(TF)	蓝色(TL)	红色(TM)	绿色(TH)	茶色(TB)
100 万次/压缩量	40	32	25.6	19.2	16
50 万次/压缩量	45	36	28.8	21.6	18
30 万次/压缩量	50	40	32	24	20
最大压缩量	58	48	38	28	24

2. 推出系统复位弹簧的选用

推迟系统复位弹簧的作用是在注塑机的顶杆退回后，模具的定模板和动模板合模之前，就将推板推回原位。有些塑件必须推出多次才能安全推落，或者在全自动化注射时，为安全起见，将注塑机推出程序设计为多次顶出，如果注塑机的顶杆没有拉回推板的功能，这种情况下都是靠弹簧来复位。

模具中常用的弹簧是轻载的矩形蓝弹簧。如果模具较大，推杆数量较多，必须考虑使用重载弹簧。选用弹簧时应注意以下几个方面。

（1）预压量和预压比

当推杆板退回原位时，弹簧依然要保持对推板有弹力的作用，这个力来源于弹簧的预压量，预压量一般要求为弹簧自由长度的10%左右。

预压量除以自由长度就是预压比，直径较大的弹簧选用较小的预压比，直径较小的弹簧选用较大的预压比。

在选用模具推板复位弹簧时，一般不采用预压比，而直接采用预压量，这样可以保证在弹簧直径尺寸一致的情况下，施加于推板上的预压力不受弹簧自由长度的影响。预压量一般为10～15mm。

（2）压缩量和压缩比

模具中常用压缩弹簧，推板推出塑件时弹簧受到压缩，压缩量等于塑件的推出距离。压缩比是压缩量和自由长度之比，一般根据寿命要求，矩形蓝弹簧的压缩比为30%～40%，压缩比越小，使用寿命越长。

（3）复位弹簧数量和直径的经验确定法

复位弹簧数量和直径见表3-13。

■ 表3-13 复位弹簧的数量和直径

模架宽度 L/mm	≤200	200<L≤300	300<L≤400	400<L≤500	>500
弹簧数量	2	4	4	4～6	4～6
弹簧直径/mm	25	25	30～40	40～50	50

注：1. 矩形蓝弹簧安装在复位杆旁边，矩形蓝弹簧内孔较小，不宜套在复位杆上，较长的弹簧内部要加直导向芯轴，防止弹簧弯曲变形。

2. 当模架为窄长形状（长度为宽度两倍左右）时，弹簧数量应增加两根，安装在模具中间。

3. 弹簧位置要求尽量对称。弹簧直径规格根据模具所能利用的空间及模具所需的预压力而定，尽量选用直径较大的规格。

（4）弹簧自由长度的确定

① 自由长度计算：弹簧自由长度应根据压缩比及所需压缩量而定。

$$L_{自由} = \frac{A+B}{C} \tag{3-1}$$

式中　A——推板行程＋弹簧沉入凹坑中的距离，mm，$A>$制品推出的最小距离＋15～20mm；

　　　B——预压量，mm，一般取10～15mm，根据复位时的阻力确定，阻力小则预压小；

　　　C——压缩比，%，一般取30%～40%，根据模具寿命、模具大小及塑件推出距离等因素确定。

$L_{自由}$需向较大尺寸上取标准规格长度。

② 推板复位弹簧的最小长度L_{min}必须满足藏入动模板$L_2=15～20$mm，若计算长度小于最小长度L_{min}，则以最小长度为准，如图3-158所示。

（5）不用复位弹簧的几种情况

① 注塑机的顶杆具有拉回推板的功能时。

② 主流道或分流道装有Z形拉料杆时。

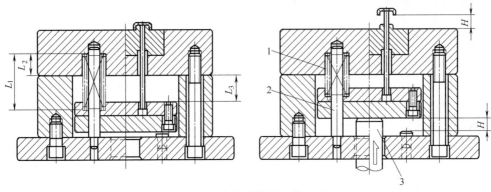

图 3-158 复位弹簧的工作过程

1—复位弹簧；2—弹簧芯轴（或复位杆）；3—注塑机顶杆

③ 塑件顶出后有可能被推出机构带回的情况。

弹簧复位是一种常用的复位方式。但由于摩擦、晃动以及弹簧疲劳失效等原因，有时易导致复位不准确甚至失灵。所以对于大中型模具，要充分考虑弹簧的可靠性，同时复位杆绝不能省略，以防弹簧无法复位时推杆插坏定模型腔。

注：装配图中弹簧为预压状态，长度 L_1＝自由长度－预压量。

七、浇口套（唧嘴）选用

由于成型主流道的零件要与注塑机喷嘴（射嘴）接触和碰撞，所以模具的主流道部分设计成可拆卸、更换的衬套，简称浇口套（又称唧嘴）。浇口套内的锥形孔是熔体进入模具的第一条通道，叫主流道。

浇口套要承受注塑机喷嘴一定的压力和冲击力，应选用优质钢材进行加工和热处理。各种浇口套已形成系列并已标准化，在市场上可以购买，但长度或外圆直径有时需二次加工。

浇口套的安装通常是将浇口套通过定位圈固定在模板上，并加装销钉以防生产中浇口套转动或被带出，如图 3-159（a）所示。

（1）浇口套的作用

① 定位圈通过浇口套使模具安装时能快速进入注塑机定模安装板孔内，并与注塑机喷嘴孔吻合，射嘴给予的压力能经受塑料的反压力，不致被推出模具。

② 作为浇注系统的主流道，将料筒内的塑料过渡到模具内，保证料流畅通、快速地到达型腔，在注射过程中，喷嘴与浇口套应配合严密，不应有塑料溢出，确保主流道凝料脱出方便。

浇口套的形式有多种，根据不同模具结构来选择。按浇注系统不同，浇口套通常被分为两板模浇口套及三板模浇口套两大类。侧浇口浇口套是指适用于两板模的浇口套，点浇口浇口套是指适用于三板模的浇口套。

（2）两板模浇口套

浇口套的直径根据塑件所需的塑料重量来选用，料多时用较大的浇口套。根据浇口套的长度选取不同的主流道锥度，使主流道出口孔径与分流道直径相匹配。通常模架 4040 以下，选用外径 $D＝\phi 12mm$ 或 $\phi 14mm$；模架 4040 以上选用外径 $D＝\phi 16mm$ 或更大尺寸。两板模浇口套的形状与装配关系如图 3-159 所示。

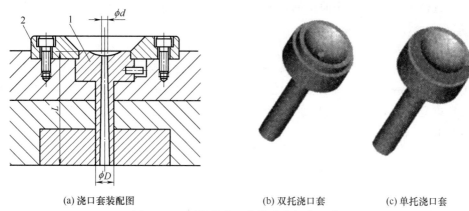

(a) 浇口套装配图　　　　　　　(b) 双托浇口套　　　　(c) 单托浇口套

图 3-159　两板模浇口套的形状与装配关系

1—浇口套；2—定位圈

（3）三板模浇口套

三板模浇口套常采用美（国）式浇口套，有时也用两板模浇口套。美式浇口套外形较大，主流道较短，定位圈与浇口套为一体，装配图见图 3-160。注射完毕开模时，浇口套要脱离流道推板，所以采用90°锥面配合，以减少合模时的摩擦，降低磨损。

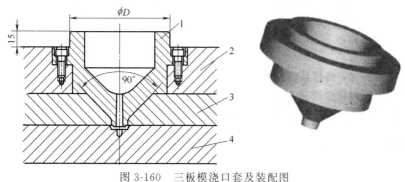

图 3-160　三板模浇口套及装配图

1—浇口套；2—定模座板；3—流道推板；4—定模板（A板）

八、定位圈选用

（1）定位圈作用与直径

定位圈的作用是模具在安装到注塑机上时起定位作用，保证注塑机喷嘴与模具浇口套对中，另外还起着压紧浇口套的作用，定位圈的结构与尺寸标注如图 3-161 所示。

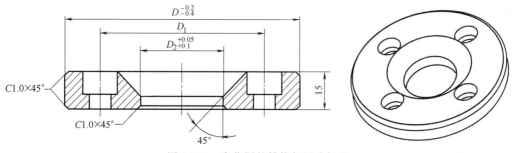

图 3-161　定位圈的结构与尺寸标注

定位圈直径 D 随设备大小而不同，常见的尺寸有 100mm、120mm、125mm、150mm、180mm、200mm、250mm 等。

（2）定位圈的装配

定位圈的装配结构如图 3-162 所示，图 3-162（a）直接装在定模座板上，图 3-162（b）沉入定模座板内 5mm 左右。常用 M6×20mm 或 M8×20mm 内六角螺栓紧固，使用数量由定位圈大小决定，小型 2 个，大型 3～4 个。为防止浇口套旋转，需加装防转销钉，通常防转销钉直径取 3～5mm。

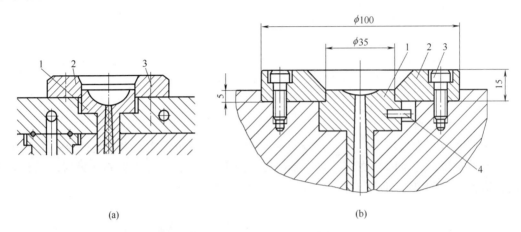

(a)   (b)

图 3-162　定位圈的装配结构

1—浇口套；2—定位圈；3—内六角螺栓；4—防转销钉

第十节　注塑模脱模机构设计

在注塑模中，将冷却固化后的塑件及浇注系统凝固料从模具中完好地推出，这种机构称为脱模机构。

一、脱模机构的组成、分类和设计原则

1. 脱模机构的组成

图 3-163 所示的推出机构为安装在动模部分常用的脱模机构及组成。

① 推出部件：推出部件与塑件相接触，直接完成推出塑件的工作，包括推杆 1、推管 2、推杆固定板 7、推板 8 等。有的模具还有推块或推件板等推出零件。

② 复位部件：完成推出系统的复位工作，保证下次正确注射与推出，包括复位杆 4、复位弹簧 6 等。有的模具还有推杆先复位机构等复位零件。

③ 固定部件：为保证推出零件和复位零件准确推出和复位，设置有推杆固定板 7、推板（推出底板）8 等固定零件。

④ 推出系统导向部件：导向部件的作用是推出平稳，推出零件不至于弯曲或卡死，承受推出系统自身重量，减少与动模型芯的摩擦，型芯顶杆孔不至于过早磨损致使塑件出现飞边，提高模具寿命、塑件质量与生产效率。包括图 3-163 中的推板导套 11、推板导柱 12。

⑤ 气体推出系统中的气阀、管件、接头等配件。

⑥ 内螺纹脱模系统中的齿轮、齿条、马达、油缸等配件。

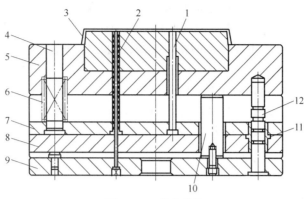

图 3-163 推出机构

1—推杆（顶杆）；2—推管（顶管）；3—塑件；4—复位杆；5—动模板；6—复位弹簧；7—推杆固定板；
8—推板；9—动模座板；10—支撑柱；11—推板导套；12—推板导柱

2. 脱模机构的分类

（1）按动力来源分类

① 手动脱模机构，包括模内手工脱模和模外手工脱模，如图 3-164（a）所示手动旋转脱螺纹机构。

② 机动脱模机构，依靠注塑机开模动作完成塑件推出，包括推杆类推出、推管类推出、推板类推出、自动脱螺纹机构等，如图 3-163 所示推杆、推管推出机构。

③ 液压和气动推出机构，如图 3-164（b）所示气顶推出。

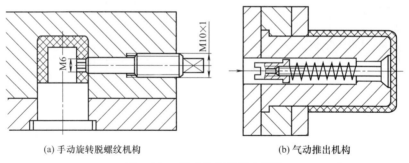

(a) 手动旋转脱螺纹机构   (b) 气动推出机构

图 3-164 手动和气动推出机构

（2）按模具结构分类

① 一次推出机构。

② 二次或多次推出机构。

③ 定模推出机构。

④ 浇注系统凝料推出机构。

⑤ 带螺纹塑件推出机构。

3. 脱模机构的设计原则

① 设法使塑件留于动模，由于动模有推出装置，有时塑件会黏附在凹模难以脱出，产生的原因及预防措施主要有以下几种。

a. 塑件形状，如盒形、壳形等无碰穿孔位，开模时塑件与凹模之间形成真空而留在凹模，改善措施是加装进气装置。

b. 定模型腔抛光不够，改善措施是加强抛光并注意抛光方向。

c. 分型面设计不合理，塑件在定模的脱模力大于动模，应合理选择分型面。

d. 定模型腔脱模斜度太小或存在倒扣，使塑件扣在定模型腔内，改善措施是加大定模型腔脱模斜度，消除倒扣。

② 为确保塑件留在动模常采取以下措施。

a. 增加动模脱模阻力，必要时降低型芯的表面粗糙度或减小脱模斜度，或在动模型芯上雕刻花纹，或设凹槽、凸棱结构等。

b. 在模具结构上采用强行留模措施，如筋槽、倒扣等。

c. 定模设置顶出装置。

③ 确保塑件推出不变形。

要保证塑件在顶出过程中不变形，必须正确分析塑件型腔附着的力大小和所在部位，以便选择合适的推出方式和推出位置，使推力均匀合理分布，塑件平稳脱出而不变形。

④ 保证塑件外观质量，不顶穿、不顶白、不拉白。

⑤ 推出行程合理，确保塑件完全推出。通常推出行程等于动模型芯最大高度加 5～10mm 安全距离，如图 3-165（a）所示。当型芯锥度较大时，推出行程取型芯高度的 1/2～2/3 即可，如图 3-165（b）所示。

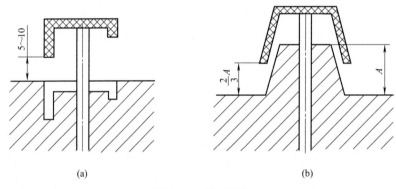

(a)　　　　　　　　　　　　　(b)

图 3-165　推出行程

⑥ 结构可靠，位置合理。推杆设置在塑件包紧力最大的地方，同时应注意避开冷却水道（避免漏水）、侧向抽芯机构、支撑柱、螺栓等，防止与其他零件发生干涉。

二、脱模力的计算

脱模力是指将塑件从型芯上脱出时所需克服的阻力，它是设计脱模机构的重要依据之一。

（1）脱模力的影响因素

① 型芯成型部分的表面积及断面几何形状。

表面积越大，包紧力就越大，所需顶出力就越大。圆形的型芯所需的脱模力小于矩形型芯及其他异形断面形状的型芯。

② 塑件的壁厚：厚壁塑件收缩大，所需脱模力大，薄壁塑件则相反。

③ 塑件的收缩率及塑料、模具的摩擦系数：塑件的收缩率越大，对型芯的包紧力就越大，脱模力也越大。表面润滑性较好的塑料所需脱模力小。软性塑料比硬性塑料所需的脱模

力小。

④ 型芯表面粗糙度及脱模斜度：型芯表面粗糙度越低，脱模斜度越大，所需脱模力越小，反之越大。

⑤ 塑件同侧抽芯数量：当塑件同侧有 2 个以上孔时，由于塑件孔距间的收缩，所需脱模力较大。型芯越多，所需脱模力越大。

⑥ 成型工艺：注射压力低，保压、冷却时间短，塑件尚未完全冷凝收缩，塑件对型芯的包紧力小，脱模力也小，反之则大。

（2）脱模力的分类

① 初始脱模力：开始顶出塑件的瞬间所需克服的阻力最大，称为初始脱模力。

② 相继脱模力：初始脱模力之后所需的力称为相继脱模力，后者要比前者小得多，所以计算脱模力时，总是计算初始脱模力。

（3）型芯顶出力的计算

塑件包紧型芯时，受力情况如图 3-166 所示。

因型芯有锥度，在顶出力 Q 的作用下，使型芯对塑件的总压力降低了 $Q\sin\alpha$。

$$F_{摩}=(P-Q\sin\alpha)f \qquad (3\text{-}2)$$

式中　$F_{摩}$——摩擦力，N；

　　　　Q——顶出力，N；

　　　　P——总压力，N；

　　　　f——摩擦系数；

　　　　α——脱模斜度，（°）。

由 $\sum F_x=0$，得

$$F_{摩}\cos\alpha=Q+P\sin\alpha \qquad (3\text{-}3)$$

把式（3-2）代入式（3-3）整理后得

$$Q=\frac{P\cos\alpha(f-\tan\alpha)}{1+f\sin\alpha\cos\alpha} \qquad (3\text{-}4)$$

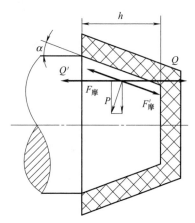

图 3-166　塑件脱模力分析图

因 f、$\sin\alpha$ 较小，$\cos\alpha\leqslant1$，故 $f\sin\alpha\cos\alpha$ 可忽略不计，则式（3-4）可简化为

$$Q=P\cos\alpha(f-\tan\alpha)=P(f\cos\alpha-\sin\alpha)$$

$$=Lhp(f\cos\alpha-\sin\alpha) \qquad (3\text{-}5)$$

式中　L——型芯被塑件包紧的平均断面平均周长，m；

　　　　h——成型部分深度，m；

　　　　p——单位面积的正压力，Pa，一般取 $7.84\times10^6\sim1.176\times10^7$ Pa，薄件取小值，厚
　　　　　　件取大值；

　　　　f——摩擦系数，PA、PC、POM 取 $0.1\sim0.2$，其余取 0.3。

当顶出不带通孔的壳类塑件时，需克服大气压力造成的阻力，大气压力按 9.8×10^4 Pa 计算。

$$Q=Lhp(f\cos\alpha-\sin\alpha)+9.8A \qquad (3\text{-}6)$$

式中　A——垂直于顶出方向的投影面积，m^2。

三、推杆推出机构设计

常用推杆种类有圆推杆、扁推杆、异形推杆。圆推杆形状简单，制造容易，维修方便，应用广泛。扁推杆截面呈矩形，制造费用高，易磨损和烧伤。异形推杆是根据塑件推出位置的形状而设计制造的。

1. 圆推杆的设计与装配

圆推杆已形成标准系列，作为标准件广泛使用。

（1）圆推杆的结构和尺寸

① 圆推杆的结构有直推杆和阶梯推杆两种形式，如图 3-167 所示。常用材料有 T8A、65Mn、GCr15 等。热处理硬度头部 50～55HRC，尾部 38～42HRC。

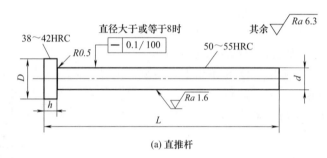

(a) 直推杆

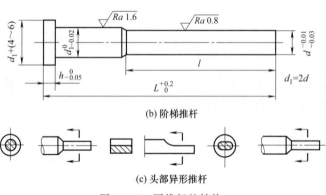

(b) 阶梯推杆

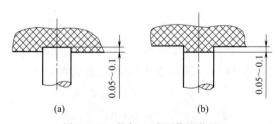

(c) 头部异形推杆

图 3-167　圆推杆的结构

② 圆推杆直径 $\phi 1 \sim 25$，长度 100mm、150mm、200mm、…、650mm。

（2）圆推杆与型芯的配合

① 推杆上端面应高出型芯 0.05～0.1mm，以不影响塑件装配要求。如无特殊要求，对脱模力较大或薄壁易顶白处，可低于型芯表面，增加塑件局部壁厚，如图 3-168 所示。

(a)　　　　(b)

图 3-168　推杆上端面装配位置

② 为减少推杆与模具的接触面积，防止推出时与模具烧死，推杆与型芯的有效配合长度一般为直径的 3 倍，即 $10 \leqslant L_1 \leqslant 20$。

推杆与型芯封胶部位的配合公差为 H7/f7 或 H8/f8。

推杆过孔直径比推杆大 0.8～1mm，如图 3-169 所示。

$$d_1 = d_2 = [d + (0.8 \sim 1)] \text{mm}, \quad D' = D + 1。$$

（3）圆推杆的设计与装配

① 推杆应布置在塑件抱紧力大的地方，如角部、四周、加强筋、螺丝柱等处，推杆到模具边缘距离不能小于 1mm，如图 3-170 所示。

② 当表面不允许有推杆痕迹或细小塑件难以布置顶杆时，可在塑件外侧合适位置加辅助溢料槽推出，如图 3-171 所示。

③ 避免布置在高低面过渡处或镶件拼接处，无法避免时可做镶套，如图 3-172 所示。

④ 深度超过 10mm 的柱台下应加推杆，便于推出和排气，如图 3-173 所示。

⑤ 螺丝柱高度小于 15mm，旁边设置两条推杆，型芯处可不用推管推出，如图 3-174 所示。

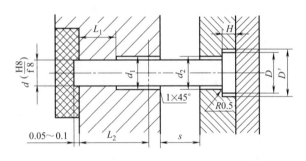

图 3-169 圆推杆与其他零件的装配关系

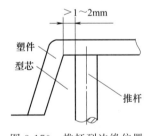

图 3-170 推杆到边缘位置

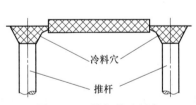

图 3-171 推杆推冷料穴

图 3-172 镶件拼接处设置推杆

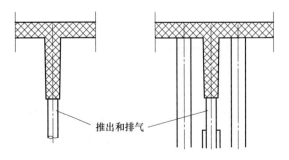

图 3-173 推杆推塑件凸台

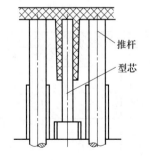

图 3-174 推杆推型芯两边

⑥ 推杆推塑件边缘部位，如图 3-175 所示，图 3-175（a）的形式容易把定模型腔边缘碰伤，可改为图 3-175（b）所示形式。塑件若有凸缘，推杆推凸缘部位，如图 3-175（c）所示。

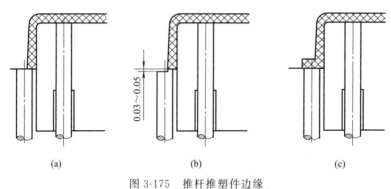

(a)　　　　　　　(b)　　　　　　　(c)

图 3-175　推杆推塑件边缘

⑦ 推杆推加强筋部位，推出力大，效果好，如图 3-176 所示。图 3-176（a）最常用，推杆直径为 2～3mm。图 3-176（f）推杆小，易折断，推出效果差。

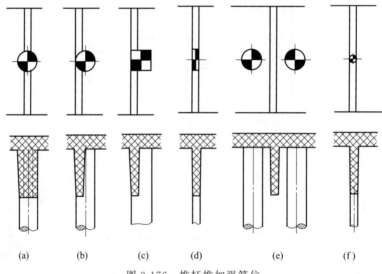

(a)　　(b)　　(c)　　(d)　　(e)　　(f)

图 3-176　推杆推加强筋位

⑧ 若塑件上有嵌件，推杆推嵌件效果较好，如图 3-177 所示。

⑨ 若推杆需要布置在型芯斜面上，推杆上端面应加工出凹槽或平行台阶，如图 3-178所示。此时推杆底部台肩处应安装防转销来定位，常用防转装置有三种，如图 3-179 所示。

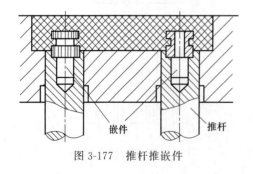

嵌件　　推杆

图 3-177　推杆推嵌件

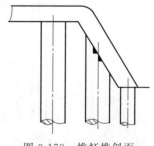

图 3-178　推杆推斜面

图 3-179（a）推杆台肩处铣扁，推杆固定板铣长孔，装入防转销；图 3-179（b）推杆台肩处铣扁，推杆固定板铣方孔；图 3-179（c）推杆尾部外圆钻孔，镶防转销钉，推杆固定板铣长孔。

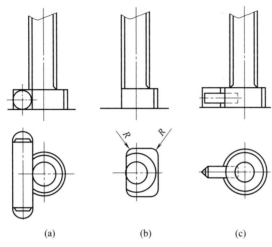

(a)　　　　　　(b)　　　　　　(c)

图 3-179　推杆设置防转装置

2. 扁推杆的设计与装配

（1）扁推杆的应用场合

① 不允许在底部安装推杆的透明塑件，采用扁推杆推塑件边缘壁厚处。

② 深腔塑件圆推杆难以推出或零件易顶白、变形，使用扁推杆推边缘壁厚处。

③ 对于高度超过 20mm 的加强筋，用扁推杆推出效果较好。

（2）扁推杆的特点

① 根据塑件形状制造扁推杆形状，推出力大，效果好。

② 扁推杆为非标准件，需提前制造或定做，另外模具加工长孔费用高，时间长，推杆和孔易磨损，不要轻易采用。

（3）扁推杆的形状与配合

① 扁推杆的形状如图 3-180 所示，扁位通常采用线切割加工。

② 扁推杆的装配如图 3-181 所示，它与型芯采用 H7/f7 间隙配合，起到封胶、导向及排气作用。扁推杆配合长度 L 按表 3-14 选取。

■ 表 3-14　扁推杆配合长度 L　　　　　　　　　　　　　　　　　　　　　　mm

扁推杆厚度 t	配合长度 L	扁推杆厚度 t	配合长度 L
<0.8	10	1.5~1.8	18
0.8~1.2	12	1.8~2.0	20
1.2~1.5	15		

四、推管推出机构设计

推管在广东与港台地区统称司筒，其推出方式、装配方法和推杆相似。

（1）推管（顶管）推出基本结构

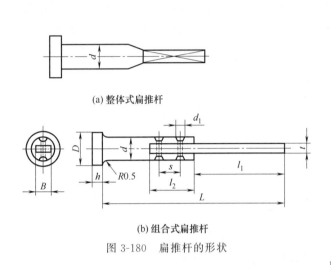

(a) 整体式扁推杆

(b) 组合式扁推杆

图 3-180　扁推杆的形状

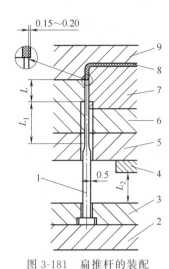

图 3-181　扁推杆的装配

1—扁推杆；2—推板；3—推杆固定板；4—限位块；
5—支承板；6—动模板；7—型芯；8—塑件；9—型腔镶件

推管和推管型芯成套配合使用，推管型芯底部用压板或顶丝压紧，如图 3-182 所示。

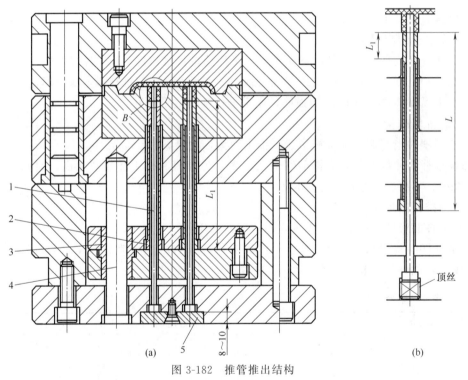

(a)

(b)

图 3-182　推管推出结构

1—推管型芯；2—推管；3—推板导套；4—推板导柱；5—推管型芯压板

（2）推管的应用

推管适于环形、筒形塑件或塑件上中心带孔部分的顶出，由于推管整个周边接触塑件，推顶塑件力均匀，塑件不易变形，也不留下明显的顶出痕迹。采用推管推出时，型芯和凹模同时设计在动模侧，可提高塑件的同心度。对于过薄的塑件（厚度 $t < 1mm$），过薄的顶管

加工困难，且易损坏，此时尽量不要采用推管推出，推管装配结构如图 3-183 所示。

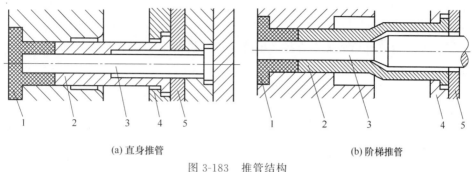

(a) 直身推管   (b) 阶梯推管

图 3-183 推管结构

1—塑件；2—推管；3—推管型芯；4—推管固定板；5—推板

（3）推管设计

① 推管直径确定：推管内孔直径应大于或等于塑件内孔直径，内孔与推管型芯的配合取 H7/f7 或 H8/f8。外径应小于或等于塑件外径，并取标准值，外径与凸模的配合取 H8/f9 或 H9/f9，如图 3-184 所示。

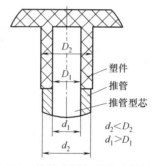

图 3-184 推管直径与塑件直径的关系

② 推管的尺寸与装配如图 3-185 所示。图中，s——推出距离，h——塑件高度。

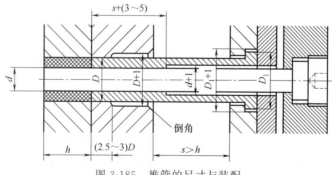

图 3-185 推管的尺寸与装配

③ 推管固定：推管与推杆都固定在推杆固定板上，而推管型芯固定在动模座板上，相对于模架静止不动。推管在推出塑件过程中与型芯产生滑动，完成内孔抽芯。

当注塑机顶杆顶出方向上塑件有深孔需用高型芯成型，此时要用推管推出塑件，而动模座上却有注塑机顶杆孔，推管型芯无法固定在动模座上。解决方法是采用方销固定推管型芯，如图 3-186 所示。模板上铣槽固定方销，推管上加工长槽避开方销，使推管能够顶出和复位，槽的长度应大于推出距离。方销固定推管型芯强度较弱，稳定性差，不宜用于受力大的推管型芯。

④ 推管规格。

标注一：推管型芯直径×推管直径×推管长度，注明推管型芯长度，如 $\phi3\times\phi6\times150$，型芯长度 180。

标注二：推管直径×长度，推管型芯直径×长度。

例如 $\phi8\times200$、$\phi4\times230$。

⑤ 使用推管时注意事项。

a. 使用推管时，推板和推杆固定板应装导柱、导套。

b. 当中间有推管而注塑机只有中间一个顶杆孔时，采用方销固定推管型芯。

c. 当凸起塑件外侧有倒角要求时，倒角不能做在推管上，而做在模具型孔内，如图 3-187（a）所示。内孔有倒角要求时，倒角应做在推管型芯上，如图 3-187（b）所示。

d. 推管常用材料：45、T8A（T10A）、65Mn、GCr15 等。推管热处理硬度：头部 50~55HRC，尾部 38~42HRC。

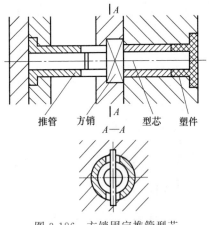

图 3-186　方销固定推管型芯

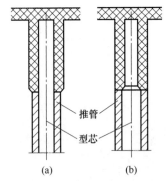

图 3-187　塑件有内外倒角结构

五、推件板推出机构设计

在动模型芯根部安装一个与之密切配合的推件板，推出时，推件板沿型芯轴向移动，将塑件从型芯上推出。

1. 推件板推出机构的特点

塑件内表面不留推出痕迹，塑件受力均匀，推出平稳，且推出力大。它适用于各种容器、筒形制品及中心带孔塑件的推出。对于一些高亮、壁薄的塑件，单独使用推杆不能完成推件任务，必须借助于推件板推出机构。对薄壁环形件和多型芯的薄板件，因推杆过细制造困难，且推出强度不够，安排推杆很难取得合理的位置，即使勉强推出，也容易使塑件产生翘曲。

2. 推件板推出机构的类型与应用

（1）推件板推出机构

推件板推出机构注塑模如图 3-188 所示，标准模架上已有推件板，制造方便，应用普遍。

① 推件板与型芯采用 3°~5°锥面配合，配合精度 H8/f8，间隙需小于溢边值。

② 型芯应淡化或淬火处理。

③ 推件板推出应有导柱导向。

④ 大型深腔壳体、薄壁塑件应设进气装置，避免形成真空。

⑤ 推件板应设置限位装置，防止推出时从模具上脱落。常用的限位装置有复位杆上安装螺钉，如图 3-188 所示。也可直接在推件板上安装限位螺钉。

推件板与型芯常用配合形式如图 3-189 所示。

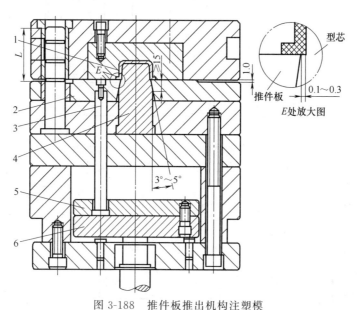

图 3-188　推件板推出机构注塑模
1—塑件；2—推件板；3—复位杆；4—型芯；5—推杆固定板；6—推杆底板

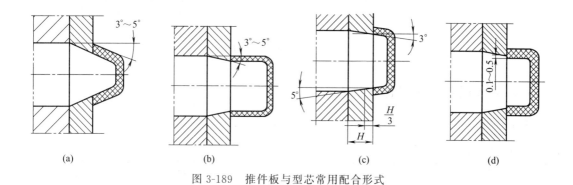

图 3-189　推件板与型芯常用配合形式

（2）沉入式推件板推出机构

图 3-190 所示为简化点浇口沉入式推件板注塑模，合模导柱装在定模座上，动模上没有导柱，当塑件需要用推件板推出时，可采用沉入式推件板。推件板的粗导向靠复位杆，合模到位时精导向靠推件板内外锥面定位。

（3）推块推出机构

图 3-191 所示为推块推出机构，推块材料应采用 738、H13 等优质塑料模具钢，淬火硬度为 52~54HRC。

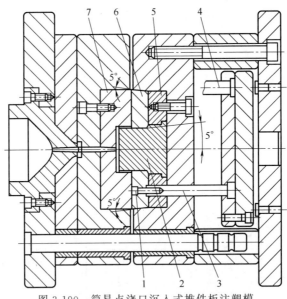

图 3-190 简易点浇口沉入式推件板注塑模

1—螺栓；2—型芯；3—推件板复位杆；4—复位杆；5—型芯固定板；6—沉入式推板；7—型腔板

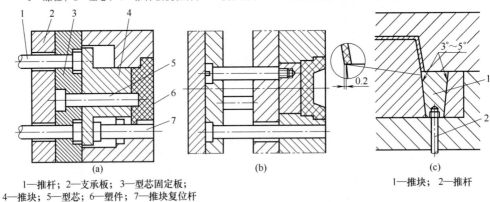

1—推杆；2—支承板；3—型芯固定板；
4—推块；5—型芯；6—塑件；7—推块复位杆

图 3-191 推块推出机构

六、多元联合推出机构设计

由于塑件的特殊要求，大多数情况下需采用联合推出机构，如表 3-15 所示。

■ 表 3-15 多元联合推出机构

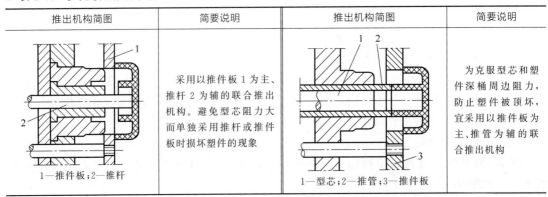

推出机构简图	简要说明	推出机构简图	简要说明
1—推件板；2—推杆	采用以推件板 1 为主、推杆 2 为辅的联合推出机构。避免型芯阻力大而单独采用推杆或推件板时损坏塑件的现象	1—型芯；2—推管；3—推件板	为克服型芯和塑件深桶周边阻力，防止塑件被顶坏，宜采用以推件板为主、推管为辅的联合推出机构

续表

推出机构简图	简要说明	推出机构简图	简要说明
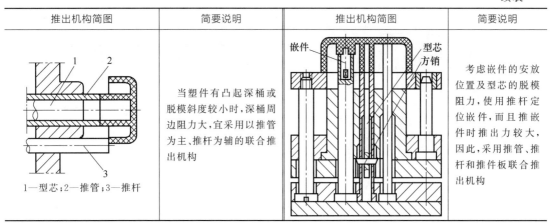 1—型芯；2—推管；3—推杆	当塑件有凸起深桶或脱模斜度较小时，深桶周边阻力大，宜采用以推管为主、推杆为辅的联合推出机构	嵌件　　型芯方销	考虑嵌件的安放位置及型芯的脱模阻力，使用推杆定位嵌件，而且推嵌件时推出力较大，因此，采用推管、推杆和推件板联合推出机构

七、脱螺纹机构设计

塑料制品有外螺纹和内螺纹。外螺纹成型模具采用型环螺纹套，侧向分型脱模。内螺纹采用型芯成型，旋转脱模。

（1）手动脱内螺纹机构

如图 3-192 所示的手动侧向脱内螺纹机构，适合于塑件要求不高、批量较小的试制品。图 3-193 所示为手动轴向脱内螺纹机构。

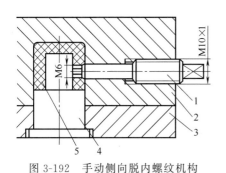

图 3-192　手动侧向脱内螺纹机构

1—螺纹型芯；2—定模板；

3—动模板；4—型芯；5—塑件

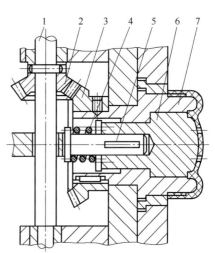

图 3-193　手动轴向脱内螺纹机构

1—手动转轴；2,3—锥齿轮；4—弹簧；5—导向

键和芯轴；6—型芯；7—内螺纹型芯

（2）斜导柱、侧滑块脱外螺纹机构

图 3-194 所示为斜导柱、侧滑块脱外螺纹机构。

（3）自动脱内螺纹机构

① 侧向自动脱螺纹机构，模具开模或合模时导柱 3 兼有齿条作用，齿条驱动带齿轮螺纹型芯 2 旋转，完成侧向脱螺纹动作，如图 3-195 所示。

② 齿条（兼导柱）齿轮脱螺纹机构，如图 3-196 所示。

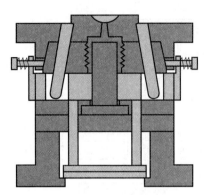

图 3-194 斜导柱、侧滑块脱外螺纹机构

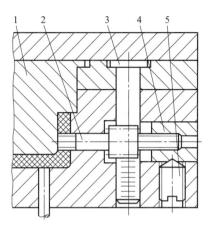

图 3-195 侧向自动脱螺纹机构
1—定模镶件；2—带齿轮螺纹型芯；
3—齿条兼导柱；4—螺母；5—顶丝

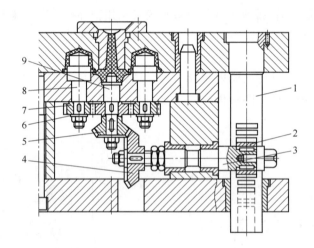

图 3-196 齿条齿轮脱螺纹机构
1—齿条兼导柱；2—齿轮；3—传动轴；4～7—齿轮；8—螺纹型芯；9—螺纹式拉料杆

　　③ 电机、链条自动脱螺纹机构：如图 3-197 所示电机、链条自动脱螺纹机构，多用于螺纹扣数较多、脱出距离较长的情况。动力来源于电机（马达），使用双向变速电机带动齿轮，实现内螺纹脱出。

　　④ 液压油缸、齿条脱螺纹机构

　　图 3-198 所示为液压油缸、齿条脱螺纹机构。

八、气动推出机构设计

　　利用压缩空气的压力推出薄壁深腔、壳型塑件是简单有效的办法，但塑件顶部应是闭合状态，不允许有孔，否则漏气，难以推出塑件。若塑件有孔，应在孔口留厚 0.5mm 左右的塑料薄壁用来封气，塑件脱模后切除。气动推出机构如图 3-199 所示，注射时锥面气阀靠弹簧的弹力而关闭，开模后通入 $(49 \sim 58.8) \times 10^4 \mathrm{Pa}$ 的压缩空气，使弹簧压缩开启阀门，压缩空气进入塑件与型芯之间，使塑件推出脱落。

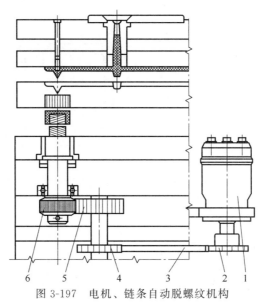

图 3-197 电机、链条自动脱螺纹机构

1—电极；2—链轮Ⅰ；3—链条；4—链轮Ⅱ；5—齿轮Ⅰ；6—齿轮Ⅱ

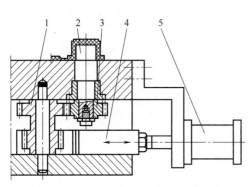

图 3-198 液压油缸、齿条脱螺纹机构

1—双联齿轮Ⅰ；2—螺纹型芯；

3—齿轮Ⅱ；4—齿条；5—油缸

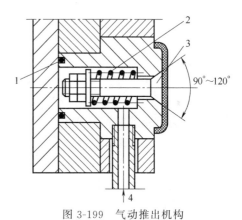

图 3-199 气动推出机构

1—密封圈；2—弹簧；3—阀门；4—进气管

大型壳体类塑料模具通常不设推出机构，使用压缩空气推出，推出效果好，模具简单，应用广泛。

九、强行推出机构

利用推杆或推板使塑件产生变形，将塑件侧向凹凸机构强行推离模具达到脱模，该推出方式称为强行脱模，如图 3-200 所示的塑件。

强行脱模的条件：

① 软质塑料 PE、PP、POM，软 PVC；

② 侧向凹凸有圆角；

③ 侧向凹凸较浅，变形量较小，

含玻璃纤维的工程塑料凹凸百分率在 3% 以下；一般塑料凹凸百分率在 5% 以下，计算公式如图 3-200 所示。

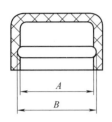 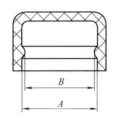 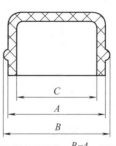 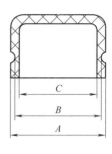

(a) 凹凸百分率=$\frac{B-A}{A}\times100\%$ (b) 凹凸百分率=$\frac{A-B}{A}\times100\%$ (c) 凹凸百分率=$\frac{B-A}{C}\times100\%$ (d) 凹凸百分率=$\frac{A-B}{C}\times100\%$

图 3-200   塑件强行推出机构凹凸百分率计算

十、塑件推出常见问题与解决方案

塑件推出过程中经常会出现各种质量或模具问题，分析如下。

（1）塑件顶白

塑件顶白是由于塑件在被推杆推出时局部承受推力过大而发生轻微变形，使塑件颜色局部变白，如图 3-201 所示。

直接原因主要有以下几种。

① 推杆数量不够或直径太小，单个推杆承受过大的推出力。

② 型芯抛光不够，塑件对型芯的包紧力过大。

③ 型芯有倒扣或脱模斜度太小。

④ 注射工艺不合理，如注射压力太大或保压时间太长，都会增大塑件对模具的包紧力。冷却时间太短时，塑件没有固化顶出时也会出现顶白现象。

图 3-201   塑件顶白

（2）粘凹模或凸模

塑件在开模时局部或全部留在凹模一侧即粘凹模。塑件在推出时局部或全部留在凸模一侧即粘凸模。粘模原因有以下几种。

① 分型面选择不对，导致塑件对凹模或凸模的包紧力过大。

② 型腔表面抛光不够，或型腔、型芯出现负脱模斜度或倒扣。

③ 塑件开模或推出时与模具之间产生真空。

（3）断推杆（或推管）

推杆（推管）在推出时因受力过大而断裂，主要原因有以下几种。

① 推杆太小或数量不够（或推管壁太薄）。

② 推杆位置布置不对，使推杆承受过大推力而折断。

③ 模具制造精度差，使推杆承受过大摩擦力或扭力。

④ 小于 2mm 的推杆过多，或推杆固定板无导向装置，且推杆一边多、一边少，造成推杆受扭力而断裂。

（4）推杆、推管与型芯配合处有飞边

① 模具加工时配合间隙过大，超过溢边值而出现飞边。

② 模具使用时间长，出现磨损。

第十一节 注塑模冷却系统设计

一、模具温度对塑件的影响

塑料模的温度直接影响到熔体的填充和成型、塑件的质量和生产效率。在整个成型周期中，冷却时间占 70%～80%。

模具温度过高时，成型收缩不均匀，脱模后塑件变形大，同时造成溢料或粘模。

模具温度过低时，塑料熔体流动性差，若加大注射压力，又会使塑件表面产生银丝、水纹、局部飞边，另外对模具和设备的使用寿命也不利。

模具温度不均匀时，造成塑料固化不均匀，导致产品收缩不均匀，产生内应力，使塑件出模后变形、翘曲。

对于大多数热塑性塑料，模具温度不高于 80℃。通常模具开始生产时不需加热，可利用熔融塑料传给模具的余热来提升模具温度，因此，模具通常不需设置加热装置，但必须设置冷却装置。因为模具温度升高以后，塑件冷却时间和质量都难以符合生产要求。为缩短成型冷却时间，提高生产效率，在设计模具时应根据塑料的需要，设置可调的冷却装置。

不同的塑料对模具温度要求不同，表 3-16 列出常用塑料的成型温度与模具温度。

若模具温度要求在 120℃ 以上，模具就要有设置可调的加热装置。模具的加热方法很多，可向模具内通入热水、蒸汽、热空气及电加热等。目前，应用较多的是电加热。

■ 表 3-16 常用塑料的成型温度与模具温度　　　　　　　　　　　℃

树脂名称	成型温度	模具温度	树脂名称	成型温度	模具温度
低密度聚乙烯（LDPE）	190～240	30～65	聚酰胺（PA6）	200～210	40～80
高密度聚乙烯（HDPE）	200～250	30～65	有机玻璃（PMMA）	170～230	30～60
聚丙烯（PP）	160～210	40～80	聚甲醛（POM）	180～220	60～100
ABS	210～230	40～80	AS 树脂	210～230	50～70
聚碳酸酯（PC）	280～310	80～110	硬聚氯乙烯 HPVC	180～210	40～60
聚苯乙烯（PS）	170～210	40～60	软聚氯乙烯（SPVC）	170～190	45～60

二、影响模具冷却的因素及相关设计

影响模具冷却的因素主要有冷却介质及其出入口的温度、冷却介质的流量、塑料注射温度与塑件开模推出时的模具温度、模具零件的热导率等。

1. 单位时间内从模具带走的总热量

$$Q=m_1[C_p(T_1-T_2)+L] \tag{3-7}$$

式中　Q——单位时间内从模具带走的总热量，J；

m_1——单位时间进入模具的塑料质量，g；

C_p——塑料的比热容，J/(g·℃)；

T_1——塑料的注射温度，℃；

T_2——模具的表面温度，℃；

L——塑料的熔化潜热，J/g。

2. 冷却介质出口和入口的温差

$$Q_1 = C_s m (T_2 - T_1) \tag{3-8}$$

式中　Q_1——冷却介质带走的热量，J；

T_2——出口冷却介质的温度，℃；

T_1——入口冷却介质的温度，℃；

C_s——冷却介质的比热容，J/(g·℃)；

m——单位时间进入模具的冷却介质质量，g。

冷却水出、入口温差一般应小于5℃，精密塑件成型模具应控制在2℃以下。

在南方炎热夏季常用冷水机把水冷却到5℃左右，以增加冷却效果，提高生产效率。但需注意空气中水分易凝聚在模具型腔表面，影响塑件质量。另外，停机后型腔表面水分造成型腔表面生锈，因此，停止生产后应把型腔表面水分擦拭干净，并喷涂防锈剂。

3. 冷却介质

从经济与冷却效果方面考虑，冷却介质通常采用水。但水也存在缺陷，如水易使模具内冷却水道生锈，水中杂质或钙质在水道上沉淀，造成水道堵塞和降低传热能力，影响冷却效果。因此，冷却水道要经常检查与疏通，简单的冷却水道可拆下水管接头或打开模具，用钻头或铁棍进行清理；拐弯较多且复杂、又不宜拆卸的冷却水道，可采用专用除水垢溶剂通入冷却水道，把水道内的水垢腐蚀掉。

4. 冷却的形式

常用的冷却形式有管道冷却、喷流冷却、水胆冷却和铍青铜冷却。

5. 冷却水孔的尺寸设计

（1）冷却水孔的形状

冷却水孔一般为圆孔，便于加工，同时降低模具的应力集中。通常入口与出口端加工成管螺纹或锥度管螺纹，安装时管接头上缠绕密封带以提高密封性，防止漏水而影响生产。

（2）冷却水孔的直径

牛顿冷却定律：

$$Q = \alpha A \Delta T \theta' \tag{3-9}$$

式中　Q——冷却介质从模具中带走的热量，J；

α——模具与介质间的传热系数，W/(m²·K)；

A——冷却水道传热面积，m²；

ΔT——模具温度与介质温度差，K；

θ'——冷却时间，s。

由式（3-8）可知，冷却水孔直径越大，传热面积也越大，冷却效果越好。但孔过大会降低模具强度，增加加工难度，延长加工时间。

冷却水孔的直径常凭经验确定，常用的有 $\phi5mm$、$\phi6mm$、$\phi8mm$、$\phi10mm$、$\phi12mm$ 等。表 3-17 是根据模具大小确定水孔直径，表 3-18 是根据塑件壁厚确定水孔直径。

■ **表 3-17　根据模具大小确定水孔直径**　　　　　　　　　　　　　　　　　　　mm

模宽	冷却水孔直径	模宽	冷却水孔直径
<200	5	400～500	8～10
200～300	6	>500	10～12
300～400	6～8		

■ **表 3-18　根据塑件壁厚确定水孔直径**　　　　　　　　　　　　　　　　　　　mm

塑件平均厚度	冷却水孔直径	塑件平均厚度	冷却水孔直径
1.5	5～6	4	10～12
2	6～10	6	12～14

6. 冷却水孔的数量与位置设计

① 冷却水孔的数量越多，对塑件冷却越均匀，使塑件变形较小，尺寸精度容易保证，塑件内部应力也较小，如图 3-202 所示。

② 冷却水孔与型腔表面各处最好有相同的距离，将孔的排列与型腔形状相一致，如图 3-203（a）所示，图 3-203（b）所示为不等距的排列位置，易使冷却不均，造成塑件翘曲。

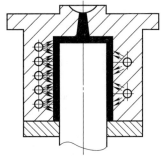

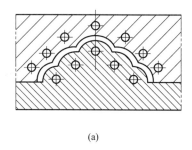

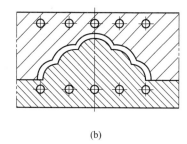

(a)　　　　　　　　　　　　　　(b)

图 3-202　冷却水孔的
　数量与冷却效果

图 3-203　冷却水孔的排列位置

③ 塑件局部壁厚处应加设冷却水孔，如图 3-204 所示。大型塑件或薄壁零件成型时，料流较长，而料温越流越低，要保证塑件大致相同的冷却速度，应适当改变冷却水孔的排列密度，在料流末端冷却水孔排列稀一些，如图 3-205 所示。

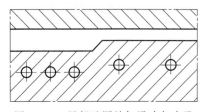

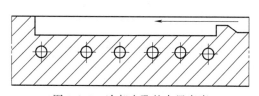

图 3-204　局部壁厚处加设冷却水孔

图 3-205　冷却水孔的布置密度

④ 冷却水孔相对位置与长度设计。图 3-206 为冷却水孔相对位置尺寸，当设计冷却孔直径为 d 时，它的孔距最好为 $5d$，孔与型腔或型芯距离 $\leqslant 3d$（即 $10\sim15\text{mm}$）。

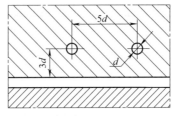

图 3-206　冷却水孔相对位置尺寸

　　冷却流道越长，阻力越大，拐弯多则阻力更大。因此水道不宜太长，拐弯一般不超过 5 个。通常较大、较高的型芯应单独冷却。

⑤ 模具浇口附近温度最高，冷却水应从浇口附近开始流向其他地方，如图 3-207 所示。必要时在进、出水口标出"IN"，"OUT"。

⑥ 冷却水孔要避开塑料的熔接痕部位，以免熔接不牢，降低塑件强度，影响外观质量，如图 3-208 所示。

⑦ 冷却水孔应避开镶块或其接缝部位，以防漏水，如图 3-209 所示。图 3-210 所示为循环水孔、水嘴、软管的连接方式。

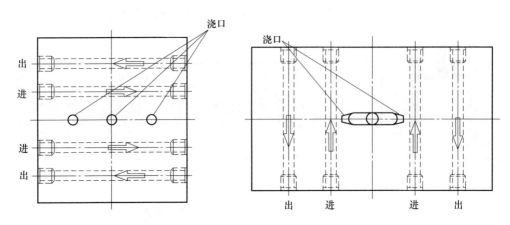

图 3-207　冷却水从模具较高温度处进入

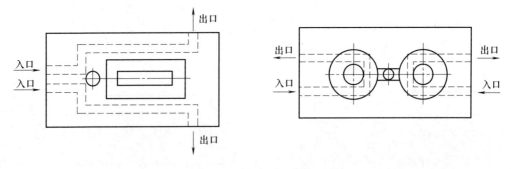

图 3-208　冷却水孔应避开塑件熔接处

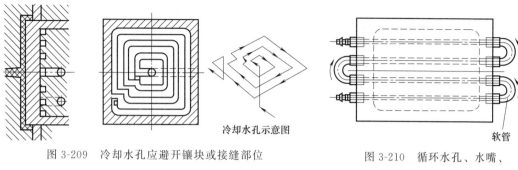

图 3-209 冷却水孔应避开镶块或接缝部位

图 3-210 循环水孔、水嘴、
软管的连接方式

7. 冷却水孔的串联和并联

冷却水孔有串联和并联两种。冷却介质总是沿阻力最小的方向流动，并联会出现死水，而水孔内不应有死水或产生回流的部位，因此水道应避免并联，如图 3-211 所示。有时为了加工方便采用并联，但此时应用铜制的"中途塞"分隔水孔，如图 3-212 所示。

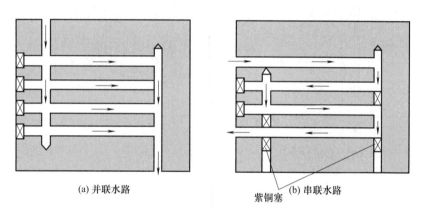

(a) 并联水路

(b) 串联水路

紫铜塞

图 3-211 冷却水孔的串联和并联水路

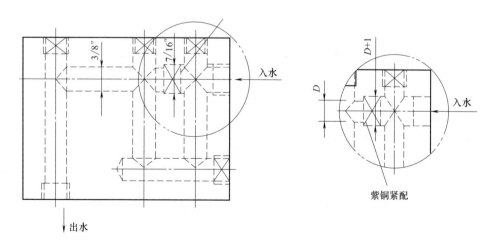

图 3-212 中途塞的应用

8. 水井隔片式冷却

图 3-213 所示为水井隔片式冷却水孔，冷却效果好，但深度和直径要适当，通常水井直径为 12～25mm，隔片通常采用紫铜片或铝片，一方面防止锈蚀，另一方面利用其良好的塑性，隔水效果更好。图 3-214 所示为环形槽加水井式冷却，冷却效果更好。

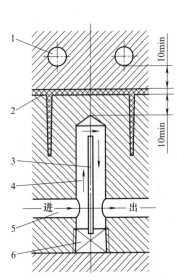

图 3-213　水井隔片式冷却水孔

1,5—冷却水孔；2—塑件；3—隔片；

4—水井；6—螺塞

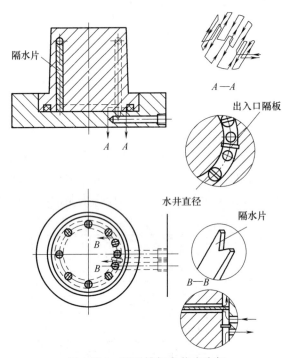

图 3-214　环形槽加水井式冷却

三、型腔板的冷却

图 3-215、图 3-216 所示为定模型腔板的冷却形式与结构。

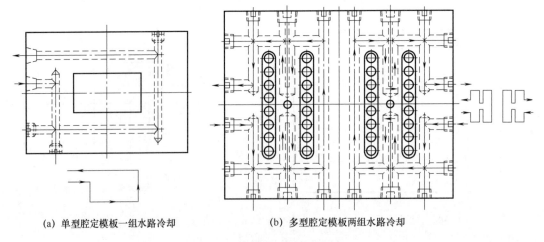

(a) 单型腔定模板一组水路冷却　　　(b) 多型腔定模板两组水路冷却

图 3-215　定模型腔板的冷却（一）

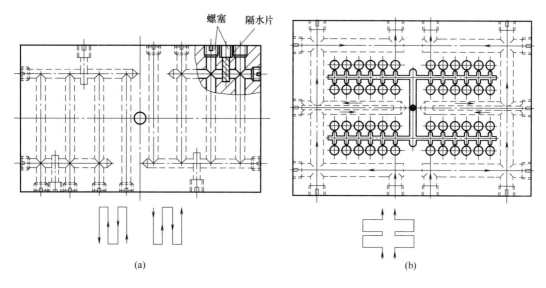

图 3-216 定模型腔板的冷却（二）

四、型芯的冷却

高温塑料熔体固化时大部分热量都传递给型芯，冷却后紧包在型芯上。对于较大的型芯，可采用加工冷却水孔并通入冷却水进行冷却。对于较小的型芯，无法加工冷却水孔，这就有必要采用其他冷却方式。

（1）小型芯的冷却

① 型芯直径小于 10mm，可利用空气冷却，即自然冷却。当塑件批量大，要求生产率高；或局部热量集中难以传出时，型芯可用铍铜制作。由于铍铜传热率高又有较高的强度和刚度，具有良好的加工性能，因此能够满足模具使用要求。缺点是价格较高，每公斤超过100 元，如图 3-217 所示。

② 型芯直径为 10～20mm，如果塑件精度要求不高、批量不大，型芯可采用空气自然冷却或通过型芯固定板传热。塑件精度要求较高或批量很大，需具有良好的传热功能时，型芯可采用铍铜制作或内部镶铍铜的方法增加散热，如图 3-218 所示。

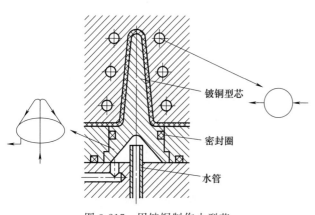

图 3-217 用铍铜制作小型芯

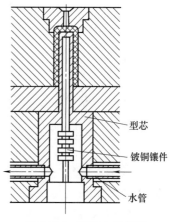

图 3-218 型芯内镶铍铜

（2）中等型芯的冷却

① 型芯直径为 20～30mm，高度较高，开设冷却水道比较困难时，可采用喷流冷却，如图 3-219 所示。

② 型芯直径为 30～40mm，可采用水井式冷却，如图 3-220 所示。

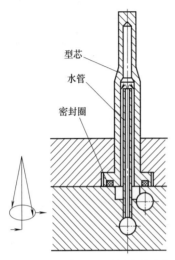

图 3-219　细长型芯采用喷流冷却

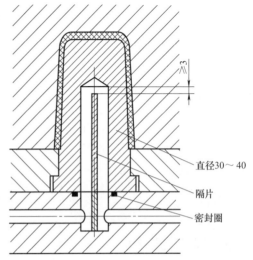

图 3-220　型芯采用水井式冷却

（3）较大型芯的冷却

① 型芯直径大于 40mm，高度小于 40mm，中间不便加工冷却水道时，可采用底面环形槽冷却，如图 3-221 所示。

② 型芯直径大于 40mm，中间不便加工冷却水道时，可采用外侧面冷却，如图 3-222 所示，图 3-222（a）密封效果好，不易漏水；图 3-222（b）密封效果差，易漏水。

③ 图 3-223 是型芯冷却的另一种形式，型芯上钻斜孔，结构简单。

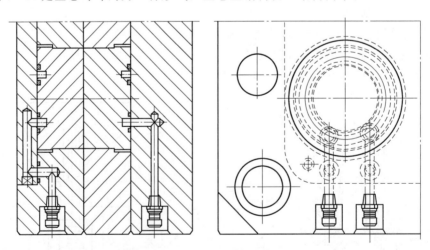

图 3-221　型芯下端面环形槽冷却

（4）型芯安装镶件冷却

图 3-224 所示为型芯内部安装镶件冷却，镶件上加工螺旋槽，冷却效果好，但工艺复杂，加工量大。

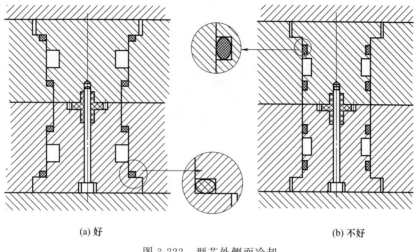

(a) 好　　　　　　　　　　　　　　　　(b) 不好

图 3-222　型芯外侧面冷却

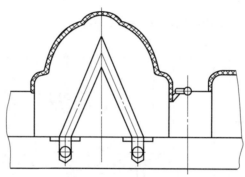

图 3-223　型芯钻斜孔冷却

（5）冷却水孔通过多层模板时的密封

图 3-225 所示为型芯上冷却水孔通过多层模板的冷却形式，要解决的关键问题是密封，使用时应引起重视。

（6）侧滑块、斜滑块的冷却

图 3-226 所示滑块的冷却方式包括侧滑块冷却和斜滑块冷却。

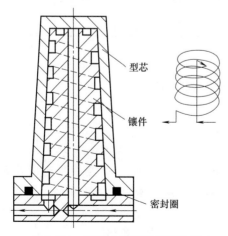

型芯

镶件

密封圈

图 3-224　型芯内部安装镶件冷却

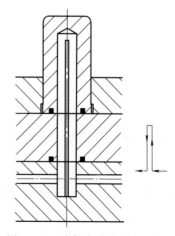

图 3-225　冷却水孔通过多层模板

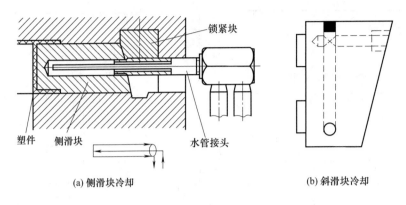

(a) 侧滑块冷却   (b) 斜滑块冷却

图 3-226 滑块的冷却方式

（7）多组冷却水路应用

图 3-227 所示为高型芯、深型腔多组水路冷却模具。

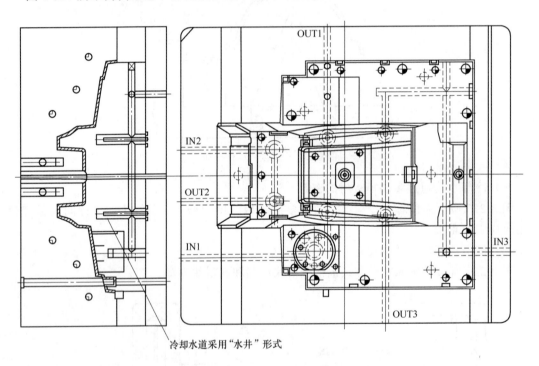

图 3-227 高型芯、深型腔多组水路冷却模具

五、接头与管塞的形式及选用

管接头又称喉嘴，材料多为黄铜 H62，有时用低碳结构钢镀彩锌。与模具连接处为管螺纹或锥管螺纹，有时也用标准细牙螺纹，安装时螺纹部位缠绕密封带防止漏水。

（1）普通管接头

图 3-228 所示为普通管接头的形式，表 3-19 是普通管接头常用规格。

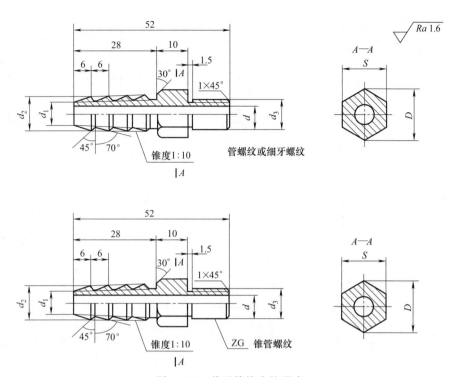

图 3-228 普通管接头的形式

■ 表 3-19 普通管接头常用规格 mm

d(H12)	d_1	d_2	D	S	d_3	ZG
6	8	11.2	16.2	14	M10×1	—
					—	1/4″
8	10	13.2	19.6	17	M12×1.25	—
					—	1/4″
10	12	15.2	21.9	19	M16×1	—
					—	3/8″

（2）快换管接头

快换管接头和水管上装配的另一部分弹簧套配合使用，用手压缩弹簧套即可装配和拆卸，装配与拆卸效率高，是近年来广泛使用的一种管接头，其材料多为塑料注射而成。快换管接头形状如图 3-229 所示，快换管接头规格见表 3-20。

（3）管塞

管塞又称丝堵，用于堵塞模具上不用的螺纹孔，其外螺纹部位多为锥管螺纹，中间凹坑为内六角形，以配合内六角扳手使用，管塞形状如图 3-230 所示，管塞规格见表 3-20。

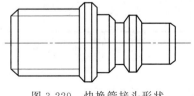

图 3-229 快换管接头形状

图 3-230 管塞形状

■ 表 3-20　快换接头与管塞规格

水管内孔直径/mm	φ6	φ8	φ10	φ12
水管接头螺纹规格	1/8″	1/8″	1/4″	1/4″
管塞规格	1/8″	1/8″	1/4″	1/4″
模板螺纹底孔与螺纹规格	φ6.00　1/8″	φ8.00　1/8″	φ10.00　1/4″	φ12.00　1/4″

六、管接头的位置设计

水管位置通常设计在模架上，冷却水通过模架进入镶件内，中间加密封圈密封。

水管接头应设置在不影响操作者的侧面，尽量不要设置在上下侧，因为拆装与维修不方便，如图 3-231（a）所示。另外下侧接头又使模具无法摆放，如图 3-231（b）所示。

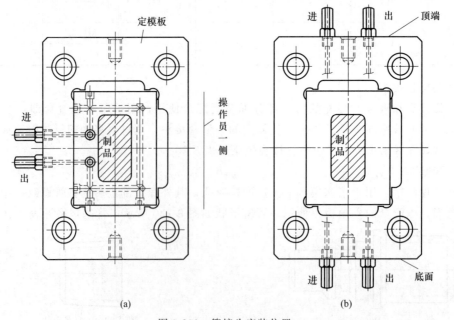

(a)　　　　　　　　　　　　　(b)

图 3-231　管接头安装位置

接头之间的距离通常应大于 30mm，方便安装及胶管连接，如图 3-232 所示。

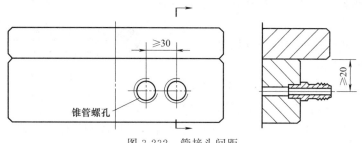

图 3-232　管接头间距

由于快换接头的广泛使用，目前大中型模具管接头多采用沉入式，这种结构避免模具在装模、维修与运输过程中损坏接头，如图 3-233（a）所示。表 3-21 列出沉入式接头管螺纹与公制螺纹。

有时水管直接设置在镶件上，这会使水管接头加长，成为非标准件，在使用过程中，由于设备的振动等因素的影响极易漏水。另外，每次维修镶件都要首先拆下接头，不仅麻烦，有时还会忘记拆卸接头，若强行拆卸镶件，又会造成接头或镶件的损坏。因此，采用该结构，拆卸镶件前务必牢记先拆卸接头，如图 3-233（b）所示。

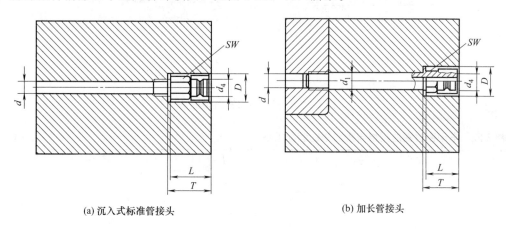

(a) 沉入式标准管接头　　　　　　　　　　(b) 加长管接头

图 3-233　沉入式管接头

■ **表 3-21**　沉入式接头管螺纹与公制螺纹　　　　　　　　　　　　　　　　　　　　mm

管螺纹	公制螺纹	d_4	d_1	标准管接头				加长管接头			
				D	T	SW	L	D	T	SW	L
1/8 1/4	M8 M14×1	9	10	25	35	17	32.5	19	23	11	21
1/4 3/8	M14×1 M16×1	13	14	34	35	22	32.5	24	25	15	23
1/2 3/4	M24×1.5	19	21	—	—	—	—	34	35	22	33

七、冷却水道密封圈的选用

常用 O 形密封圈来进行密封防漏水，材料为天然橡胶或丁氰胶，结构如图 3-234 所示。

（1）对密封圈的性能要求

① 具有耐热性，在 120℃ 的热水或热油中不失效。

② 密封圈的软硬程度应符合国标要求。

（2）密封圈的规格

密封圈通常以"内孔直径×线径"表示。如

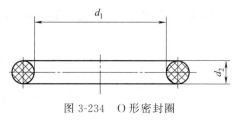

图 3-234　O 形密封圈

内孔直径 25mm，线径 2.5mm，可表示为"$\phi 25 \times 2.5$"。

使用时可查阅 GB 3452.1—2005《液压气动用 O 形橡胶密封圈第 1 部分：尺寸系列及公差》国家标准。

（3）密封圈与密封槽的关系

图 3-235 所示为密封槽的加工尺寸。

对照图 3-234、图 3-235 列出表 3-22 常用密封圈的规格与密封槽的装配关系。

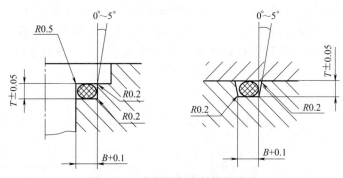

图 3-235　密封圈与密封槽的关系

■ 表 3-22　常用密封圈的规格与密封槽的装配关系　　　　　　　　　　　　　　mm

d_1	d_2	$B \pm 0.1$	$T \pm 0.05$	d_1	d_2	$B \pm 0.1$	$T \pm 0.05$
6	1.8	2.2	1.4	16	2.65(1.8)	3.5	2.1
8	1.8	2.2	1.4	20	2.65(1.8;3.55)	3.5	2.1
10	1.8	2.2	1.4	25	2.65(1.8;3.55)	3.5	2.1
12.5	1.8(2.65)	2.2	1.4	30	3.55(1.8;2.65)	4.4	2.9
14	1.8(2.65)	2.2	1.4	100	5.3(2.65;3.55)	4.4	2.9

（4）水道密封设计时的注意事项

① 水孔经过两个镶件时，中间一定要加密封圈。

② 模具零件之间使用密封圈时，螺栓必须拧紧，给予较大的压力，保证密封效果。

③ 镶件端面需要密封时，高度方向的间隙要适当。间隙过大，压力不足，易漏水；间隙过小，密封圈易压坏或失去弹性，起不到密封作用。

④ 密封槽加工尺寸要合适，表面要光滑，见表 3-22。

⑤ 由于镶件多数呈不规则形状，因此密封槽加工也呈不规则形状，此时难以使用 O 形密封圈。解决办法是使用密封条，让密封条随着密封槽形状铺设，接口处用刀切出 30°斜面，然后

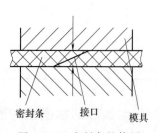

图 3-236　密封条的使用

用 502 快干胶粘牢。注意斜面应处于压合方向上，确保压紧，如图 3-236 所示。

八、注塑模具维护保养

模具在试模或使用过程中，会产生正常的磨损和不正常损坏。特别是用于大批量生产或生产带有腐蚀性塑料材料，如 PVC、阻燃 ABS 等，会造成模具的磨损、腐蚀等，导致模具使用功能下降，严重时会造成模具无法使用。大致有以下几种情况。

① 型芯或导柱碰弯、塑件顶出时小型芯被拉弯或折断，此时能修复的尽量修复，不能修复的要根据零件的受力情况，选择合适的材料及热处理工艺，重新制造损坏的零件。

② 型腔局部压伤或碰坏，可采用氩弧焊或钻孔并打入铜丁来进行修复。

③ 动、定模型芯的薄壁、高凸起部位变形、弯曲，这主要是材料硬度及强度低，熔融塑料对薄壁冲击压力大所致，可在薄壁适当部位开设几条筋槽，以达到减压的目的。或改变流道的位置，避免熔融高压塑料直接冲击薄壁处。

④ 分型面不严密，溢边太厚，可采用氩弧补焊或其他专机修复。另外，在不影响制件情况下，可对分型面进行二次加工，以达到消除飞边的目的。

因此必须对模具有关部位进行日常保养和维修。注塑模具保养、维护（修）项目与措施详细内容见表 3-23。

■ 表 3-23　注塑模具保养、维护（修）项目与措施

序号	模具维修或保养部位	维护（修）方法与措施
1	型芯插穿面压伤的维护	①轻者修平抛光 ②严重时采用氩弧焊堆焊后修平抛光 ③挖孔后镶入镶件
2	型芯碰穿面的磨损修补	①型芯碰穿面补焊后修整 ②固定型芯沉孔加深，堆焊型芯底部，保证型芯高度 ③更换型芯
3	型芯插穿面的磨损	①型芯插穿面补焊后修整 ②固定型芯沉孔加深，堆焊型芯底部，保证型芯突出高度 ③更换型芯
4	型芯端面的凹陷	补焊修平
5	镜面部分的伤痕、腐蚀	油石磨平后抛光
6	电镀层脱落	重新电镀
7	潜伏式浇口孔的磨损、变形	①变形轻者可用锥度专用刀具修整 ②严重时采用局部镶件镶拼后重做浇道口 ③用紫铜堵上已损坏的浇道孔并修平，在合适位置重开浇道口
8	点浇口的磨损、变形	①变形轻者可用锥度专用刀具修整 ②严重时采用局部镶件镶拼后重做浇道口 ③用紫铜堵上已损坏的浇道孔并修平，在合适位置重开浇道口
9	分型面周围的凹陷、压伤	补焊修整
10	推杆孔的磨损	①磨损较轻者可在空口局部补焊，修整 ②加大推杆孔，更换推杆 ③在磨损推杆孔处镶入镶件，重开推杆孔
11	推管孔的卡伤、磨损	①磨损较轻者可修正卡伤部位，孔变形时在空口局部补焊，修整 ②在磨损推管孔处镶入镶件，重开推管孔

续表

序号	模具维修或保养部位	维护（修）方法与措施
12	排气槽部位的树脂堆积、堵塞	拆开模具或镶件，清理堆积、堵塞
13	侧抽芯滑块的滑动面卡伤、锁紧斜面的磨损	①拆除侧滑块，修整卡伤面 ②补焊锁紧面并修整
14	螺旋弹簧的弹性断裂、失效	清除断裂弹簧并更换新弹簧
15	定模框和动模框的翘曲、变形	①加工变形模框，使之与镶件良好配合 ②补焊变形部位后加工到尺寸要求，使之与镶件良好配合
16	定模镶件角部的裂纹	①裂纹尾部钻孔，消除应力，防止裂纹进一步扩大 ②裂纹处补焊并修整 ③较小定模镶件可更换
17	推板导柱、推板导套的卡伤、磨损	①卡伤、磨损较轻时，拆除导柱、导套用砂纸打磨光滑 ②严重时更换导柱、导套
18	浇口套与喷嘴接触面的磨损、挤伤	①磨损挤伤较轻时，用小砂轮打磨修整 ②磨损较严重时可用球头刀加工 ③无法修复时更换新的浇口套
19	冷却水孔沾附水垢、锈蚀、裂纹	①使用专用溶剂通入水孔内，腐蚀掉水垢、锈蚀 ②水道堵塞严重时，可拆开模具，去掉水堵，用加长钻头疏通水道 ③水道有裂纹时，可用紫铜或专用水堵把裂纹处水道堵死。若影响循环水流，可在合适位置重开水道
20	冷却水孔的漏水	①更换漏水孔处密封圈 ②检查水道是否有裂纹 ③检查镶件接触面密封圈 ④检查水嘴，损坏时更换水嘴

本章测试题一（总分 100 分，时间 150 分钟）

1. 填空题（每空 1 分，共 30 分）

（1）塑料模按模塑方法分类，可以分为注塑模、_____、_____、_____、_____、_____、_____、_____、_____。

（2）分开模具能取出塑件的面称为_____。以分型面为界，模具分成两部分，即_____与_____部分。

（3）分型面设计的基本原则是_____、_____、_____、_____、_____。

（4）普通浇注系统都是由_____、_____、_____及_____组成。

（5）常见注塑模四大浇口形式有_____、_____、_____、_____。

（6）塑料在注射时，型腔内_____要及时排出，在塑料凝固和推出过程中_____要及时进入，避免产生真空。

（7）排气是塑料_____的需要，引气是塑件_____的需要。常见的引气形式有模具零件之间_____引气和_____引气两种。

2. 选择题（每小题 1 分，共 15 分）

（1）点浇口的作用（ ）。

A. 提高注射压力　　　　　　　　　B. 防止型腔中熔体倒流

C. 有利于塑件与浇口凝料的分离　　D. 以上全是

(2)（　　）截面分流道制造容易，热量和压力损失小，流动阻力不大。

A. 圆形　　　　　B. 矩形　　　　　C. 梯形　　　　　D. 半圆形

(3) 原本不平衡的型腔布置，通过改变（　　）尺寸，使塑料能同时充满各型腔。

A. 主流道　　　　B. 分流道和浇口　　C. 冷料穴　　　　D. 型腔

(4) 双分型面注塑模采用的点浇口直径应为（　　）mm。

A. 0.1～0.5　　　B. 0.5～1.5　　　C. 1.5～2.0　　　D. 2.0～3.0

(5) 塑料件表面不允许有浇口疤痕时，应选用（　　）形式。

A. 侧浇口　　　　B. 直接浇口　　　C. 潜伏式浇口　　D. 点浇口

(6) 塑件分型面应该选在（　　）。

A. 塑件外观上最大的那个平面　　　　B. 塑件外形最大轮廓处

C. 塑件外形最小轮廓处　　　　　　　D. 任意位置均可

(7) 一般情况下，塑件开模时，应该尽可能留在（　　）。

A. 定模上　　　　B. 动、定模均可　　C. 动模上　　　　D. 以上都不对

(8) 大多数模具不另设排气槽的原因是（　　）。

A. 气体对塑件成型和推出影响不大　　B. 模腔内无气体

C. 气体可从模具零件之间的间隙排走　D. 以上都不对

(9) 单分型面注塑模结构的主要特点是（　　）。

A. 一个分型面　　B. 一个型腔　　　C. 多个分型面　　D. 多个型腔

(10) 下面哪个顺序符合单分型面注塑模的动作过程？（　　）

A. 模具锁紧—注射—开模—拉出浇口凝料—推出塑件和凝料

B. 注射—模具锁紧—拉出浇口凝料—推出塑件和凝料—开模

C. 模具锁紧—注射—开模—推出塑件和凝料—拉出浇口凝料

D. 开模—注射—模具锁紧—拉出浇口凝料—推出塑件和凝料

(11) 模具需要冷却的原因是（　　）。

A. 缩短冷凝固化时间，防止树脂分解　　B. 缩短冷凝固化时间和物料塑化时间

C. 降低塑件内应力　　　　　　　　　　D. 减少塑件推出力

(12) 塑料模具常用的冷却介质为（　　）。

A. 机油　　　　　B. 煤油　　　　　C. 水　　　　　　D. 酒精

(13) 冷却水孔有串联和并联两种，冷却效果好的是（　　）。

A. 串联　　　　　　　　　　　　　　B. 并联

C. 串联和并联同时使用　　　　　　　D. 以上都不正确

(14) 下列说法错误的是（　　）。

A. 冷却水应从浇口附近进入　　　　　B. 冷却水从模具低温处进入

C. 冷却水应从高温处进入　　　　　　D. 厚壁处应加设冷却水道

(15) 当密封槽呈不规则形状时，应采用（　　）。

A. O 形密封圈　　B. Y 形密封圈　　C. 不用密封圈　　D. 密封条

3. 判断题（每小题 1 分，共 15 分）

(1) 分型面应选在塑件外形最小轮廓处，且不能选在塑料制件的光滑表面和外观面。（　　）

(2) 选择分型面时，最好把有同轴度要求的部分放置在模具的同一侧型腔内。（　　）

(3) 为了减少分流道对熔体的阻力，分流道表面必须抛得很光。（　　）

(4) 浇口的作用是防止熔体倒流，便于凝料与塑件分离。（　　）

(5) 浇口一般应取最大值，试模时逐步修正。（　　）

(6) 点浇口对于注射流动性差及热敏料、平板易变形、形状复杂的塑件是很有利的。（　　）

(7) 潜伏式浇口是点浇口变化而来的，常设在塑件侧面的隐蔽处而不影响塑件外观。（　　）

(8) 浇口的截面尺寸越小越好。（　　　）

(9) 浇口的位置应是熔体的流程最短，流向变化最少。（　　　）

(10) 浇口的数量越多越好，因为这样可使熔体很快充满型腔。（　　　）

(11) 如果注射过程中不能将气体顺利排出，其后果是产生注不满，出现气泡、熔接不良、局部烧焦炭化等缺陷。（　　　）

(12) 为了提高生产率，模具冷却水的流速要高，且呈湍流状态，因此，入水口处水的温度越低越好。（　　　）

(13) 冷却回路应有利于减小冷却水进、出口水温的差值。（　　　）

(14) 模具的温度调节，就是考虑如何冷却模具。（　　　）

(15) 模具温度稳定，塑件收缩稳定，尺寸稳定，变形小。（　　　）

4. 简答题（每小题 4 分，共 40 分）

(1) 注塑模按模具各部分功能结构划分有哪几部分？

(2) 注塑模有什么特点？

(3) 什么叫分型面？它和塑件上的分型有什么关系？

(4) 分型面有哪些基本形式？选择分型面的基本原则是什么？

(5) 简述普通浇注系统的分类和基本组成。

(6) 分流道常用的截面形式有哪些？

(7) 侧浇口、点浇口及潜伏式浇口各有什么优缺点？什么情况下用点浇口？

(8) 简述困气对注射周期和成型质量的影响，什么情况下必须增加进气机构？

(9) 冷却水道为什么要避开塑件熔接缝和镶件拼接缝？

(10) 冷却水密封设计应注意哪些问题？

本章测试题二（总分 100 分，时间 150 分钟）

1. 填空题（每空 1 分，共 30 分）

(1) 对于小型的塑件常采用嵌入式多型腔组合凹模，各单个凹模通常采用_____或等_____方法制成，然后整体嵌入模板中。

(2) 当塑料较大、精度要求高、深型腔、薄壁及非对称塑件时，会产生较大的侧压力，不仅用_____和_____导向，还需增设_____导向和定位。

(3) 对_____、_____、_____以及不允许有推杆痕迹的塑件，可采用推件板推出机构。

(4) 设计注塑模时，要求塑件留在动模上，但由于塑件结构形状的关系，塑件留在定模或留在动、定模上均有可能时，就须设_____机构。

(5) 设计注塑模的推出机构时，推杆要尽量短，一般应将塑件推至高于_____mm 左右。注射成型时，推杆端端面一般高出所在_____或_____0.05～0.1mm。

(6) 当推杆较细和推杆数量较多时，为了防止在推出过程中_____而折断的现象，应当在推出机构中设置_____装置。

(7) 塑料成型模冷却回路排列方式应根据塑件形状和塑料特性及对模具温度的要求而定。对收缩率大的塑料，应沿_____设置冷却回路；用中心浇口注射成型四方形塑件，采用_____、_____的螺旋式回路。冷却通道应避免靠近可能产生_____的部位。

(8) 模具冷却水道与型腔壁的距离通常取_____，太近时，型腔壁温度_____；太远时，冷却效果_____。

(9) 塑料模具的温度直接影响到熔体的充填和_____、塑件的_____和_____。在整个成型周期中，冷却时间占_____左右。

(10) 冷却水孔要避开塑料的_____部位，以免熔接不牢，降低塑件_____，影响外观质量_____。

(11) 水井隔片式冷却水孔，就是在水孔中间插入_____，冷却效果_____，但深度和直径要适当。

2. 选择题（每小题 1 分，共 10 分）

(1) 装有导套的模板周围比分型面低 2～3mm，其作用是（　　）。

A. 方便导套正确安装　　　　　　　　B. 使分型面很好的接触

C. 为了加工方便　　　　　　　　　　D. 提高模板强度

(2) 下面所述不是限位钉作用的是（　　）。

A. 减少推板与动模座板之间的接触面积　　B. 避免复位系统复位不良

C. 支起的空间可以储存脏物　　　　　　　D. 限制推出距离

(3) 对推出系统复位弹簧叙述不正确的是（　　）。

A. 复位弹簧的作用使推出系统复位　　　　B. 复位弹簧有时为了满足自动化生产的需要

C. 用复位弹簧可以省略复位杆　　　　　　D. 用复位弹簧时不可以省略复位杆

(4) 简单推出机构中的推杆推出机构，不宜用于（　　）塑件的模具。

A. 柱形　　　　　　B. 管形　　　　　　C. 箱形　　　　　　D. 形状复杂而脱模阻力大

(5) 推管推出机构对软质塑料如聚乙烯、软聚氯乙烯等不宜用单一的推管脱模，特别是对薄壁深筒形塑件，需用（　　）推出机构。

A. 推板　　　　　　B. 顺序　　　　　　C. 联合　　　　　　D. 二级

(6) 大型深腔容器，特别是软质塑料成型时，用推件板推出，应设（　　）装置。

A. 先复位　　　　　B. 引气　　　　　　C. 排气　　　　　　D. 二级推出机构

(7) 对于深腔壳类零件，可与大气连通的引气装置的作用是（　　）。

A. 降低脱模阻力　　B. 气压顶出　　　　C. 降低注射压力　　D. 降低塑料温度

(8) 壳类塑件用推杆在塑件内侧边缘推出时，必须离开塑件内壁一段距离，其原因是（　　）。

A. 增加型芯的强度　　　　　　　　　　B. 防止推杆孔破坏塑件内部形状

C. 保证塑件质量　　　　　　　　　　　D. 减小推出力

(9) 用推管顶出塑件时，必须（　　）。

A. 推管外径小于塑件外径，推管内径大于塑件内径

B. 推管外径大于塑件外径，推管内径等于塑件内径

C. 推管外径小于塑件外径，推管内径小于塑件内径

D. 推管外径大于塑件外径，推管内径大于塑件内径

(10) 推板复位后，推板与动模座板之间必须留 3～10mm 空隙，其原因是（　　）。

A. 留出适当的顶出调节距离，防止脏物进入，导致合模时损坏模具

B. 便于模具制造

C. 便于模具维修

D. 使模具结构紧凑

3. 判断题（每小题 1 分，共 15 分）

(1) 塑件留在动模上可以使模具的推出机构简单，故应尽量使塑件留在动模上。（　　）

(2) 脱模斜度小、脱模阻力大的管形和箱形塑件，应尽量选用推杆推出。（　　）

(3) 为了确保塑件质量与顺利脱模，推杆数量应尽量地多。（　　）

(4) 推件板推出时，推板与塑件接触的部位需要有一定的硬度和表面粗糙度要求，为防止推件板整体淬火引起变形，常用镶嵌的组合结构。（　　）

(5) 通常推出元件为推杆、推管、推块时，需增设先复位机构。（　　）

(6) 推出力作用点应尽可能安排在制品脱模阻力大的位置。（　　）

（7）所有推出机构都需要复位装置。（　　）

（8）塑件顶白是由于冷却时间短。（　　）

（9）注塑模的合模导向装置主要是导柱导套导向和定位销定位。（　　）

（10）合模导向的导柱高度必须高于在同侧的凸模型芯的高度。（　　）

（11）导柱能够承受的侧向压力比锥面大。（　　）

（12）注塑模上的定位圈与注塑机固定模板上的定位孔成过盈配合。（　　）

（13）在进行型腔刚度和强度计算时，模具侧壁厚度和底板厚度尺寸取两者的最大值。（　　）

（14）塑料模的垫块是用来调节模具高度及塑件推出距离，以适应成型设备上模具安装空间对模具总高度的要求。（　　）

（15）支撑柱的作用是防止注塑压力将动模板压弯变形，但不是所有模具都必须设置支撑柱。（　　）

4. 简答题（每小题5分，共45分）

（1）简述脱模机构的组成和分类。

（2）影响脱模的因素有哪些？简述脱模机构的设计原则。

（3）什么情况下必须用推管推出？推管与型芯、模板的配合精度如何？

（4）推件板推出机构的特点和应用、设计要点有哪些？

（5）是否所有的零件都适合气动推出？有孔的筒形件采取什么措施才能用气动推出？

（6）强行脱模的条件有哪些？

（7）塑件顶白的原因是什么？

（8）简述注塑模导向定位系统的作用和分类。

（9）指出四种基本型模架的特点和区别。

第四章

注塑成型工艺调整与生产管理

第一节　注塑成型前的准备与管理

生产塑件的五个完整工序是：预处理（塑料干燥或嵌件预热处理等）；注塑成型；机械加工（如需要）；修饰（去飞边、电镀、印刷、喷漆等），如图 4-1、图 4-2 所示；装配（如需要）。

以上五个工序应依次进行，不容颠倒。塑料注塑加工流程：

成型前的准备→加料→塑化→注塑入模→保压冷却→脱模→修整→后处理，如退火、时效、调湿等。

图 4-1　塑件表面喷漆

图 4-2　塑件表面镀铬

为保证塑件质量和生产顺利进行，成型前必须做好相关准备工作，如原料检查、塑料干燥、嵌件预热、原料着色、料筒清洗、颜色转换、回料使用、脱模剂选用等。

1. 原料检查

多数塑料都是粒状或球状，每包 25kg 标准封袋，避免在运输储存中吸水或进入灰尘。

外观检查：色泽、粒度均匀、无污染，如图 4-3 所示。

2. 塑料干燥（焗料）

干燥是将原料中的水分含量降低到一定百分比以下。塑料水分含量过高会导致塑件表面银丝、斑纹、气泡（内部或外表）、剥层、脱皮、发脆等缺陷，甚至引起塑化过程中降解。

干燥设备有常压热风干燥机、除湿干燥机，图 4-4 所示为注塑机料斗热风干燥机。

并非所有原料都需干燥，视塑件技术要求程度、原材料品种、气温状况而定。

图 4-3 塑料颗粒

图 4-4 注塑机料斗热风干燥机

要有明确的干燥工艺文件、操作规程；注塑使用前有其水分的检测控制；烘料设备有状态标识，且设备完好；对出入原材料的记录清晰、明确，且按规定执行，不会混淆；烘好后原料使用周转过程中防潮情况（周转包装及临时存放厂地的条件），烘料设备上的温控仪表、真空度仪表等进行了计量、检定，有检定标识并且处于有效使用期。

干燥时间与原材料本身湿度大小、干燥时料厚及干燥温度、干燥方式不同，可适当延长或缩短时间，关键是要控制干燥后原料的含湿量。有些品种塑料还不能长时间在热空气中干燥，否则会产生氧化降解、变色，严重影响塑件质量。

注塑前需要干燥的塑料有 PA、PC、POM、ABS、AS、PMMA、MPPO、PET、PES、PVA、PEAK。常见几种塑料的干燥条件如表 4-1 所示。

■ 表 4-1　常见几种塑料的干燥条件

塑料名称	干燥温度 /℃	干燥时间/h	初期水分 /%	适合水分 /%	热风	除湿处理	退火
ABS	80～90	2～4		≤0.02	●	●	
AS	80～90	2～4		≤0.02	●	●	
PC	真空干燥箱110～120 普通烘箱110～120	2～4	≥0.2～0.4	≤0.02	●	●	●
PMMA	80～90	2～3	≥0.2～0.4	≤0.07	●	●	
PA	80～100	4～6	≥0.5～2	≤0.1		●	
PSU	120～140	2～4	≥0.2～0.4	≤0.1	●		●
POM	80～90	3～4	≥0.2	≤0.02	●		
PPO	110～120	3～4	≥0.2	≤0.06	●		

续表

塑料名称	干燥温度/℃	干燥时间/h	初期水分/%	适合水分/%	热风	除湿处理	退火
PTFE（聚四氟乙烯）	120～140	1～2	≥0.2	≤0.02	●		
PET	130～150	3～4	≥0.2	≤0.02	●		
PBT	120～130	3～4	≥0.2～0.4	≤0.02	●		
MPPO	80～100	2～4	≥0.1	≤0.02			

注：●表示适用或需要。

3. 嵌件预热

（1）嵌件

所谓嵌件是指镶入塑件中的零件，不可拆卸，如图 4-5 所示。并非所有嵌件都需要进行预热。对于金属嵌件，在冬季一般都需要预热处理。

使用嵌件目的是增加塑件某些部位的强度、硬度、刚度、耐磨性或导电性、绝缘性，或提高精度、增加塑件形状和尺寸稳定性。

使用嵌件的缺点：模具结构复杂；由于要安放嵌件，成型周期长；嵌件通常用手安装，不易实现自动化。

嵌件在模具中定位必须可靠，避免在高压熔融塑料冲击下发生位移，同时还应避免塑料挤入嵌件的预留孔或螺纹槽中。

制作嵌件材料：金属、玻璃、木材、纤维、橡胶或塑件，其中金属嵌件应用最普遍。

（2）嵌件预热工序

嵌件预热工序有预热温度、嵌件预热时间（金属嵌件，应有最短时间）、预热摆放方式是否引起嵌件变形、预热工艺规定的时段或季节，如图 4-5 所示嵌件的应用。

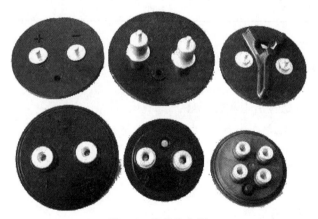

图 4-5　嵌件的应用

4. 原料着色

塑料着色通常使用色母、色粉及液体染料。由专业化工调配好，买来使用。塑件颜色以色尺指定编号为验收依据。

着色操作程序是按着色剂包装单位与塑料单位按比例混合，在混合机内搅拌均匀。

色母着色操作简单，方便，无污染，着色均匀，但成本较色粉高。质量和规格要求色母分解温度与塑料成型温度要匹配，色母粒度尺寸、密度与塑料接近。

色粉着色污染大，塑料干燥会损失部分色粉，影响质量，因此加入白矿油（20～50 号），目的是使色粉牢固地粘在塑料上。

5. 料筒清洗

在改变原料品种或调换颜色时，必须对料筒进行清洗，清洗后的料应做好标识，严禁误用！被清洗料为 PC 时不得用 ABS 或 PA；被清洗料为 POM 时不得用 PVC。

（1）直接换料法

新旧料成型温度接近，可直接换料，用新料（或回用料）清洗操作，直到符合要求为止。

（2）间接换料法

新旧料成型温度相差较大时，直接换料会使高温下塑料分解和低温下熔融不足。

采用措施是用 PS、PP、PE 成型温度范围较宽及热稳定性好的回用塑料作为间接料筒清洗用料，如表 4-2 所示。

■ 表 4-2　料筒清洗用料

料筒内塑料	清洗用料	备注
ABS	ABS	
PS	CA	
PE	HDPE	
PP	HDPE	
PVC	ABS/PS	
PA	PS/HDPE	
POM	PS	不能与 PVC、PP 接触
MPPO	PS	
PBT	PBT	

（3）料筒清洗参数设定

手动操作比自动操作省时省料，清洗效果好。手动操作参数设定如下。

① 加料转速采用中速或高速。

② 背压越大越好，螺杆后退越慢越好。

③ 射胶采用中速中压。

④ 射出终止 5～10mm。

⑤ 储料终止为止最大加料量。

⑥ 料筒温度按直接或间接换料法设定。

（4）手动操作料筒清洗步骤

① 完成参数设定及料温达到设定值。

② 合模后在模具进料口垫上隔板，防止喷嘴料流入模具流道内。

③ 操作射台前进，储料完成，对空注塑。

④ 不断重复，确认旧料被完全射出为止。

（5）料筒清洗注意事项

① 低温料转高温料，使用间接料的成型温度，将旧料清除干净，然后将温度升到新料温度，再用新料将间接料换出。

②　高温料转低温料，保留旧料成型温度，使用间接料将旧料清除干净，然后将温度降到新料温度，再用新料将间接料换出。

6. 颜色转换

颜色转换方式有四种，即无色转有色、浅色转深色、有色转无色、深色转浅色。

①　无色转有色或浅色转深色时不用清洗料筒，为节省时间和原料，只需空射几次即可。

②　有色转无色或深色转浅色时用同类型的回用料直接将旧料清洗到干净程度，再用透明或不配色的新料对空注塑，检查效果。

7. 回料使用

（1）禁止使用回料情况

以下几种情况禁止使用回料：透明性塑件，如灯罩、工艺品等；卫生性要求很高的塑件，如医用注射器；易分解性树脂，如 CA、PVC 等；颜色要求较高的塑料件，如刹车灯罩等；受力承载的结构件，如连杆、背门撑杆等。

（2）允许使用回料时应注意事项

回料比例应进行严格上限规定，并记录；新料与旧料必须混合均匀；回料在粉碎过程中，不能同其他品种回料混杂（如粉碎机必须清理干净）；回料的标签必须清晰明了（有品种及牌号）；材料本身易吸潮，对水敏感性较强，使用前必须干燥。

8. 脱模剂选用

脱模剂使模具表面光滑、洁净，降低了模具及塑件表面摩擦力，使塑件易于脱离模具，防止塑件粘在模具上，保证塑件表面质量和模具完好无损。

①　所选脱模剂品种不能对塑件造成浸蚀。

②　对塑件表面要喷油漆的零件，严禁使用脱模剂。

③　常用脱模剂。

a. 硬脂酸锌除了聚酰胺树脂，其他原料均可应用。

b. 液体石蜡（俗称白油）多用于聚酰胺类树脂，常用的有植物、动物、合成石蜡；微晶石蜡；聚乙烯蜡等。

c. 硅油类脱模剂的脱模效果好，但价格较贵。

常用的有硅氧烷化合物、硅油、硅树脂甲基支链硅油、甲基硅油、乳化甲基硅油、含氢甲基硅油、硅脂、硅树脂、硅橡胶、硅橡胶甲苯溶液。由于硅氧烷或硅氧烷聚合物合成物的润滑性是其他任何类型的脱模剂不能相比的，目前应用较多、操作较方便的是采用喷涂雾化剂型硅氧烷脱模剂。

第二节　注塑成型工艺

一、注塑成型原理

动模与定模闭合，油缸活塞推动螺杆或柱塞把熔融的塑料经喷嘴射入模具型腔中，该过程螺杆不转动。

当熔融塑料充满模具型腔后，螺杆仍保持一定的压力，以阻止塑料的倒流，同时补充因模具内塑件收缩所需的塑料，该过程称为保压。

保压一定时间后，螺杆转动，料斗落入料筒的塑料随着螺杆的转动向前输送，塑料在料筒中受加热器加热和螺杆摩擦剪切热的影响而生温至熔融状态。螺杆转动的同时逐步退回到预定位置,前端充满熔料为下一次注塑做好准备,该过程称为预塑。

当塑件完全冷却硬化后模具打开,顶出机构把塑件从模具中顶出,完成一个工作循环。

注塑机工作流程如图 4-6 所示,注塑成型原理与成型工艺过程概括如下:

料斗中塑料→落入料筒、加热→旋转螺杆、预塑→液压缸活塞加压、塑料通过喷嘴→射入模具型腔、保压、冷却→开模→取出塑件(完成一次循环)。

熔胶在模具内流动过程如图 4-7 所示。

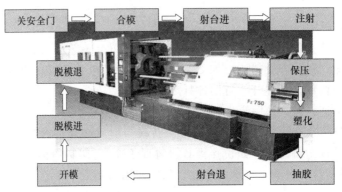

图 4-6　注塑机工作流程

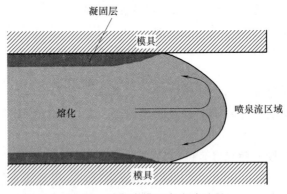

图 4-7　熔胶在模具内流动过程

二、注塑成型的工艺条件

塑料注塑成型要素有温度、压力、速度、时间及成型监控。

1. **温度**(料筒温度、喷嘴温度、模具温度)

① 料筒温度 T_t<塑料分解温度,注意控制料筒的最高温度和在料筒中的停留时间。

螺杆从进料口到螺杆头分为加料段、压缩段、计量段,每段对应的料筒温度由低到高分布,如图 4-8 所示。

② 喷嘴温度略低于料筒的最高温度,目的是防止熔料在喷嘴处产生流涎现象。

③ 模具温度是指模腔表面温度,它直接影响熔体充模流动能力、塑件的冷却速度、结晶程度、塑件质量。模温波动大,对塑件收缩率、变形、尺寸稳定性、机械强度、应力和表面质量都有影响。

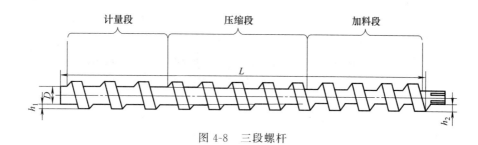

图 4-8 三段螺杆

较低模温，溶胶流动性变差，必然增加注塑压力，使塑件内应力增加，降低机械强度。较高模温，有助于提高溶胶充模流动性，但是，会导致塑件收缩率增大，延长冷却时间，降低生产效率。合适的模温，可保持额定注塑压力 80％以下，使塑件收缩率小、冷却均匀、应力能够充分松弛，避免凹陷缩痕或应力开裂。

非结晶类塑料（ABS、AS、PC、PS、PMMA 等），收缩率较小，使用略高的模温和较短的冷却时间；结晶类塑料（PP、PE、PVC、POM 等），收缩率大，使用较低的模温和较长的冷却时间。表 4-3 列出常用热塑性塑料的适当模温、料筒温度、注塑压力及成型收缩率。

根据模具型腔各部分形状不同，难走胶部位模温高点，前模温度略高于后模温度。在保证塑件质量与尺寸精度的前提下，使用偏低的模温，可缩短冷却定型时间，提高生产率。

■ 表 4-3 常用热塑性塑料的适当模温、料筒温度、注塑压力及成型收缩率

科别	适当模温/℃	料筒温度/℃	注塑压力/MPa	成型收缩率/%
ABS	50～70	190～260	50～150	0.4～0.8
AS	50～70	170～290	70～150	0.2～0.6
PS	40～60	160～290	50～100	0.2～0.6
PMMA	60～80	180～260	0～150	0.2～0.8
LDPE	35～65	140～300	30～100	1.5～5
HDPE	40～70	150～300	30～150	1.5～5
PP	20～80	180～300	40～150	0.8～2.5
软 PVC	50～70	150～190	60～150	1～5
硬 PVC	50～70	150～190	90～150	0.1～0.4
PC	80～120	260～320	100～150	0.6～0.8
POM	80～120	190～240	50～150	0.6～2
PA	20～90	220～285	50～140	0.6～2
PET	50～150	290～315	70～140	1～2
PBT	60～70	230～270	30～120	0.5～2

④ 冷却配置选择：各部位设定温度后，要求模温波动小，因此常用系统循环水、模具恒温机、冷水机、热水机、热油机等辅助设备调节模温。模具温度控制范围如图 4-9 所示。

模具通常用水作为冷却介质，用油、气做冷却介质的较少使用。用冷却介质温度与流量来控制模温，也有靠熔体注入模具自然升温与自然散热达到平衡而保持一定的模温。

a. 水冷系统：绝大多数模具采用循环水冷却，可满足一般塑件的质量要求，如图 4-10 所示。

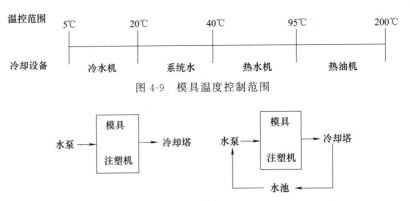

图 4-9 模具温度控制范围

图 4-10 模具采用循环水冷却形式

b. 模具水道连接：对于二组以上的模具水道，其连接均采用并接方式，其优点是排除各水道大小不一而相互影响各自的水流，降低冷却效果。若图方便将多组模具水道串接，会造成一组堵塞或不顺畅而影响其他正常水道的情况，如图 4-11 所示。

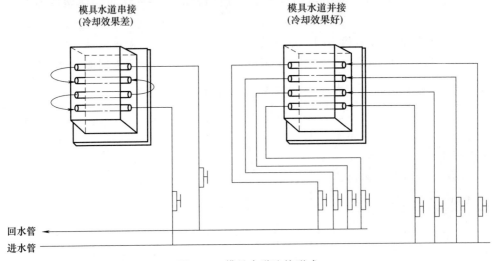

图 4-11 模具水道连接形式

采用循环水冷却时，水的洁净度较差。因硬水的物理特性，模具使用时间越长，水道内产生的水垢越多，堵塞机会越大。因此，生产前及生产过程中要勤于检查水道的畅通性，一般采用放水检查或检查水流量调节阀等方法。

使用循环水冷却时，模温不易控制，只能调整适宜的冷却时间来达到热交换平衡，因此，模温的高低受注塑周期不稳定性的影响，不适宜生产高精度塑件。

c. 工业冷水机：冷水机的工作原理是将水降温 5～6℃，水泵将冷水输入模具的水道内，将模腔内热量带走，升温的水又回到制冷机的制冷器内，再进行冷却降温，水温控制在设定的温度，不断进行模外循环冷却，如图 4-12 所示。

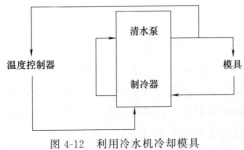

图 4-12 利用冷水机冷却模具

应用冷水机注意事项：

• 水温设定过低、环境温度影响、生产周期不稳定、停机时间长，冷水会使模具内外形成水珠或水雾，塑件外表面易出现水痕。

• 模具极易生锈，影响模具使用性。

• 在生产过程、中途停机、完全停产等各过程，应做好去水、解冻、防锈措施。生产阶段模具出现凝露，立即用棉花或软毛巾抹干。

• 停机前逐渐提高制冷机设定温度，或彻底关闭冷却用水，继续使模具受热，让模具温度回升到环境温度以上方可停机。

• 按常规进行防锈处理。

d. 热水机或热油机：热水机或热油机的工作原理是将水或油通过加热系统加热到设定温度，用泵输入模具水道内，使模具温度控制在设定温度，流经模具的水或油又返回模温机的制热器内，周而复始地采用外循环自动控制模温，如图 4-13 所示。

图 4-13　热水机或热油机控制模具温度

准确的模温控制，保证塑件冷却速率均匀一致、制件密度高、尺寸稳定、表面光洁、透明度高、避免产生缩水、变形，减少夹口纹、水波纹、应力开裂、翘曲、泛白、剥层等缺陷。

注意事项：

• 热水机（热油机）水泵运行由液位检测装置控制，确保有充足的液位。

• 连接模具的接头（喉管）应使用耐热材料，如铁氟龙管，以防爆管伤人。

• 接好供水管道和模具运水管道后再合上电源。

• 设定好控制温度并持续一段时间，观看温度表是否升温，指示灯是否显示正常状态。

2. 压力

注塑成型工艺过程中的压力包括塑化压力和注塑压力。

（1）塑化压力

塑化压力又称背压，是指螺杆式注塑机在预塑物料时，螺杆前端塑化室内的熔体对螺杆所产生的压力推动螺杆后退。为了阻止螺杆后退过快，确保熔料均匀压实，需要给螺杆提供一个反向压力。该压力的大小可通过注塑机液压系统中的溢流阀来调整注塑油缸泄油的速度，使油缸保持一定的压力，如图 4-14 所示。全电动机的螺杆后移速度是由 AC 伺服阀控制。

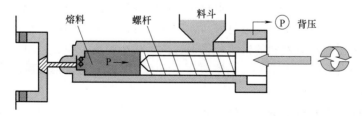

图 4-14　塑化压力

1）背压的作用

① 能将料筒（炮筒）内的熔料压实，增加熔料密度，提高射胶量、塑件重量和尺寸稳

定性。

② 溶胶更均匀，色剂及填充物分散更加均匀。

③ 可将熔料内的气体"挤出"，减少塑件表面的气花、内部气泡，提高表面光泽均匀性。

背压太低时，易出现如下问题。

① 螺杆后退过快，流入炮筒前端的熔料密度小，夹入空气多。

② 塑化质量差，射胶量不稳定，塑件重量及尺寸变化大。

③ 塑件表面出现缩水、气花、冷料纹、光泽不均等缺陷。

④ 塑件内部易出现气泡，周边及骨位易走不满胶。

⑤ 进料时间延长，因旋转剪切力的提高，易使塑料产生过热。

背压过高时，易出现如下问题。

① 炮筒前端的熔料压力太高、料温高、黏度下降，熔料在螺杆槽中的逆流和料筒与螺杆间隙的漏料量增大，降低塑化效率。

② 对于热稳定性差的塑料（PVC、POM）或着色剂，因熔料温度升高且在炮筒中受热时间长而造成热分解，或着色剂变色程度增大，塑件表面颜色/光泽变差。

③ 背压高，熔料压力高，喷嘴易发生流涎现象，主流道内的冷料会堵塞水口或塑件出现冷料斑。

④ 在注塑过程中，会因背压过大，喷嘴出现漏胶，浪费原料，也会导致射嘴附近发热圈烧坏。

⑤ 预塑机构和螺杆、料筒磨损增大。

2）背压的设定

设定塑化压力大小应根据塑料品种、干燥程度、塑件结构、质量状况而定。背压一般调校在 3～15MPa。

当塑件表面有少许气花、混色、缩水及塑件尺寸、重量变化大时，可适当增加背压；当射嘴出现漏胶、流涎、熔料过热，分解、塑件变色及回料太慢时，可适当降低背压。

3）松退

松退类型有前松退和后松退。前松退是保压结束后，螺杆旋转储料开始前使螺杆适当抽退，可以使模具内的前端熔体压力降低（减小塑件应力），较少使用。后松退（常用参数）是螺杆旋转进料结束后，使螺杆适当抽退，降低螺杆前端溶胶压力，可防止射嘴滴料（流涎）及料头的抽丝。缺点是会使主流道粘模，太多的松退会使料筒吸进空气，使塑件发生气痕。一般松退距离为 2～5mm。

松退对工艺及塑件质量的影响：松退过小，喷嘴及模具进料口易出现流涎，料头抽丝严重，造成下次射胶时冷料堵塞主流道进料口，塑件出现冷料痕，但螺杆抽退时不会吸入大量空气，不会使塑件表面形成网状的银纹。松退过大，减小喷嘴及模具进料口出现流涎及料头抽丝，但螺杆抽退时会吸入大量空气，使塑件表面尤其是浇口附近形成网状的银纹。

4）背压与松退的调整关系

在增加背压时，观察射嘴是否有流涎或料头抽丝严重，若有就要适当增加松退位置，但要防止塑件浇口附近表面出现银纹。在增加松退位置时，观察塑件浇口附近表面是否出现银纹，若有就要适当增加背压，但要防止流涎或料头抽丝。因此，背压与松退大小的调整成正比关系。

（2）注塑压力

注塑压力是指柱塞或螺杆头部轴向移动时其头部对塑料熔体所施加的压力，一般为 40～150MPa。注塑压力取决于注塑机的类型、塑料品种、模具浇注系统结构、尺寸与表面粗糙度、模具温度、塑件壁厚、流程长短等因素。

当流经模腔形状复杂，胶位薄，阻力就大，需要较大的注塑压力；当流经位置形状简单，胶位厚，阻力就小，可设置较小的注塑压力。大胶件采用中压，小胶件采用低压。保压压力小于注塑压力，保压采用逐步下降，避免塑件内应力残留过高，造成塑件变形。

（3）锁模低压（低压保护）

锁模低压是注塑机对模具的保护装置，从模具保护位置到前后模面贴合的一瞬间，此时锁模机构推动模具后模的力是比较小的。合模过程中，遇到一个高于推动力的阻力时，模具会自动打开，停止合模动作，保证模具内有异物时，不能合模起到保护模具的作用。

低压压力一般设定为 0，若有行位的模具取值 5MPa。

（4）锁模高压（锁模压力）

合模至前后模面贴合后，锁模力自动由低压转为高压，保证前后模面贴合有一定的压力，锁模压力太高时会压坏模面。锁模压力一般取 80～100MPa。

锁模状态转换是高速—低压低速—高压锁紧。

（5）开模高压

锁模机构由高压锁模状态开模，模面分开时采用高压慢速，模板不同，设定时有所差异。

（6）顶针压力

注塑机顶出油缸施加于模具顶出板后面的顶出力，大小为能顺利顶出塑件即可。

（7）溶胶压力

溶胶马达提供给注塑机螺杆的旋转力，大小为塑料温度达到熔融状态时克服与塑料产生的摩擦阻力，顺畅旋转为宜。

3. 速度

速度参数有射胶速度、螺杆转速、开模速度、锁模速度及顶针速度。

速度参数中最重要的是射胶速度，螺杆推动熔融塑料移动的速度，受射胶压力、模腔阻力、塑料本身流动性等因素影响。射胶压力大于溶胶黏度和型腔阻力时，设置射胶速度才能充分发挥，根据螺杆位置的各个分段，设置不同的射胶速度。

射胶一段，溶胶流经水口到塑件，需要低速中压。

射胶二段，溶胶充满型腔，需要高速高压。

射胶三段，溶胶填充塑件周边，需要中速低压，射胶速度随着模腔的填满，阻力增大而慢慢降低，直至为零。

大部分塑件都可以采用从低速、高速至中速的充模过程，从而达到塑件表面和内在质量。

4. 时间（成型周期）

完成一次注塑成型过程所需的时间称为成型周期。

$$成型周期＝注塑时间（充模、保压）＋冷却时间＋其他时间$$

（开模、喷脱模剂、安放嵌件、合模、脱模、取出塑件）

（1）充模时间

充模时间是指注塑机螺杆向前移动并推动塑料前进所用时间。在整个成型周期中，充模时间和冷却时间最重要，对塑件的质量和生产效率有着决定性影响。

充模时间通常为2～5，保压时间通常为20～25s。冷却时间通常为30～120s，过长不仅延长生产周期，降低生产效率，塑件温度过低，对复杂塑件造成脱模困难。

（2）保压时间

保压时间的长短与料温、壁厚、浇口大小有关。料温越高、壁厚越厚、浇口越大，保压时间就越长，反之保压时间就越短。过长的保压时间毫无意义，反而会延长注塑周期，容易将浇口及流道上的冷料挤进型腔内，造成塑件冷料斑。

保压的切换点或时间通常设定在塑件成型至95％～98％位置上，余下2％～5％的料被保压压力所补充。只有设定准确的保压切换点，才能保证塑件重量和减少内应力，提高成型精度。

过早转入保压（<95％），易产生欠注或缩痕。若转压太迟（>95％），熔料会被过度压缩，产生飞边和内应力，造成脱模困难，塑件质量差。

保压压力常采用充模压力最高值的50％～60％，来推动2％～5％的补充料。保压时间从偏短时间开始调整，每注塑一次增加一段保压时间，直到塑件质量达到要求为止。保压时间通常为5～25s。

（3）冷却时间

保压结束后，立即进入冷却时间。

① 冷却时间是塑件在模腔内得到脱模所希望的充分定型所需时间。塑件在模腔内定型是散热的过程，模具是热交换器，有多少熔料热量注入，就有多少热量随冷却介质带出，控制适宜的冷却时间和冷却介质流量，达到热平衡和恒定的模具温度。

② 冷却时间长短取决于塑件厚度、材料比热容、结晶程度、模具温度、出模时的硬化程度。结晶型塑料冷却时间长，非结晶型塑料冷却时间短。冷却时间过长，降低生产效率，脱模困难。其原则是保证塑件脱模顶出时不变形、不顶白的最短冷却时间。

（4）成型周期

缩短注塑成型周期，提高生产效率，保证塑件质量是所有企业希望的。标准注塑周期是以一次合模开始至下一次合模为止的动作时间。

1）全自动操作注塑周期

全自动操作注塑周期的特点是没有人为因素影响，各环节能够准确地重复，效率与质量得以保证和提高，如图4-15所示。

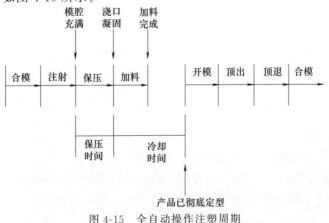

图4-15 全自动操作注塑周期

2）半自动操作注塑周期

半自动操作注塑周期由机器和人工操作时间组成，受人为因素影响。注塑各环节，机械重复和时间循环越精确，成型质量就越稳定，如图 4-16 所示。严格控制人工操作时间是必要的，要求人员站立操作，左手开关门，右手取件，确保动作协调、流畅。

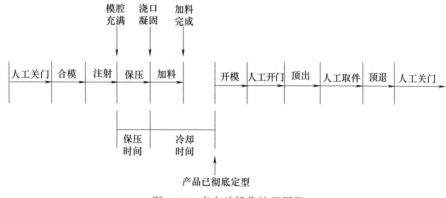

图 4-16　半自动操作注塑周期

3）注塑周期时间比较

相同生产条件，全自动操作比半自动操作可节省时间约 15％，且质量与产量都有大幅度提高，因此，有条件的尽量采用全自动操作模式，如图 4-17 所示。

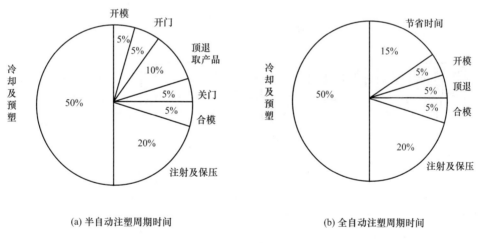

(a) 半自动注塑周期时间　　　　　　　　(b) 全自动注塑周期时间

图 4-17　注塑周期时间比较

5. 成型监控

注塑过程中，每一模的成型参数都有差异，差异越小，质量越稳定。因此，设定一个限值，超出这个限值的塑件会报警，或使用联动剔除装置。例如，德马格海天 DH100-430 精密注塑机成型参数监视画面如表 4-4 所示。监视数：1000；倒计数：1000。

■ 表 4-4　成型参数监视画面

项目	实际值	低	高	允许误差/%	实际误差		外放数
循环时间/s	15	14	16	50	1	1	
射出时间/s	2	1.8	2.2	5	0	0	

项目	实际值	低	高	允许误差/%	实际误差		外放数
加料时间/s	2	1.8	2.2	50	1	1	
加料停止/mm	48	47	50	50	0	0	
射出残量/mm	10	7	13	50	2	1	
料筒温度/℃	280	270	290	10	0	0	

第三节　模具装设工艺与管理

一、装模前准备工作

确认模具是否与注塑机型号规格相符，如图 4-18 所示的注塑机装模尺寸。

① 用卷尺测量模具长、宽、厚安装尺寸，模具定位环、注塑机定位孔尺寸，判断模具是否可以安装，如图 4-19 所示。

② 测量模具进料口深度和孔径，避免损坏喷嘴电加热器，模具与射嘴能严密接触，避免溢料。

③ 测量模具顶杆位置及尺寸距离、孔径和表面深度，判断与机板规格是否相符。

④ 确认塑件质量×1.2%≤注塑机最大注塑量。

⑤ 准备好装模螺钉、介子（垫圈）、模夹、吊环、钢丝绳等用具。

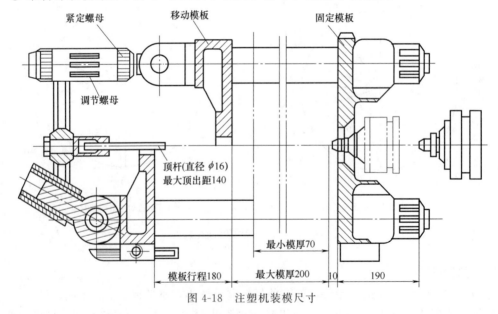

图 4-18　注塑机装模尺寸

二、注塑机顶杆安装

出于安全考虑，在机板内手工操作，必须关闭液压泵电机以防止意外发生。

① 手动操作顶针前进按钮使顶杆安装板顶出，关闭液压泵电机。

② 确定顶杆数目和安装位置，采用对称安装方法。如使用一杆、二杆、四杆等对称设置，如图 4-20 所示的注塑机某型号动模安装板尺寸。

③ 装入顶杆，调节长度，多杆时保证伸出长度一致。有的顶杆只连接油缸顶出板，不连接模具；有的顶杆把液压缸和模具推板连接在一起，此时，模具不需要复位弹簧，若有需拆除。

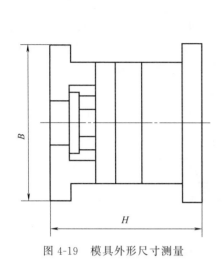

图 4-19　模具外形尺寸测量

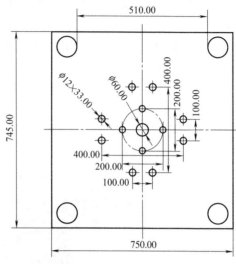

图 4-20　注塑机动模安装板尺寸

三、模具吊装与锁紧

（1）吊装准备

按下注塑机"模厚调整"按钮，将空机板合上，用卷尺测量动、定模板距离与模具厚度，再调整机板移动方向。调整到动、定模板之间距离略大于待装模具厚度（1～2mm 即可），移动机板打开，为吊装模具做好准备，如图 4-18 所示。

（2）模具吊装

模具吊装前需清理注塑机装模板平面及定模安装板定位孔、模具定位环上的污物、磕碰伤痕迹、毛刺等（配合间隙 0.2～0.4mm）。

① 吊装时必须注意安全，检查钢丝绳强度、吊环有无伤痕和裂纹，吊装锁具螺纹要旋转到位，绝不能偷懒只旋入几牙。装钩时，严禁一边挂钩、一边操作吊车，防止手指被夹在吊钩与钢丝绳之间而受伤。

② 动、定模均需安装吊环，如果小模具使用单只吊环起吊，必须使用锁模连接片连接动、定模，以防模具晃动造成动、定模分离。起吊模具时，要看清按钮方向以防按错按钮出现意外事故。

③ 操作者起吊模具时，严禁站在被吊模具下方操作，应与模具保持 1m 以上距离（水平方向）。安装模具下方水嘴时，除手掌部位外，身体任何部位不准位于模具坠落区域。起吊模具过程中，应通知过道中的人让开，严禁起吊的模具从有人或机器上方经过。

④ 模具起吊后检查是否水平，不得左、右或向前倾斜，可允许微小的后倾斜。起吊开始要慢慢吊起（不可快速突然起吊），高度离地要在 80mm 以下，待模具移到机器前，稳住晃动后才可升高移到模板中间，进入格林柱（导柱）之前必须有一人在机器定模板上方指挥稳住模具。严禁模具碰撞格林柱，导致格林柱被撞伤，损坏模板铜套。

⑤ 10t 以上的模具（包含 10t）必须使用 4 只吊环，使用两根钢丝绳双吊 4 只吊环，配

合使用的每只卸扣载荷量不得小于 10t。10t 以下的模具允许使用单根钢丝绳双吊环。

⑥ 注塑机装卸模具时，严禁模具在空中长时间（10min 以上）停留或起吊者离开现场。

⑦ 当吊车发生故障出现异常现象（如异响、焦味、被吊物品自动下滑、有按键松后还能短暂动作的）时应立即放下被吊物，停止使用该吊机，挂上"禁止使用"告示牌，通知班长报修。

⑧ 尽量将整副模具上机安装，模具从上方缓慢平稳地进入注塑机动、定模安装板。模具直立面尽量与注塑机模板平行，使定位环慢慢进入注塑机定位孔，模面与定模板安装面贴合，关上安全门，用手动或自动方式慢速闭合注塑机动模板，逐步压紧模具。

（3）锁紧模具

模具必须安装稳固，防止滑落而出现人身与设备安全事故，如图 4-21 所示。

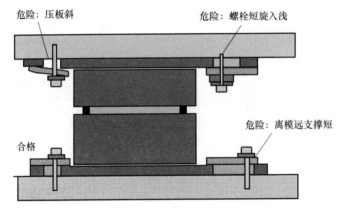

图 4-21　模具安装要求

① 模夹用量：一般动、定模都用 4 个模夹，大型模具每边可增加至 6 到 8 个。建议增加模夹数量而不是把螺钉拧得更紧，导致加重螺钉负荷，造成螺钉潜在断裂或拉长变形的危险。模夹位置尽量对称，受力均匀。使用压板和垫块时，螺钉尽量靠近模具，使大部分压紧力作用在模具上，而不是垫块上。

② 螺钉质量：一般螺钉材质是 45 钢（优质碳素结构钢），重要螺钉可采用 40Cr、38CrMoAl 等合金结构钢，经过热处理，硬度为 32～36HRC。防止螺钉滑牙、扭断、拉长。普通螺钉质量等级为 4.8 级，建议选用中等质量 8.8 级或高等级 12.8 级。

③ 螺钉拧入深度：拧入深度约等于螺钉直径的 1.5 倍以上，才能保证紧固质量。

④ 螺钉扭力：扭力过小，压不紧；扭力过大，使螺钉滑牙或拉长损坏螺钉，造成人身或设备事故。螺钉规格与扭力标准如表 4-5 所示。

■ 表 4-5　螺钉规格与扭力标准

注塑机锁模力/kN	螺钉规格	拧入机板深度/mm	扭力标准/kgf·m	加力套管长度/m
500～2200	M16	25～30	20～25	0.4
2800～5500	M20	30～35	35～45	0.7
6500	M24	40～45	60～80	1.2

注：1kgf·m=9.80665N·m。

四、模具配套部分检查与安装

（1）模具冷却水路连接

水路连接总体原则：每个水道以入口和出口为一组，进水口要低于出水口或平行流动。以并联方式连接，若多组水路串接在一起，其中一组水路不通或不顺畅，会使整个循环水路出现问题，严重降低模具的冷却效率，如图 4-11 所示。

（2）模具配套部分安装与检查

模具主体部分安装完毕，多次空循环运行，确认正常后可进行模具配套部分的装设。

① 电控线路检查与安装：热流道电控线，抽芯（行位）行程控制、顶杆退终控制、模板位置检测等，对电控线路进行连接和调试。

② 液压回路检查与安装：抽芯行程采用行程开关控制时，接通线路后调节行程，检查程序动作是否符合模具要求，防止抽芯与顶出、启闭模动作发生冲突，造成模具或设备损坏。

③ 气动装置检查与安装：气动顶出、进排气阀。接通气路后检查气压及顶出动作与其他装置有无冲突，是否漏气。

④ 水路连接：控制模具需要与各种冷却设备连接，如模温机、冷水机、循环冷却管等。

五、模具与设备空运转试车

① 闭合后各承压面或分型面之间不得有间隙。

② 活动抽芯、顶出及导向部位等运动平稳、灵活、间隙适当，动作互相协调可靠，定位及导向正确。

③ 锁紧零件可靠，紧固零件不得有松动。

④ 开模时顶出部分应保证顺利脱模，动、定模距离合适，以便取出塑件及流道废料。

⑤ 冷却水路通畅，不漏水，顶出和抽芯油缸灵活、同步，不漏油，运动平稳。

⑥ 电加热器无漏电、短路、断路现象，能及时达到模温。

⑦ 各气动、液压、电器控制机构动作正确，阀门使用正常，附件使用良好。

⑧ 空运转后检查模具有无碰伤、损坏现象。

第四节 关 模 设 置

从模具开完位置到高压锁模的整个关模（合模）过程，若都以一段速度或变化不大的速度进行，那么快速关模会使机器和模具不受保护，并造成冲击振动。若降低关模速度，虽然可以将快速产生的危害解决，但速度慢、用时长，生产效率又会很低，因此在关模的过程中，机器有多段的速度转换，既提高生产效率，又保护机器和模具。

一、关模设置步骤

通常以模开完位置为起点，分段向前设置压力、速度、位置参数。

遵循关模各段的位置切换顺序关系：开模结束位置→1 速切换位置→2 速切换位置→3 速切换位置→模具保护进入位置→高压锁模位置。例如某一三板模（双分面）的关模设置如图 4-22 所示。

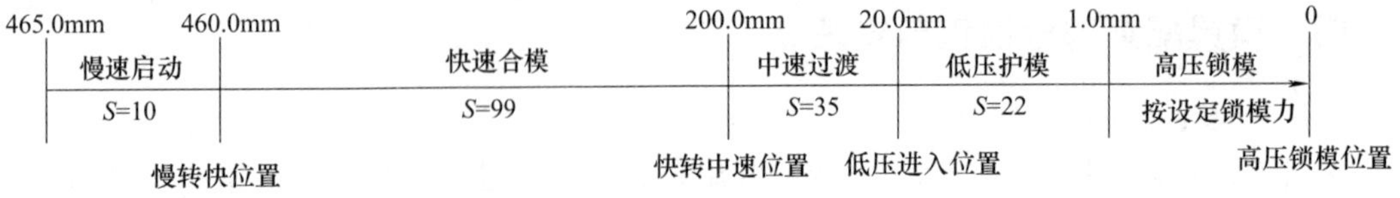

465.0mm	460.0mm		200.0mm	20.0mm	1.0mm	0
慢速启动	快速合模		中速过渡	低压护模	高压锁模	
S=10	S=99		S=35	S=22	按设定锁模力	
慢转快位置			快转中速位置	低压进入位置	高压锁模位置	

图 4-22 三板模关模设置

（1）慢速关模段

如图 4-22 所示，在关模起始段，为了避免机械保险杆与保险挡块的撞击，将初关模的压力和速度适当降低，防止因操作不当或正常保护时面临较大的关模撞击力而损坏机器或导致意外发生。

此段的设定距离可略大于保险杆撞头与挡块之间在开模终止时的调整距离，确保撞击可能落在一速的低压范围内。

关模与开模参数设置的步骤相同，移动光标到"闭模"参数设置栏的一速位置上，直接输入大于保险杆撞击距离的位置和低压低速参数，然后按一下确认键即可。

（2）快速合模段

如图 4-22 所示，快速合模段主要目的是提高生产效率，紧接在初段关模段的结束位置上，以快速将模具合到中间模板稍前的位置（碰撞 A 模板时不发生较大响声）或直接关到模具保护进入位置。

关模二速的参数设置：操作旋钮将动模板向前移动到模具分模面即将合上的位置停下，此时将画面上的"模具位置"所显示×××mm 用数字键在第二速位置输入，然后将光标移到压力和速度项输入快速合模的参数，最后按一下确认键即完成二速的参数设置。

（3）中速关模段

如图 4-22 所示，关模中速段主要运用在三板模（双分面）模具，从模面即将合拢位置到模具保护进入位置之间做降速动作，防止模具因快速运动而产生碰撞，发出较大的响声。

关模三段的参数设置：操作旋钮旋至"型闭"位置，向前移动模板到模具保护进入位置，关注画面上"模具位置"显示的数据，观察动模板和定模板余留下来的空间，在不至于被模腔停留物压伤模具的位置之前停下来。重复参数的设置方法，将关模三速的速度（35%）和压力（35%）输入，再将光标移到"模具保护"栏的输入位置，输入"模具位置"数据 20mm，按确认键完成三速参数设置。

（4）模具保护段

按一下 F6 键将画面转到"锁模系统"页，确认一下高压位置是否为零（在模具保护参数调整阶段，高压位置必须为零，以避免低压关模结束位置与高压锁模位置发生冲突）。

再将操作面板上的操作模式切换成"手动"模式，将画面转回至锁模页，操作旋钮将模具关上，此时检查"模具位置"显示是否已关到 1mm 位置。否则，通过调整满足以上要求，在"模具保护"栏调整速度和压力，调整时要逐渐增加或减小，每一次参数调整后都必须关模确认，务必使模具以恰当的压力关到 1mm 位置为止，此时模具保护段就表示调整和设置完毕。

（5）高压锁模段

如图 4-22 所示，关模最后一段为高压锁模段，通常高压位置的设定在模具保护段的关模终止位置上（如 1mm）叠加 0.1~1mm 即可激活高压锁模，这是为了防止模具的热胀冷缩而锁不上模（锁模是否正确，可观察锁模机铰能否被完全撑开）。因此，经验上的锁模叠加位置，应取其中间值 0.5mm。

模具保护设置说明：是为低压护模项设定检测参数，也是为高压锁模位置设定参数。

二、关模过程的图解

① 关模一段（A 位置）慢速，如图 4-23（a）所示，主要考虑机械保险杆碰撞可能，位置设定稍大于撞头与挡块之间的距离即可，配以较低的压力进行。

② 关模二段（B 位置）快速，如图 4-23（b）所示，因关模速度和移动行程与生产效率有关，采用尽可能快的关模速度到模具合拢前。如不发生碰撞声响，位置还可以向前调整。

③ 关模三段（C 位置）中速，如图 4-23（c）所示，关模高速与护模低速之间常用中速过渡。

④ 关模四段（D 位置）模具保护，如图 4-23（d）所示，由低压进入位置开始，以极低的压力和速度将模具关到 1mm 位置，保护模具，使可能碰撞的受损程度降到最低限度。

⑤ 关模五段（E 位置）高压锁模，如图 4-23（e）所示，在低压护模终止位置上，叠加 0.1～1mm 即可激活高压锁模，并按设定的锁模力将模具锁紧。

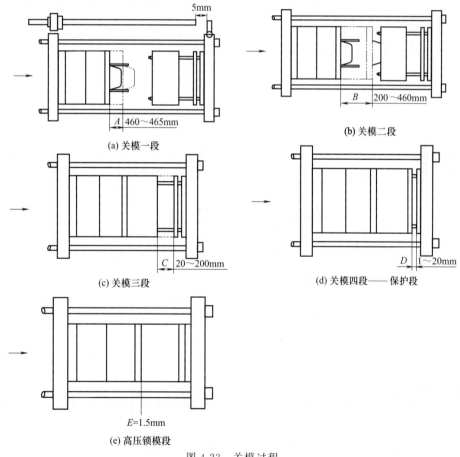

(a) 关模一段

(b) 关模二段

(c) 关模三段

(d) 关模四段——保护段

(e) 高压锁模段

图 4-23　关模过程

三、锁模力设置及调整

低压保护完成后，即进入高压锁模阶段。高压锁模是以巨大的机械推力将模具合紧，以抵挡注塑过程的高压注塑胀模力，避免模具发生胀开，减少飞边，使塑件得以完美成型。每一次的转模生产都必须将锁模力调整到最低而使塑件不产生飞边，这样不仅可以缩短高压锁模所需的时间，而且模具、注塑机拉杆、肘节及模板使用较低的锁模力而延长设备使用寿命。

机台的锁模能力（4×拉杆所能承受的最大能力）必须大于模具所需的锁模力，否则塑件将出现飞边或增厚，影响塑件质量。

（1）最佳锁模力计算

锁模常数与塑料流动系数及塑件的厚薄有关。流动性好、厚度大的塑件，选用较低的锁模常数，一般选用中间值，见表4-6。

锁模力计算公式：模具所需的锁模力≥塑件投影面积（mm^2）×锁模常数。例如：ABS塑件的假设投影面积为 $50×80=400$（mm^2），锁模常数为30MPa，设定的最佳锁模力约为 $400×30=1200$（kN）。

■ 表4-6 常用热塑性塑料锁模常数

塑料品种	PE	PP	PS	AS	ABS	POM	PC
锁模常数	10～15	15～20	15～20	30	30	35	40

（2）最佳锁模力调整

如果觉得计算麻烦或不方便，还有一种实用的锁模力最佳调整方法。例如，生产机台是1000kN锁模力的注塑机，调整方法如下。

① 初次设定锁模力在额定锁模力60％左右进入试注塑阶段。

② 若塑件出现飞边，逐次增加50 kN锁模力，增加到塑件没有飞边出现为止，就是最佳锁模力。

③ 若塑件没有飞边时，表示锁模力还有下调的空间，也依次降低50 kN锁模力，直到塑件刚好出现飞边为止，此时再增加50kN的锁模力，便得到最佳的锁模力。

第五节　开模设置

模具注塑、保压、冷却完毕，从锁模位置到开模完成的整个开模过程都以单段或变化不大的速度进行时，快速开模的结果会使模内塑件在开模时被撕裂，模板开完时快速的惯性作用，使注塑机受冲击而振动。若采用慢速的开模，快速开模的缺点解决了，但生产效率会大幅度降低。注塑机在开关模过程中都设计有多段的压力和速度转换。满足保护机器、模具和提高生产效率的需要。

根据模具的结构形式，即两板模（单分面）或三板模（双分面）在开模过程各个环节需要，确定相应的开模段数（可在系统页内自由设定）。

首先确定开模终止位置，即分模面操作空间。为提高生产效率，采用半自动生产时，模具分模面空间，以人手略够位置取出塑件或预埋嵌件为设定原则；采用全自动生产时的模具分模面空间，以塑件略够位置被顶落或够机械手取出为设定原则。

一、开模设置步骤

以锁模位置为起点，分段向后设置压力、速度、位置参数，并遵循开模各段的位置切换顺序关系：最大行程→开模结束位置→3速切换位置→2速切换位置→1速切换位置→开模开始段。

下面以图 4-24 所示的三板模（双分面）开模四段设置及动作为例进行介绍。

图 4-24 三板模开模四段设置及动作

（1）慢速开模段

如图 4-24 所示，开模前模具内部存在着巨大的内外压力（注塑压力、锁模压力、塑件与模具的摩擦力），慢速开模可使模具受压缓慢释放，恢复各个方向的弹性复位，让模腔及塑件的作用力位移有一个宽松的过渡期，防止塑件在压力瞬变中撕裂。因此，开模慢速的结束位置确定是以塑件刚好脱离模腔，完全释压的位置（为 10～20mm）。

（2）中速开模段

如图 4-24 所示，当使用三板模及开模位置较大时，设置中速最合适，当塑件慢速分离释压点后，此时还没有与 A 模板分离，不能即刻进入快速状态，否则模具声响较大，需在慢速结束至模腔分型面离开位置之间作速度渐变。

（3）快速开模段

如图 4-24 所示，在开模的整个过程，速度越快，所占的时间越短，行程越大，注塑周期越短，生产效率越高。通常快速段的起止设定在慢速或中速结束位置起至开模终止前的一段距离上。

（4）慢速停模段

如图 4-24 所示，在开模的最后阶段，即接近开模终止前设定减速位置，可降低因快速开模惯性作用造成的冲击振动。通常在开模终止位置之前调整进入位置和速度，以机体动作平稳为准则。

二、开模过程的图解

① 开模一段（A 位置）慢速，如图 4-25（a）所示。
② 开模二段（B 位置）中速，如图 4-25（b）所示。
③ 开模三段（C 位置）快速，如图 4-25（c）所示。
④ 开模四段（D 位置）慢速，如图 4-25（d）所示。
⑤ 开模完成（E 位置），如图 4-25（e）所示。

三、顶出设置

在锁模页画面上，将光标移到"脱模"参数设置栏，对顶出过程设置速度、压力、位置、时间和顶出动作模式。

（1）顶出压力和速度

为顶出和后退各段动作设置压力和速度，通常顶出使用二段的压力和速度，第一段从退终位置开始使用高压慢速，使塑件顶出到刚好脱离型芯为止；第二段转换成低压快速前进，将塑件刚好能够顶落或人手容易取出工件的位置为设定顶出终点。这样不仅可以使塑件出模时不发生顶白、顶痕或顶破，而且设定最短限度的顶出行程，对顶针及顶针板回位弹簧使用

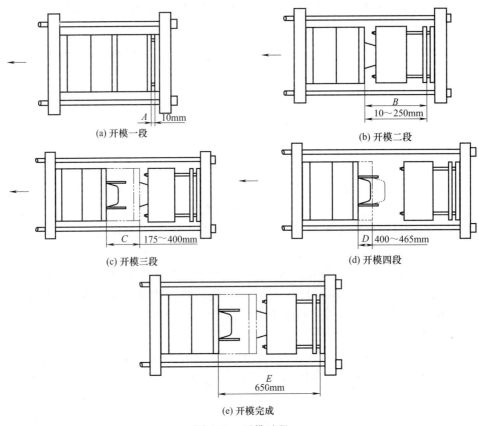

(a) 开模一段

(b) 开模二段

(c) 开模三段

(d) 开模四段

(e) 开模完成

图 4-25　开模过程

有利，同时可以节省顶退时间，提高生产效率。

（2）顶出动作模式

通常在顶出过程中，根据塑件的出模需要，可选择顶出中途停留、顶出次数及顶出振动三种动作模式。

① 中途停留（前进保持）：这是为了便于操作者或机械手顺利取出塑件而设置。选择条件"0"为不使用，表示不使用中途停留功能；若选择条件"1"为时间，表示以设定时间来控制中途停留。延时过后顶杆自动退回，设定时间的长短以可顺利取出塑件为宜；若选择条件"2"为安全门，表示安全门关闭前使用中途停留。中途停留通常在半自动生产时使用，不关上安全门，顶杆不会后退，在安全门打开之后再关上，当另一个循环开始之前再做顶退动作；选择条件"3"为外部输入，表示在外部信号输入前使用中途停留。

② 顶出次数：在额定的顶出次数（1～9 次）范围内，按实际需要设定，通常在全自动生产使用，它不需要开关安全门，即可完成顶出次数和连续执行下一个生产循环。

③ 顶出振动：在顶出行程范围内对多次的前进和后退所需的位置设定其行程，通常在顶进的前端做快速来回振动，以减少顶退行程、节省动作时间。

④ 顶出延时（延时前进）：在模具开完后，按实际需要选择顶出开始。

条件"0"为不使用：表示不需要顶出延时。

条件"1"为时间：表示以预设时间来控制顶出开始。

条件"2'为外部输入：表示以外部的信号，如机械手发出的"顶杆前进"等来控制顶出开始。

⑤ 举例说明顶出二段动作：在顶出画面所示的设置条件下，顶杆动作过程如下。

开模结束后顶杆前进到 22mm 随即后退回到 20mm，再前进到 95mm 位置保持停留，当取下塑件后，关上安全门，顶杆退后回到起始位置，如图 4-26 所示。

图 4-26 二段顶出动作说明图

四、抽芯（中子）设置工艺

带有侧抽芯装置的模具，需要在开模或关模的行程中，用液压缸将侧型芯插入模内以待充模，而在开模行程中将侧型芯抽出。一组抽芯只适配一组同时动作液压缸，在自动状态中，射胶与侧型芯液压缸是同时迫进的，目的是防止侧型芯因射胶受压而后退，所以，抽芯与铰牙不可混用。

铰牙是指塑件上有螺纹孔，需要旋转螺纹型芯完成脱模，使用液压马达旋转来配合做定位控制。

因抽芯不是标准配备，在选用组数上各种机器会有差别，在使用之前必须检查机器是否配有相关的油路及接口。

不同的模具抽芯装置必须要与注塑机设定的程序动作相匹配，避免与开模、关模、顶出动作、时间发生冲突。因此，要仔细核对模具抽芯动作序列与注塑机设定序列的对应关系，可用手动模式空模操作几遍确认，确保设定不会造成抽芯或模具的损坏。

1. 按模具需要选择中子控制模式

（1）确定中子模式

中子只有前进与后退两个动作时选用标准中子。中子内部若要产生螺纹，则选用铰牙模式。

（2）确定控制模式

标准中子的行程控制，可选择限位开关或时间控制；而对铰牙的控制，可使用计数控制或时间控制。

① 限位开关控制：使用限位开关控制中子的移动行程，随着限位开关被触发，可延续执行下一个生产循环。一旦中子行程不足，未能触发限位开关，开关模将会停止，起到有效的保护作用。

② 时间控制：中子的移动是依设定的时间完成其行程，假如中子动作超过设定时间，因不受限位开关控制，机器依然会继续循环工作，中子或模具将不受保护。所以，在控制选择上，限位开关控制比时间控制更安全和省时，选择时间控制时，若设定的时间越短，安全保障性就越低，万分之一的意外，都会导致中子或模具受损。相反，设定的时间越长，生产周期就会被延长，从而降低生产效率。

③ 铰牙控制：铰牙可使用计数控制或时间控制。

选择计数控制：在开模行程中到达动作位置，按照设定的铰牙次数来控制铰牙动作（使用计数控制，必须配合自动检测来感应旋转齿数）。

选择时间控制：按照设定的时间来完成铰牙动作。

2. 抽芯（中子）设置工艺

（1）模芯入、出时机（动作方式）选择

选择"0"为时机（动作方式）选择：可按显示屏画面显示的动作模式指示项目而自由选择模芯入、出的动作方式。

选择"1"为内置 A 模式：此模式为关模前入芯和开模完成后出芯。

选择"2"为内置 B 模式：此模式为关模完成后入芯和开模前出芯。

选择"3"为内置 C 模式：此模式为关模前入芯和开模中途模停动后出芯，出芯后继续开模。

入芯和出芯所选择的动作方式：

选择位置：表示在设定的位置开始入芯和出芯动作。

选择时间：表示以计时控制入芯和出芯动作及行程。

选择输入：表示以输入开关信号控制入芯和出芯动作及行程。

（2）模芯入和出的控制条件

选择"1"为限位开关：表示以开关信号来控制入芯和出芯动作的开始时机及行程是否正确完成。

选择"2"为时间：表示以设定的时间（0.1～99.9s）并在这个时间内必须完成入芯和出芯行程，否则时间过后，可能发生动作冲突而损坏模芯。在设置上可以为入芯和出芯动作分别选择"限位开关"和"时间"设置。

（3）执行手动操作检查模芯入和出的设置是否正确

当抽芯（中子）设置工艺全部完成后，必须在手动操作下执行中子动作，以确认设置是否正确，可反复检查几次，确保设定不会造成损害。

① 按下操作面板上的模芯入操作，则入芯动作开始，在入芯过程中，指示灯闪烁；按下模芯出操作，则出芯动作开始，在出芯过程中，指示灯闪烁。

② 若停止入芯和出芯操作，将模芯开关打到关位置，此时灯变常亮。根据所选择的限位开关或时间来控制出入芯的完成，当按下限位开关或时间超过时，即有信息"入芯完成"或"出芯完成"显示。

第六节 开关模调整工艺

前面讲述了开关模的参数设置，只是在调整模式下初步进行。当生产工艺设置全部完成后，必须进入手动状态执行开关模动作，以确认所设定的参数是否正确和机械动作是否处于最佳状态，从而将不合适的参数重新调整。

合模装置部分的机械运动，由系统压力和速度相配合推动，在参数设定上，通常着重于速度参数的调整。因速度决定着时间，而时间又决定着生产效率，因此开关模所需的压力（除高压锁模力外），能够恰当地配合速度，保证开关模顺利完成，一般选用偏小的开关模压力对减轻油路系统负荷有利。

在生产循环上，因模具的开合时间以及中间停留时间的各个阶段都与生产效率有关，这三个时段的设定不仅影响着全周期的生产时间，还影响到每班的生产数量。因此，对开关模过程的每一个动作环节，都要调整速度和位置参数，目的是缩短动作时间，哪怕是 0.1s 也要争取。

（1）开模环节调整

正常的程序动作是当冷却时间计时完成，立即进入开模动作。

① 确认延时储料设定或加料时间应短于冷却时间，可保证程序在时间上的连续进行。

② 在保证开模动作连贯和平稳的前提下，逐渐增加快速段的速度，直到终止位置止，可缩短开模时间。

③ 调整慢停段位置及压力和速度，让最大限度的快速有一个平稳和恰当的减速距离，使开模动作畅顺和平稳。

④ 通过取出工件的实际操作，可重新调整开模终止位置，参考开模工艺设置操作。

（2）开关模中间停留环节调整

正常的程序动作是当开模终止后，立即进行顶出动作。

① 确认延时顶出是否合适。

② 通过工件的实际顶出过程，重新调整顶出条件，符合既定的设置原则。

③ 如果有中子动作，行程的控制采用开关控制比时间设定控制要节省时间，且可防止动作冲突。

④ 如果装有机械手，靠机械手取出，应观察实际动作的配合连贯性，重新调整机器或机械手的循环及时间顺序，避免发生动作冲突或时间被延长而降低生产效率。

（3）关模环节调整

正常的程序动作是当顶针复位后，立即进入关模动作。

① 在保证关模到中间模板不发生较大的碰撞响声情况下，逐渐增加关模速度或扩大快速行程位置，可缩短关模时间。

② 通过观察模具实际进入低压护模的开始位置，评估保护距离是否有效，必要时可重新调整进入位置。

③ 若想达到精益求精的锁模设定，可在模具分型面上垫入一块厚 1～2mm 的纸板，在锁模时可检验模具受保护的程度，如果低压参数设置精确的话，由于纸板的厚度，干扰了高压锁模的触发，模具将无法锁上，并自动停机和发出警报，否则，应重新调整和设置模具保护段的参数到合适的数值。

④ 通过观察和评估塑件成型状况，重新调整恰当的锁模压力，可减少高压关模时间，且对保护机器及模具有利。

第七节　注塑工艺设置

通过学习成型工艺条件分析与运用后，对注塑工艺就有了一个全面的了解，各种机型的操作和工艺设置，在步骤和方法上是相通的。

所有注塑参数的设置与修改方法都是先调出需要设置的画面，利用光标键移动光标到要设置或修改的参数数据上，输入所需的数据后再按一下确认键，设定或修改如压力、速度、位置、时间、温度、条件等参数。

一、料筒温度设置

合上操作控制电箱上的电热开关，按下设置面板上的温度键，可显示温度页画面。

（1）温度页内容说明

① 温度设置：通常五段温度设定，自由设定充模所需的规程成型温度。

② 上、下限温度：根据设定值设置上、下限警报的温度，可对生产出现温度异常进行

监控。

③ 现在：自动显示当前的实际温度。

④ 输出：自动显示当前的输出操作量。

⑤ 冷态启动防止：当塑料在料筒内未完全熔化时启动螺杆，会使螺杆受力过大而损坏。为避免这种情况，设置冷态启动防止功能是防止料筒温度低于设定温度时启动螺杆。

⑥ 设定时间：即为设置延时启动螺杆时间。在预设的料筒温度达到和设定的时间过后，才能启动螺杆。

⑦ 余下时间：即为设定时间的倒计时。在冷启动保护过程中，显示启动保护设定的时间，并以倒计时方式显示剩余的时间。

(2) 温度页参数设置说明

① 注塑机以单个热电偶检测和控制为一个温度区域，分有五段的料筒温度设置。若是ABS的成型温度，在180～240℃的范围内由加料段（5区域）到射出段（1区域）由低到高进行设置。

② 冷态启动防止设定时间通常是永久设定，也必须设定一定的时间。

③ 电热筒工作与否，可观察SSR（固态继电器、无触点的电子开关）的输出率，如长时间输出为0％，则表示电热筒或SSR故障。

④ 液压油工作温度可由现在温度显示，当实际油温超过设定的上限50℃温度时，需要清理冷却器（热交换器）。

二、注塑工艺设置

按下设置面板上的射出键，可显示射胶页各项参数内容。

(1) 射胶页动态显示说明

① 螺杆位置：显示螺杆的现在位置。

② 螺杆转速：显示螺杆旋转时的速度。

③ 油缸压力：显示射胶液压缸的工作压力。

④ 充注时间：显示从注塑开始到结束的时间。

(2) 充注（射胶）栏目设置说明

一般设置是三段射胶，使用的段数可由输入限制页上自行设定和更改射胶段数，每段的压力和速度可分别调整和控制，而设定均以位置形式切换压力和速度。

遵循位置切换关系：回料结束位置→1速切换位置→2速切换位置→ 0，否则，输入数据将不被接纳。

(3) 充注/保压栏目设置说明

① 充注及保压更换条件：正确地选择其中一种保压更换条件能有效地提高塑件质量及成型稳定。

更换条件选择"0"为不使用保压。

更换条件选择"1"为"时间"，根据注塑开始后的计时时间切换到保压。

更换条件选择"2"为"位置"，螺杆到达设定的位置切换到保压。

更换条件选择"3"为"位置＋压力"，螺杆到达设定的位置和注塑压力达到设定值时切换到保压。

当更换条件选择"2"或"3"时，画面的右上角便从10个循环操作中获得标准时间。

② 保压压力：画面设置的是一段保压，可选用的保压段数最多有五段，使用段数可在输入限制页做相应的更改，输入段数可受限制。

③ 注塑时间：注塑及保压更换条件在生产上选择"1"为时间切换，因注塑时间过长或过短都会影响塑件的成型密度和尺寸，在时间调节上，按样板的标准重量为调整依据。当调节在 7s 时，完全符合重量及尺寸要求，因此注塑时间设定为 7s。

（4）回料栏目设置说明

调节回料阶段的速度和背压是为注塑做准备，适当的回料设置有利于聚合物性质的保持和增加混炼效果，提高塑件整体质量。

① 段数设定：回料速度最多可设置 4 段。若回料设置是二段速度，每段的压力和速度可分别调整和控制，而位置以射胶螺杆射出终止为起点，以距离形式来设置速度切换位置，并遵循位置切换关系：0←1 速回料切换位置←2 速回料切换位置←回料终止位置。

② 空运转：

选择"0"为不使用：表示回料在自动操作时进行。

选择"1"为使用：表示自动操作时不执行空运转。

③ 开始延时（延时回料）：

选择"0"为不使用：表示不需要延时回料。

选择"1"为使用：表示使用延时回料。

④ 手动时背压：

选择"0"为不使用：表示手动操作的背压与自动操作的背压设置相同。

选择"1"为使用：表示手动操作的背压与自动操作的背压设置不同。

⑤ 回料设定参数：生产使用二段储料设定，因塑料添加了颜色，需要高一些的塑化压力将颜色充分混炼和扩散，而螺杆转速通常决定回料时间，在不超过冷却时间的回料时间内，自始至终都使用一段中速，可减少料筒内熔体的内热水平，提高外热的控制精度，为塑件质量保证提供了有利条件。

（5）倒塑（树脂减压）栏目设置说明

① 回料前：选择"0"为不使用，表示回料前不倒塑。选择"1"为使用，表示回料前使用倒塑，并要设置相应的倒塑速度、压力、段位置来配合使用。

② 回料后：选择"O"为不使用，表示回料后不倒塑。选择"1"为使用，表示回料后使用倒塑，以释放料筒前端压力防止漏胶，并要设置相应的倒塑速度、压力、段位置配合使用。

③ 倒塑（树脂减压）条件。

（6）冷却时间

在初步预设的时间上，根据模具的散热能力和塑件的实际出模凝固程度，在塑件质量和生产效率之间逐步调整冷却时间到合适的值。

三、射台生产设置

每套模具进料口的深度、宽度不同，每一次生产都要依照模具进行调整射台前进快转慢的位置。

选择加料方式后，设定射台前进的压力和速度。速度通常采用先快后慢，动作开始射台前进使用较快的速度，当到达设定的进终位置时，转换成慢速，直到喷嘴接触到模具为止。

射台从进终位置到模具之间的距离设定不少于 20mm 的慢速距离，避免喷嘴快速撞击

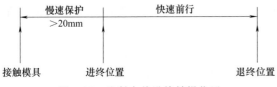

图 4-27　注射台前进快转慢位置

模具，如图 4-27 所示。若慢速的位置设定太小，会使射台因快速惯性不能立即慢下来而撞击模具，造成模具浇口套（唧嘴）或喷嘴损坏。

射台的前进和后退行程受控于射台位置检测装置，如行程开关、接近开关、定时器、电子尺等。射台的操作和设定因机器选用装置不同而存在差异，但操作控制目的相同。

选用位置条件：射台装有位置（电子）尺，只需输入行程位置。

选用时间条件：输入射台后退的执行时间。

选用行程开关：调节射台后退终的行程开关位置。

在生产循环过程中，如果选择射台后退加料时，射台后退行程设定要尽量少，可缩短动作时间，提高生产效率。

注塑机射台后退通常有两种操作方式：一是射台在每一循环的储料前或储料后都重复向前和向后动作（喷嘴离开模具）；二是射台保持固定不动（喷嘴不离开模具），如热流道模具。

1. 射台前进的调节 （PX6）

射台前进的接触开关（PX6）必须精确调节，使得喷嘴一接触到模具就立即停止，否则可能导致喷嘴漏胶。调节的结果会显示在监视器页上，可保证调节准确。在自动操作过程中，当射台前进接触开关一到达锁模结束位置就开始射胶，在射胶过程中，若检测不到射台前进的接触开关，则会发出警报。

2. 射台后退的调节 （PX7）

通常使用接近开关来控制射台的后退执行。在喷嘴接触模具时，调节（PX7）射台后退的控制按钮到触发点，射台就不执行后退动作。例如，将调节钮钮向前移动的距离等于射台后退的行程。

3. 射台动作（加料）**方式选择**

在射胶页上按下 F2 键显示射胶选择页。可选择两种射台后退的开始时机，选择条件"1"为"加料前"射台后退。选择条件"2"为"加料完成后"射台后退（标准动作）。

4. 射台参数设置

在射胶页上按下 F6 键，可显示射胶系统页。射胶系统页说明如下。

（1）在"射胶装置"栏目

设定较慢的射台前进速度和压力，可降低撞击损害程度，而射台后退可适当地提高速度。

（2）在"喷嘴接触压力"栏目

设定一个合适的压力（在注塑时喷嘴不出现漏胶的压力限度内），也可防止模具浇口套（唧嘴）被撞击损害。在射台前进完成后，用设定的喷嘴接触压力再使射台前进一次，使喷嘴和模具浇口套有更紧密的接触。

检查时间的设定：喷嘴接触压力输出后，当压力未达到设定的水平时，要设置一定的输出暂停时间（1～99s）。如果喷嘴接触压力输出后和设置的压力检测时间过了之后，压力仍未达到预定的水平，则有信息显示，而且机器会自动停止操作。

（3）保压更换监察设定

当保压切换时间为"0"时，则用统计方法监视保压的时间。

（4）延迟时间设定

目的是防止各动作在时间上发生冲突而设定合适的延时时间。需注意设定的时间越小，冲突就越大；设定时间越长，动作开始就越慢。

① 射胶装置前进：防止射胶装置前进开始时的冲突。

② 注入（挤入）开始：防止螺杆开始转动时的冲突。

③ 注入（挤入）完成：防止从螺杆转动停止切换到射胶开始时的冲突。

④ 射胶开始 1：确保喷嘴接触模具的时间，防止漏胶。

⑤ 射胶开始 2：防止射胶开始时的冲突。

⑥ 压力释放（压拔）开始：防止压力释放开始时的冲突。

⑦ 回料开始：防止在射胶开始或从压力释放切换到回料时的冲突。

⑧ 倒塑（后拉）开始：防止从回料完成切换到倒塑时的冲突。

⑨ 倒塑（后拉）完成：防止拖后完成时的冲突。

⑩ 射胶装置后退：防止射胶装置后退时的冲突。

延时时间设定，通常在机器投入使用时一并设置，也可定为永久设置，这样可减少每次生产的设置环节。

第八节　注塑工艺经验总结

注塑技术人员必须通过长期、大量的操作和技术积累与熟练运用工艺知识，方能达到提高塑件质量和生产效率，如图 4-28 所示。

一、注塑工艺知识的主要类型

① 注塑设备知识：注塑机及相关设备的构造、性能、作用和工作原理以及对成型过程的相关影响。

② 模具设计知识：塑件设计、模具结构的特点、对成型质量的关系及相关影响、模具的设计要领及基本知识。

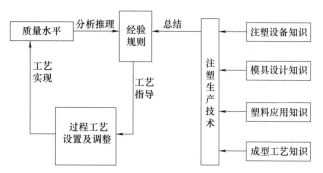

图 4-28　注塑工艺知识获取及运用方法流程

③ 塑料应用知识：生产材料对塑件性能及工艺条件的相关影响，材料性能的检测和分析方法。

④ 成型工艺知识：工艺操作方法及生产流程，塑件质量执行标准和检验方法，塑料成型加工理论和相关的基础知识，工艺条件变动对塑件质量的相关影响。

二、生产工艺知识要领

注塑生产是以获得理想的塑件质量和最大生产效率为目标。其工艺要领也可作为检验操作技术水平的考核原则。

（1）决定塑件质量的因素

塑件质量与生产设备的性能、原材料规格和品质、模具设计制造质量这三个条件有关，也与工艺设置（人员操作）有关。对成型过程的每个过程进行检查、分析、判断、推理和调整，主要依靠操作者所具备的专业知识和操作技能。

（2）决定生产效率的因素

生产效率主要与机械动作时间或速度设置条件有关。因为注塑周期是由开合模部分的开关模时间、开关模中间停留时间（如顶出及回退时间、中子动作时间、工件取出时间、人工操作时间）和注塑成型的加料时间、注塑时间、保压时间、冷却时间等组成。所以，在不影响塑件质量以及机器、模具受保护的前提下，尽量缩短每一个动作执行时间，就可达到最大化生产效率，充分发挥机台的生产能力。

生产效率还受到机器生产能力或模具的生产能力的影响。机器的生产能力主要与锁模能力、移模速度、射出容量、注塑速度、塑化率等技术参数有关，模具的生产能力主要与成型是否容易及热交换效率有关。因此，如何发挥注塑设备和模具的生产能力，以及取得各方面最佳的生产优化，需要操作者掌握和运用一定的成型工艺技术和相关方面的知识。假如每一次的生产设置，都能够寻找和设定在最佳的参数设置值，这样既可提高塑件质量水平，又可提高生产效率。

（3）工艺优化原则

通过一定的工艺设置原则提高成型塑件质量和生产效率，主要有以下几个方面。

① 开模距离：半自动生产的模具以分模面的操作空间刚好能够取出工件或预埋嵌件为开模距离；全自动生产的模具以工件刚够脱模空间或机械手取出空间为开模距离。

② 模具保护：首先设定保护模具的低压切换位置（防止模腔构件因异常或塑件黏附模腔时受合模压力压伤的位置前），然后设置和调整此段的压力和速度，并以最低的值将模面关到 1mm 位置为止。

③ 高压锁模位置：在模厚调整和模具保护调整时，务必将高压位置归零，避免调整过程产生高压，影响设置及调整最佳值的效果。

高压锁模位置决定模具受保护的灵敏度。例如，低压结束位置是 1mm，在模具温度恒定的情况下，标准的高压锁模位置可从最小的 1.1mm 至最大的 2mm 选择，即可激活高压锁模，但模具受保护的灵敏度会随位置的增大而降低。因此，经验上常取大于低压结束位置 0.5mm。

④ 锁模力：初始设定在额定最大锁模力的 60% 左右，到成型时以塑件不出现飞边为衡量准则，逐步调整锁模力到最小值限。

⑤ 顶出行程及速度：顶出过程以二段进行为佳，先以高压低速将塑件顶出型面 10～20mm，然后转换低压高速将塑件顶出到容易取出或刚好顶落的位置为行程终点。

⑥ 抽芯控制：抽芯控制选择使用限位开关，在控制行程上可节省时间和保护模具。

⑦ 成型温度：大件或厚壁塑件应选择成型温度的下限值，这样可缩短冷却定型时间，又为配套的小件（异模塑件）在配色上预留更宽的成型温度，方便配色调整。

⑧ 分级注塑：根据塑件形状的复杂程度，在阻碍充模熔体流动性能或产生料流突变的位置，衡量和选择相应的分级注塑，分级越少，生产效率越高，调整和判断切换位置越容易。

⑨ 注塑压力与速度的配合：注塑压力与速度两者关系密切，相辅相成，共同发挥充模功效。注塑压力和速度的配合应遵循低速配高压、高速配低压、中速配中压的关系，可使充模功效得到最佳发挥。

⑩ 余料量：在保证塑化质量的前提下，应保留5～10mm的余料提供保压补缩，可提高塑件成型质量水平。

⑪ 保压时间：根据塑件壁厚、浇口大小以及浇口附近的凹陷程度来决定保压时间。塑件越厚，浇口越大，凹陷程度越大，选择保压时间越长，反之则短。

⑫ 储料时间：因储料动作时间不是以计时方式显示，容易受到忽视而超过冷却时间，所以，应以观察储料油马达转动约1s以后到达开模动作为储料结束时间。

⑬ 螺杆转速及背压：主要影响储料时间和电热控制温度，对成型塑件质量影响较大，调节储料时间略短于冷却时间1～2s为佳。

第九节 塑件成型后处理与现场管理

由于塑料特性和成型工艺等因素，如模内冷却速率不均，导致材料的结晶不均、分子取向各异，形成塑件收缩差异；或过低的料温和过高的注塑压力使塑料分子高度压缩，形成内应力，两者都会产生塑件变形、开裂等现象。

通常按塑件出模后的表现而决定使用何种后处理方式，如塑件开裂或微裂、材料脆弱、翘曲变形等，应分别采取热处理（退火）、调湿处理（水浴）和强制定型（夹具）等措施。

1. 塑件热处理（退火）

退火的作用：一是被急速冻结的分子链在受热下得到最大程度的松弛，令取向的大分子链段回复到自由状态；二是增加材料的结晶度及稳定结晶构型，回复结晶塑料的伸展性和柔韧性，从而消除塑件内残留内应力，避免塑件在使用时产生应力开裂。

退火处理方法：将出模后的塑件（带有余热）随即放进盛有一定温度的液体介质中（常用自来水），或放入可产生一定热空气的箱体设备内一段时间，然后将塑件取出，逐渐冷却到环境温度的处理过程。

热处理温度选择在高于环境温度20℃到低于塑料热变形温度（原料干燥温度）之间。如选择过低的温度，则达不到热处理的目的；过高的温度反而产生更大的翘曲变形。

设定原则：低温长时间、高温短时间，并以塑件变形最小和能够消除内应力为参考标准。

2. 塑件调湿处理（水浴）

调湿处理目的：调节塑件内的含湿量，改善成型塑件脆性，提高塑件的综合物理、力学性能。对吸湿性较强的塑料，如PA特别有效；其次是具有热处理的作用，可消除塑件的内应力，如ABS塑料开裂。

调湿处理的方法：将带有余热的出模塑件放入热水或冷水中，一是使塑件与空气中的氧气隔绝，避免塑件产生氧化反应；二是可加快亲水分子的吸湿达到吸湿饱和而平衡内应力；三是急速冻结作用令塑料的结晶度低、伸长率大、韧性和柔软性增强，从而改变材料的脆性及消除内应力。

调湿处理的液体介质通常采用方便及经济的自来水，调湿时间与温度通常根据塑件缺陷的改善程度而定，有时只需很短时间的水浴，就可改善PA塑料的脆性，有时为了解决如ABS塑料的开裂问题，需要4～24h的调湿处理。

3. 塑件强制定型（夹具）

解决结晶型塑件出模后翘曲变形的问题，如果采取模内长时间冷却的方法，就会影响生产效率，造成难以脱模。因此，通常采用预制的定型夹具实行模外强制定型。

强制定型方法：将出模后还处于余热状态的塑件，使用强制式定型夹具对变形部位进行反向胀开或反向压迫，塑件在夹具上自然冷却到常温状态，变形的部位被强制定型，出现收缩变形的程度变小，适用于面积大、胶壁薄或盒状等塑件。

4. 塑件二次加工（塑料表面处理及装配）

塑件的二次加工方法主要是塑料表面处理及装配方面最常见的方法，如印刷及装饰的丝网印刷、移印、热烫印；强化及美化的喷涂、电镀以及装配用的粘接剂、高频感应和超声波焊接工艺。

（1）丝网印刷

印刷机所用的丝网是一张精细织成的纤维网，其文字或图案通过微小网孔的油墨形成，被平整和牢固地粘贴在一个框架上，在丝网面上放入一定份量的油墨，然后将丝网压贴在塑件的印刷表面，经压扫推压油墨通过网孔并积聚在塑件的表面，从而完成丝网印刷。油墨需要干燥处理，印刷之后热风烘干。

（2）塑料移印

早期移印机是手工操作，速度慢，质量难以保证。现在使用的是采用程序式控制的气动或伺服电动机驱动的机器，印刷精确度和质量都较高，速度的快慢可任意调节，运行过程非常平稳。

移印工艺过程：预先在机器的操作台安装待印塑件的定位夹具，在油墨槽内安装及固定带有文字或图案的凹字钢制印版，经调整及确定塑件印刷位置后，启动机器，扫油臂的软性油笔给印版上油墨，油笔前面的刮刀随即将印版上的表面油墨清除，然后印台臂下行，将印版的凹字油墨转印到软性的印台（硅酮印台）上，最后印台臂上升前行到预定的印刷位置上，将软性印台的油墨转印到待印塑件上，从而完成一个循环的转移印刷过程。

（3）塑料热烫印（热转移印）

热烫印使用烫印箔可一次性在塑料表面形成单色或多色的文字或图案装饰，设备操作简单，生产成本较低，具有以下优点。

① 一次烫印多色，最多9种色。

② 移印箔上的保护层可使图案不易脱色及耐磨，并可达到特殊的化学特性要求。

③ 热烫印还具有各种特殊的装饰效果：各种装饰纹，如木纹、拉丝纹、皮革纹等；各种色调，如半透明、半色调、高光金银、高光配亚光组合，连续渐变色等；触感线条或图案（0.15mm 厚）。

常用烫印材料有聚苯乙烯、丙烯酸系塑料、ABS、醋酸纤维塑料及聚氯乙烯等。

（4）塑料喷涂处理

喷涂操作工艺比较简单，可用手工或自动化操作。通常使用雾化性良好的气动喷漆枪，均匀地在塑件的装饰表面喷上塑料漆，后经一定时间的烘干处理，如图 4-29 所示。

图 4-29　采用喷涂工艺的塑件

塑件使用喷涂的好处如下。

① 塑件调色很困难，使用喷涂可容易配上各种颜色，且所配颜色比较稳定。

② 提高塑件外观质量，可遮盖熔合线、焊缝、黑点及色斑等，改变廉价塑料的形象。

③ 改变塑料特性，如喷涂后使塑料不带静电，防止灰尘吸附；或提高塑料的导电性、耐火性和耐磨性；或增加塑料的耐溶剂性、耐化学性。

④ 提高塑料表面硬度和塑件的耐用性。

塑料喷涂主要用在 ABS、PP、PVC、PS、改性 PPO 塑料上。随着塑料表面处理方法的增多，金属纹理、金属光泽漆（闪光漆）、硬质涂层、天鹅绒或羔皮式软质涂层等将会越来越多地得到应用。

（5）塑料电镀

塑料电镀是将塑料的突出性质与金属镀层的性质相结合的一种工艺技术，大量应用于 ABS、聚砜（PSU）塑料上，使之具有防止塑料基料老化、磨损以及提高结构性能的功效，如图 4-30 所示。

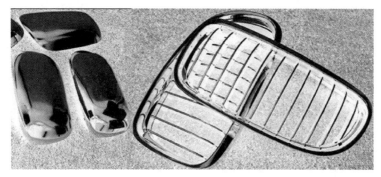

图 4-30　电镀塑件

电镀工艺过程较为复杂，处理工序较多，它有预电镀处理和电镀处理两部分。

① 预电镀处理工序有清洁、浸蚀、中和、表面清洗、添加催化剂及活化剂、活化、非电解电镀、电镀。

② 常见镀层有铜、镍、铬三种金属沉积层，在理想条件下，金属镀层常见厚度如图 4-31 所示，总体厚度为 0.02mm，但在实际生产中，由于基材和表面质量的原因，通常厚度会比理论值大许多。

（6）塑料粘接结合

塑料粘接需要使用粘接剂，工业用粘接剂为合成树脂或合成橡胶类，主要利用化学聚合、交联反应或溶剂挥发产生粘接作用。

塑料粘接剂包括溶液型、复合型、热溶型。

溶液型：用溶液溶解粘接剂，如橡胶水、氯仿。

复合型：粘接剂和固化剂起反应，如环氧树脂。

热溶型：加热使塑料树脂溶解后再冷却固化，如热溶胶。

（7）塑料高频感应焊接

利用机内振荡管输出振荡频率（300～500kHz）到振荡线圈（环状铜管及管内水冷却装

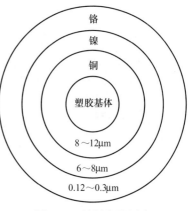

图 4-31　镀层常见厚度

（图中标注：铬、镍、铜、塑胶基体、8～12μm、6～8μm、0.12～0.3μm）

置），铁质金属在振荡线圈内受高频感应产生高热。感应加热装置被广泛应用于金属及塑料加工上。

（8）塑料超声波焊接

削边

焊接方法是将 20kHz 的高频传送到能量转换物体（换能器）上，由换能器的机械运动所产生的超声波振动，通过焊头传送到两塑件的接合面之间，塑料产生高速摩擦，由摩擦生热，当达到塑料的熔化温度时，塑件接触面便熔合，填满接合空间。在振动停止后，还需对接合部位施加持续压力，保持软化的塑料完全固化。

5. 塑件削边

塑件削边（披锋）的产生是模具磨损或锁模力不足造成的，削边超过 0.2～0.3mm 时就应该削边。削边一般出现在动、定模分型面、滑块的滑配部位、镶件边缘、顶杆或顶管与型芯配合间隙、推件板与型芯配合间隙等处，如图 4-32 所示。

图 4-32   塑件削边

（1）削边步骤

将塑件拿至光线明亮的塑件修剪区或工作台，以便于观察；当削边时发现对自身有划伤风险，则应戴上手套或采取其他防护措施；找出飞边位置，使用专用削边工具轻轻削去飞边。

（2）削边后塑件外观控制

影响削边质量的主要因素是工人操作的熟练程度和削边工具的选用。

修边后应逐一检查零件表面，不应有刀痕，不得削去除飞边外的塑料，尤其对于那些缺口较敏感的塑料（如 PC），更不能损伤本体（刀口），如图 4-33 所示。飞边被完全消除后，用手指触摸削边处，应感到平滑不扎手。

（3）常用削边工具

常用塑件削边工具如图 4-34 所示。

刀痕

削边不合格   削边合格

图 4-33   削边后塑件外观控制

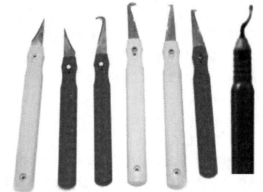

图 4-34   塑件削边刀具

第十节   注塑生产管理

1. 生产订单与生产调度

注塑产品通常按客户提供的订单进行生产，订单内容包括订货数量、供货日期、产品名称、生产原料和颜色、字符标牌规格、包装要求等。

生产调度一般按订单内容进行，调度员根据掌握的模具生产规格与注塑机技术规格进行调配，避免大机台生产小模具，减少料筒清洗操作次数，避免增加生产成本。

2. 产品技术图样或样板

标准化的注塑生产，事前必须要有客户或工程部门提供和认可的技术资料，如图样、实物样板等，可避免产生外部或内部的质量纠纷。图样资料的主要内容有用料规格、产品部件的尺寸标注、公差要求、相关强度或配合要求等。

3. 模塑资料管理

在每批量的生产调试阶段，通常按产品检验标准进行模塑条件设置及调整，待进入成型稳定后，技术人员应将主要的模塑设定参数记录并悬挂在机位上，便于过程的调整和控制，以及日后的再生产需要，即形成每一套模具或每一台机器的模塑文件化记录，模塑资料记录如表 4-7 所示。

■ 表 4-7 注塑车间模塑记录表

机器编号：_____		生产原料：_____		每塑总重：_____			
模具编号：_____		塑件颜色：_____		每塑毛重：_____			
产品名称：_____		色标编号：_____		每塑件数：_____			

机 模 设 置							
操作方法：	半自动□		全自动□				
运水方式：	前模℃	热油□	热水□	冷水□	常温水□		
	后模℃	热油□	热水□	冷水□	常温水□		

料温	第一段	第二段	第三段	第四段	第五段	第六段

充模	段数	1	2	3	4	5	保一	保二
	压力							
	速度							
	位置							

储料	段数	1	2	3	4	倒塑
	压力					
	速度					
	背压					
	位置					

时间	射胶	保压	再循环	储料	冷却	注塑周期

开关模设定	开模						顶出		关模				
	段数	1	2	3	4	5	1	2	1	2	3	低压	锁模
	压力												
	速度												
	位置												

生产或试模综合意见：

_____

_____

_____

机模设置人员：_____ 复核人员：_____ 生产日期：_____

订单编号：_____ 生产数量：_____ 生产人员：_____

4. 塑件摆放

体积较大的塑件在台面上排列摆放时，如果方法及措施不当，会弄伤塑件，增加不良品率。因此，可根据不同塑件的结构充分利用其特点。例如，对有脚或可扣着放、竖立放的塑件，在台面上可不用垫放软性防护层，否则就应做好防弄伤措施。在操作上对塑件应轻放、轻取，不允许叠放或在台面上推动，避免弄伤产品。

5. 塑件防护

塑件防护的目的是使注塑件从出模开始到最终的装配、包装、运输、存放等过程，始终保持塑件的原样不被破坏、损伤、挤压变形等。通常采取的防护措施如下。

① 对容易弄伤或刮花的塑件，必须使用塑料袋包装，而且在装箱过程中，塑件的排列安放要整齐有序，松紧适中。如对运输有特别防护要求的，可加放井格及层与层之间垫放纸卡。

② 最好采用具有一定承重强度（如塑胶箱）及相同的尺寸规格的包装箱，这样可提高仓储防护条件，而且统一的装箱数量利于货物管理。

6. 产品标识

标识在任何生产阶段作为识别产品的生产状态，方便追溯和控制的最佳方法，在生产上相当重要，是提高产品质量的保证条件之一。

塑料制品标识使用及填写要求如图 4-35 所示。

工单编号：＿＿＿＿＿＿＿＿＿

生产机号：＿＿＿＿＿＿＿＿＿　　　　制品名称：＿＿＿＿＿＿＿＿＿

生产工人：＿＿＿＿＿＿＿＿＿　　　　装箱数量：＿＿＿＿＿＿＿＿＿

塑料材料：＿＿＿＿＿＿＿＿＿　　　　制件颜色：＿＿＿＿＿＿＿＿＿

检 验 员：＿＿＿＿＿＿＿＿＿　　　　收 货 员：＿＿＿＿＿＿＿＿＿

生产日期：＿＿＿＿＿＿＿年＿＿＿＿＿＿月＿＿＿＿＿＿日＿＿＿＿＿＿时

图 4-35　产品标识

① 用不易掉色的墨水笔或圆珠笔，字体端正，清晰可辨地将项目对应填写，由机台注塑工人负责。

② 标识填写不正确或辨别不清为重大过失，极易为后续生产提供错识指示。

③ 填写时间应采用 24h 编制，便于区别日夜班及生产时段。

④ 标识要放贴稳固，不会轻易掉落。

⑤ 每个包装单元只使用一张标识，旧有的标识应同时去掉。

⑥ 标识要对应生产进度填写。如提前或堆积填写，会因中途停产或转机生产而浪费标识。

7. 班产量记录及统计

班产量记录及统计工作是注塑车间生产管理的重要环节。生产调度员通过准确的统计数字可以预早知道将要完成生产数量的机台，从中做好其他后续生产的预备工作，从而提高机械设备的运转率。

8. 人员及设备编制与管理

注塑车间所设置的各级人员及各种设备是为生产效率和产品质量提供保证的条件，因此，也应加强这方面的管理。

（1）生产工人

对生产工人进行上岗培训是必须的，使其明确操作规程及操作安全的重要性。避免工人操作不当或图方便走捷径而违规操作。向工人提供生产流程顺序表，使其了解生产的目的，标明质量责任。发现不合格品，即时寻求解决的方法和措施。

（2）品检人员

依照制定的验收标准，通过各时段的品质检查和记录，运用一切的检测方法和手段，及时发现质量问题，及早得到解决和纠正。领班者最好是经验丰富的老工人。

（3）车间领班

当出现不合格品时，根据现行条件进行检查并做出相应的生产措施。遴选注塑经验丰富、判断力及组织能力强的人员担任不合格品的处理工作。

（4）PM班（故障预防、机械保养及维修）

每一台注塑机由使用之日起，编制设备管理记录，对设备所有故障、维修、变更、定期保养活动进行详细记录。

对于注塑机型号或机台较多的车间，应为每台机器编定技术说明表，向工程部门提供模具设计和制造上的相关数据，如拉杆内距、容模厚度、顶出行程、注射重量等。

（5）模具保养员

编制每个模具的管理记录，记录所有模具的修改、变更以及模具技术性能数据，日常模具进出仓状态记录。对仓储模架上的模具，在模架的入口处用表列明各个模具的摆放位置，便于取放检索和管理。定期对仓储模具进行清洁整理、涂油防锈等保养活动。

本章测试题（总分 100 分，时间 120 分钟）

1. 填空题（每空 1 分，共 20 分）

（1）影响塑料注塑成型工艺的三大要素是＿＿＿＿、＿＿＿＿、＿＿＿＿。

（2）如注塑机射嘴的球面半径为 20mm，则模具浇口套球面半径应为＿＿＿＿ mm。

（3）塑料成型的种类很多，其成型的方法也很多，有＿＿＿＿成型、＿＿＿＿成型、＿＿＿＿成型、＿＿＿＿成型、气动成型、泡沫成型等。

（4）一般来说，模具型腔数量越多，塑件的精度就＿＿＿＿，模具的制造成本就越＿＿＿＿，但生产效率会显著＿＿＿＿。

（5）热塑性塑料注塑成型过程中，根据熔体进入型腔的变化情况，熔体充满型腔与冷却定型可分为＿＿＿＿、＿＿＿＿、＿＿＿＿和＿＿＿＿四个阶段。

（6）料筒清洗方法有＿＿＿＿和＿＿＿＿两种。

（7）塑料原料干燥的目的是排除残存的＿＿＿＿和＿＿＿＿。

（8）注塑模具最常用的冷却介质是＿＿＿＿。

2. 选择题（每小题 1 分，共 10 分）

（1）下列反映注塑机加工能力的参数是（　　　）。

A. 注塑压力　　　　B. 合模部分尺寸　　　　C. 注塑量　　　　D. 动模板行程

（2）对于一副塑料模，影响其生产效率的最主要因素是（　　　）。

A. 注塑时间　　　　B. 开模时间　　　　C. 冷却时间　　　　D. 保压时间

（3）在一个模塑周期中要求注塑机动模板移动速度是变化的，合模时的速度（　　　）。

A. 由慢变快　　　　B. 由快变慢　　　　C. 先慢变快再慢　　　　D. 速度不变

（4）在一个模塑周期中要求注塑机动模板移动速度是变化的，开模时的速度（　　　）。

A. 速度不变　　　　B. 由慢变快　　　　C. 由快变慢　　　　D. 先慢变快再慢

（5）一注塑塑件采用 PP 材料，要求得到的塑件密度大、强度、硬度高、刚度、耐磨性好，则其成型工艺条件应选用（　　　）。

A. 熔体温度和模具温度均高　　　　　　　　B. 熔体温度和模具温度均低

C. 熔体温度高和模具温度低　　　　　　　　D. 熔体温度低和模具温度高

(6) 大多数的热塑性塑料注塑模要求模温在（　　）。

A. 10～30℃　　　　　B. 40～80℃　　　　　C. 110～150℃　　　D. 230～260℃

(7) 下列塑料注塑前需要干燥的是（　　）。

A. PE　　　　　　　　B. PP　　　　　　　　C. ABS　　　　　　D. PS

(8) 关模设置工艺中，模具保护段操作面板显示数值通常为（　　）mm。

A. 1　　　　　　　　　B. 10　　　　　　　　C. 50　　　　　　　D. 100

(9) 注塑时（　　）不会引起原料塑化不良。

A. 料筒温度　　　　　B. 被压压力　　　　　C. 螺杆转速　　　　D. 模具温度

(10) 注塑时保压压力的作用是（　　）。

A. 提高生产效率　　　B. 便于塑件推出　　　C. 补缩和防止倒流　D. 防止应力开裂

3. 判断题（每小题 1 分，共 10 分）

(1) 浇注时，流体的速度越快越好。（　　）

(2) 设计模具时，应保证成型塑件所需的总注塑量小于所选注塑机的最大注塑量。（　　）

(3) 注塑模上的定位圈与注塑机固定模板上的定位孔呈过盈配合。（　　）

(4) 模具总厚度位于注塑机可安装模具的最大厚度与最小厚度之间。（　　）

(5) 注塑成型模具型腔内的压力等于注塑压力。（　　）

(6) 注塑成型可用于热塑性塑料的成型，也可用于热固性塑料的成型。（　　）

(7) 注塑生产前的塑料着色工艺是直接把色母加入塑料中，再用抽料机抽到。（　　）

(8) 料温过低、注塑压力或速度过低是注塑缺陷中的"欠注"的一些因素。（　　）

(9) 模温和料温过高、注塑和保压时间不足会使塑件产生"凹陷及缩纹"。（　　）

(10) 模具出现倒扣会使塑件粘模。（　　）

4. 简答题（每小题 6 分，共 60 分）

(1) 注塑成型前有哪些准备环节？

(2) 简述注塑成型的工艺过程。

(3) 什么是注塑成型工艺三要素？各包括哪些内容？

(4) 模具与注塑机配合要求有哪些方面？

(5) 提高注塑机生产能力应从哪些方面入手？

(6) 开关模的设置阶段有哪些操作规则？

(7) 料筒清洗有哪些方法和操作准则？为什么说 PE、PP、PS 塑料是料筒清洗的最好材料？

(8) 为什么说锁模力设定不能过大也不能过小？在生产过程中如何确定合适的锁模力？

(9) 通常冷却时间决定生产效率及塑件质量，对冷却时间的设定有哪些规则？

(10) 在注塑机工艺调试和生产过程中如何保证安全？

第五章

注塑件产生质量缺陷的原因与对策

在注塑成型过程中存在许多内在和外在因素影响塑件的质量稳定。塑件缺陷成因错综复杂，变化万千，彼此制约而又相互影响，但最终的结果都会反映在塑件上。在已知的成因范围（经验规则）内进行分析和排查，能够快速地解决问题。

塑件缺陷成因离不开注塑机成型稳定性、模具的设计和质量、原料、人员操作方法四大生产因素的影响。

大多数注塑车间或部门都是将人员操作（即注塑工艺调整）摆在首要位置，依靠调整手段来弥补机器或模具上的不足，尽量达到塑件质量和生产效率的最大化目的。这就要求操作者具备和掌握适当的调整技术以及丰富的注塑成型经验，否则，当遇上因注塑机、模具、调整三个方面都有可能影响成型缺陷问题（如注射成型过程气体干扰）或更大的复杂难题时就会束手无策。

一个注塑缺陷的成因可能有许多个，正确选择和调整一两个参数往往就能解决问题，关键在于判断和调整方法是否正确。

第一节　塑件欠注的原因与对策

欠注是经常遇到但比较容易解决的问题，它是指熔融塑料未完全充满模具型腔而导致塑件不完整的现象，通常发生在薄壁区域、困气区域或远离浇口的区域。对有些内部不重要又不影响美观的欠注可不用调整，如果一定要调整，可能出现披锋。

① 塑化料量不足：适度调整到塑件充填完整为止。

② 料筒温度过低：料温低时熔料黏度较大，充模阻力也大，适当提高料温，可增强熔料流动性。

③ 注射压力或速度过低：熔料在型腔内的充填过程中，缺乏向远程流动的足够推动力。提高注射压力，可使型腔内的熔料在冷凝硬化前获得充分的压力和料量补充。

④ 注射时间不足：注射完成一定重量的塑件需要一段时间，若时间过短会造成注射量不足。增加注射时间到塑件充模完整即可。

⑤ 保压不当：造成保压不当的主要原因是过早转压，即保压切换点调整过大，余下较多的料量靠保压压力进行补充，使塑件重量不足而出现欠注。应重新调整保压转换位置到最佳点，使塑件完整。

⑥ 模温过低：塑件形状和厚薄变化较大时，过低的模温会降低塑料流动性，使注射压力降低。应适当提高模温或改进模具水道。

⑦ 射嘴与模具浇口配合不良：注射时射嘴溢料，使模腔内压力降低，也会损失部分熔料。重新调整模具，使其与射嘴良好配合。

⑧ 射嘴孔受损或部分堵塞：选择射台座后退生产时，射嘴与模具因长时间的不断撞击，易使注射孔（浇口套孔、喷嘴孔）逐渐变小，即料流通道变小，料条的面积比容增大，会使冷料堵塞射嘴孔或消耗过多注射压力。

应拆下射嘴、浇口套（唧嘴）修复、清理或更换，适当重置射台座前进终止位置，将撞击力降至合理值。

⑨ 注塑机过胶环磨损：螺杆头上的止逆环与推力环磨损，造成间隙大，注射时不能有效地截止，使前端已计量好的熔料产生逆流，损失注射量，导致塑件不完整。

验证过胶环磨损的方法是待上一循环注射完成后即转换为手动操作模式，并将注射压力和速度调节在较低值，再执行储料操作。此时观察手动执行射胶时，螺杆位置指示尺的前进受阻程度，也是检查过胶环的漏流程度。受阻越少，漏流程度越大。

对磨损程度大的过胶环，应尽快更换处理，如勉强进行生产，不能保证产品质量。

⑩ 模具排气不良：在注射过程中，模腔内的空气或塑料分解气体来不及从分型面或顶针缝隙处排出，使最后进入的熔料在模腔内被不断压缩的高气压所阻挡，在料流的末端处留下受阻而不能熔合的缺陷。

在分型面对应阻气位置开设适度排气通道。如阻气位不在分型面，可利用原有的司筒或顶针改设内部排气，或是重新选择浇口位置，使空气按预计的位置排出。此外，还可以在模具鼓气位置加装排气塞。

⑪ 塑件筋位太薄或太深：塑件筋位是储藏空气的死角，也是充模困难的地方，应加厚筋位或增加根部圆弧，最彻底的方法是加设排气措施，如加装细顶针等。

⑫ 分流道或浇口通道不均：由于模具制造技术和设计水平的不断提高，对单型腔模具的流道设计绝大多数是合理并满足成型要求的。而多腔式的流道分布，往往因各浇口存在微小的差异，会导致注射到各模腔的料流分量不均，使有些型腔填满，有些型腔仍然欠注。

在具体解决办法上，最好采用平衡式分流道，或采用人工平衡式分流道，对欠注的塑件浇口增大并调整，达到各型腔进料平均即可。

第二节　塑件凹陷或缩痕的原因与对策

凹陷是指塑件表面局部下凹，通常发生在厚壁、筋、柱位及内嵌件上。缩痕是由于材料在厚壁部分的局部收缩没有得到补偿而引起，当与模具接触表层熔融塑料冷却固化后，内层塑料才开始冷却，在冷却收缩过程中将表层塑料内拉而产生缩痕。

凹陷及缩痕产生的主要原因与欠注相似，还有熔胶温度和模具温度过高以及塑件局部几何特征等原因，靠注射调整手段大多可以解决或减少收缩程度。

（1）注射及保压时间不足

充模熔体的内层，在未完全硬化还有流动能力之前，不能停止注射和保压，要保持有料不断补充，保证塑件成型饱满，适当增加注射时间，这些措施收效是非常显著的。当收缩区域在浇口附近时，可适当增加保压时间。

（2）冷却时间不足

因塑料的导热性较差，熔融塑料在型腔的散热过程中，需要一定的热交换时间，特别是厚壁、筋位、柱位等部位，都是储热量较大的部位。改进措施是适当延长冷却时间，可减少塑件的后期收缩。

（3）模温过高

利用模温高易收缩、模温低不易收缩的特点，充分降低模温的成型下限，或调整冷却水的温度和流速使模温降低。

（4）料温过高

料筒温度对某些塑料的成型收缩影响较大，如尼龙（PA）、聚丙烯（PP）等。料温高，收缩率大；料温低，收缩率小。适当降低料温与降低模温的作用相同。

（5）预塑料量不足

保持有一定的预塑料量，使螺杆注射到终点时，仍有一定的料量补充。

（6）注射压力不足

注射压力决定塑件的成型密度。注射压力越高，塑件的成型密度越高，收缩率越小；反之则大。从塑件的重量可反映密度的大小。

提高注射压力，可使型腔内的熔料在冷凝硬化之前始终得到压力和料量的补充，使成型件的密度提高，但注意避免产生披锋。

（7）注塑机过胶环或螺杆磨损

对磨损程度大的过胶环（密封环），应尽快更换处理。

（8）柱位或筋位过厚

减少柱位或筋位厚度，改善流道或增加浇口数量，使充模时各处能传递持续和足够的压力，塑件整体收缩均衡。

第三节　塑件粘模的原因与对策

塑件粘模是指在开模或脱模时，成型塑件部分或整体黏附于型腔或型芯上，不能顶出或取出。粘模的现象一般有两种：一是在开模时已粘在定模型腔；二是模具开完后在脱模过程中抱住动模型芯。塑件粘模的产生原因主要是注射过度、有脱模倒角、脱模斜度过小或模具表面太粗糙。

（1）充模过饱

降低注射过度的工艺参数包括注射压力、注射时间和射胶量。如调节到塑件不完整时都会粘模，那么就是模具的原因。

（2）充模不均

多型腔的模具进料不均，会使部分填料过饱，此时应调整合适的浇口大小或位置。

（3）塑件粘在定模型腔

检查动、定模的相对温度是否合适，正常情况下，塑件是抱住动模型芯的。调整模具冷却水使动模温度略低于定模温度5℃左右，可改变塑件的收缩方向，而紧抱在型芯上。如型腔表面粗或有倒角，应打磨修整模具。

（4）模腔内存有脱模倒角（倒扣）。检查塑件在脱模时被强行拖伤的痕迹，可确定倒角位置，应研磨模具，清除倒角。

（5）塑件脱模形成真空

较多出现在杯状、桶状且没有碰穿孔的成型塑件上，在脱模时形成负压而出现真空，使塑件吸附在型芯上。当减慢开模和顶出速度都不能解决这个问题时，要在模具中加装进气措施，一般利用顶针或嵌件，不能解决问题时可加装排气阀（气顶）。

（6）塑件加强筋骨位或柱位过多

拔模斜度不够或不光滑时，易造成部分位置粘模（俗称食胶），出现轻微的食胶又需要应急生产时，可对食胶部位喷上脱模剂，通常以10个循环喷一次脱模剂为界限，超过界限应及早修理模具，彻底解决问题。

（7）料温过高

进入型腔的熔料容积变化较大，受冷凝收缩易紧抱型芯，造成脱模困难，可适当降低料筒温度。

（8）冷却时间不足

型腔内的塑件还处于软态阶段，如在壁壳未彻底凝固硬化下出模，容易出现顶出不平衡、顶穿或部分食胶现象，应适当增加冷却时间或采取措施加强模具冷却。

第四节　主流道凝料粘模的原因与对策

主流道凝料粘模是指模具主流道不能有效地从模具唧嘴中脱出。流道与塑件一样，需要进行脱模设计，有利于模具自动跌落或顺利取出。

主流道粘模产生的主要原因是拔模斜度不够、生锈造成表面不光滑或冷却不足。

（1）流道无抓销（钩针、拉料杆）

抓销是将主流道工件带出锥道孔的重要构件，应增设或加强。

（2）流道冷却不足

流道冷却不足是较多模具的通病，在模腔塑件已充分冷却，而流道件还处于未硬化阶段下，在开模时主流道拉断而留在浇口套内。应急办法是延长冷却时间，但这样做会降低生产效率，最好是改善模具流道的冷却效率或减小主流道截面尺寸。

（3）主流道有损伤、倒角或生锈

从主流道表面伤痕、麻点蚀坑鉴别，对浇口套锥孔抛光或更换处理。

（4）射嘴与主流道浇口配合不良

修整浇口套与射嘴接触面，保证配合严密，或重新调整模具配合。

（5）分流道拔模斜度不足或抓销过深

修理模具，增加流道拔模斜度或调整抓销深度。

第五节　塑件披锋（飞边）的原因与对策

披锋是指塑件成型时在边缘处出现多余的胶料，又称飞边、溢边。披锋虽然对塑件内在质量影响不大，但影响外观质量。若不及时修理，会使披锋扩大和增加后处理工作难度，不利于降低生产成本。

披锋的主要成因，绝大多数是模具部件磨损，或模具受外力所伤导致，其次是与注塑机或工艺调整有关。

（1）机器锁模机构磨损

在锁模时无法保持模具分型面的压力均衡，塑件成型产生单边上的张力披锋，应调整或修理注塑机。

（2）锁模力不足

锁模力不足以抵挡充模时的高压注射力会使模具胀开，在塑件周边产生披锋，应增加锁模力直到塑件不产生披锋为止。

（3）注射过量

降低注射过量的工艺参数包括注射压力、注射时间和射胶量。如果降低到塑件欠注时仍有披锋，原因则在模具上，需要对模具进行修理。

（4）模具分型面损伤

较多情况下是人为粗暴作业造成的模具分型面受损凹陷，其次是合模时物件压伤，应及早焊补修理。

（5）模具顶针或活动部件磨损

顶针、司筒、推件板、滑块等型腔内活动部件的磨损会造成活动间隙增大、塑件出现披锋，可更换顶针、司筒或电镀磨损零件。对塑件内表面的披锋，视披锋严重程度或塑件使用要求的不同而做不同的处理。

（6）部分零件披锋

对多腔异件模具，如流道或浇口没有按照各型腔的容量大小及流程远近设计分布，使充模料量不均，最先抢占型腔的易产生披锋，应改善流道或浇口。

（7）塑料性能

实践证明，相同的模具生产不同的塑胶材料，会产生不同的披锋缺陷。低黏度的塑料易产生披锋，如聚乙烯（PE）、聚丙烯（PP）、尼龙（PA）。熔融的塑料具有较好的流动性及穿透能力，但容易进入微小的缝隙而出现披锋。所以，越是生产低黏度塑料，越是要求模具的配合精度高，为减少披锋的产生，可适当降低料温和模温。

第六节　塑件表面出现冷胶的原因与对策

冷胶是指塑件表面出现未彻底熔化的胶粒状物，冷胶严重影响塑件外观，也影响喷涂和电镀效果。

冷胶的成因比较简单，只与模具有关。例如，型腔内某部位有脱模倒角，在脱模时被倒角刮削出胶屑留在型腔内，或型腔有活动部件间隙大，产生披锋，在脱模时披锋被分离在型腔内。两者的遗留物都会在下一次注射成型时粘连在塑件表面上，形成冷胶，并周而复始地出现。

塑件表面出现冷胶时应及早修理模具，若要应急生产，可用压缩空气将停留在型腔的胶体吹走；或稍微缩短冷却时间，使塑件在较软情况下脱模，可使冷胶缺陷程度减轻或消除。

第七节　塑件表面混色的原因与对策

混色是指塑件表面出现不同颜色又形如大理石纹的黑白或灰白间色纹，它是比较常见的着色塑件通病，调整与否取决于可接受的程度。混色的成因大多是着色剂或原料塑化不良所致。

（1）着色剂不良

着色剂的塑化温度与料粒不一致，或分散性差，或色目颗粒大，在料筒内塑化过程中，难以将着色剂分散溶解达到均色目的。因混色与料筒清洗不干净出现的缺陷很相似，可改用同类原色料进行注塑成型加以验证，以排除料筒因素干扰。

检查着色剂与料粒的混合是否均匀，使用适当分量的白矿油可令色粉均匀地依附着料粒，或增加一定分量的扩散剂帮助着色剂的分散和溶解，通过这些措施，基本可解决问题，否则，就要改换着色剂。

（2）原料塑化不良

塑化不良的主要原因是料筒温度、背压压力、螺杆转速这三个塑化条件配合不当。应适当提高料筒温度，加大背压，降低螺杆转速，并调节储料时间略短于冷却时间 0.5～1s，让塑料在料筒内有充分的熔融时间，一般可解决问题。

通过上述调整，若效果仍不佳，可将缓冲垫位置适当调大，预存更多的料量，令塑料在料筒内受热时间再长一些，可增强塑化效果，但注意塑件颜色是否有偏差。

第八节　塑件开裂的原因与对策

塑件开裂有两种形式：一是在开模或脱模时机械性破坏，如顶裂、顶穿或撕裂；二是在塑件存放一段时间后出现残余应力造成的微裂或开裂。

造成塑件开裂的成因比较复杂，除比较容易解决的开模或脱模时被破坏外，还有难以根治的应力性开裂。

1. 模具成因

模具上的问题比较容易解决，例如，塑件出模时部分拔模斜度不够或存在倒角，或塑件在出模时不能平衡顶出，或顶针数量设置不足、顶针截面太小而顶破塑件，以上通过模具的修理，都能将问题彻底解决。

2. 应力开裂

（1）模具设计不良

塑件在成型过程中产生较多内应力集中的地方，如型腔内有容易形成应力集中的直角、尖角、孔洞或料流通道内有路线复杂、弯位过多、厚薄变化较大等，可尝试减少保压时间或改善模具使料流充模的部位圆滑流畅，减少紊流效应。

提高模具温度或使用模温机，适当降低注射速度可改善或减轻塑件内应力，有时模具的冷热不均也会使塑件各方向的收缩差异较大，产生应力开裂。

（2）金属嵌件周围开裂

由于塑件与金属线胀系数的差异，塑件出模后的冷却过程中金属嵌件会限制塑件的自由收缩，产生很大的拉应力，嵌件周围会聚集大量的残余应力而引起塑件表面产生裂纹。金属嵌件在注塑前，应预热到略高于模具温度，或加大嵌件周围的塑料壁厚。

（3）塑料性能

同一类型塑料，因产地及生产批次不同，其韧性和抗拉强度会有差异。如 ABS、SAN、GPPS 等塑料，在实验过程中，尽管都使用相同的生产条件，但开裂的结果相差很大，有些塑料不会开裂，有些塑料在塑件出模后一段时间才会出现表面丝状裂纹。因此，开裂程度也与树脂的相对分子质量的高低有关，相对分子质量高的树脂开裂概率较小。

（4）熔合线开裂

使用较频或较多的脱模剂，会阻碍熔合线的熔合。提高模温和料温，在塑料不出现分解、烧焦情况下，宜用高一些的注射速度进行充模。

（5）点浇口放射性开裂

主要是浇口过大，在与塑件分离时拉力过大而扯裂。减小浇口或在附近加设装饰性环形加强筋或凸点可防止开裂。

（6）注塑压力过大

使用过大的注塑压力是塑件开裂的主要原因。注塑压力越大，塑件的残余应力就越大，开裂的程度就越大，这是在实验中得出的结果。另外，保压压力过大时，也会使塑件密度增加，易使塑件变形开裂。应适当降低注射和保压压力，使塑件刚好合乎要求为止。

（7）塑料再生次数太多

有强度要求的塑件，再生料的混合比不能超过 20%，否则塑件的强度就无法得到保证，因为塑料分子每生产一次，分子链强度就会降低一次。当累计生产几次之后，就会急剧地下降。使用再生料时，还需要充分的干燥，以消除水汽产生的催化裂化反应。

3. 后开裂的防治方法

（1）退火处理

塑件出模后，即进行一段时间的受热处理，加热设备可以是热风机，也可以是煽炉或恒温水。退火温度可选用原料干燥温度，退火时间视开裂程度而定。

（2）常温自来水浸泡

在塑件出模后，即投入水箱浸泡冷却，开裂程度越大，浸泡时间越长，最长的要 24h 以上。浸泡时间的长短视塑件开裂程度而定。这是大多数工厂最实用方法，该方法也有一定的局限性，如容易划伤产品，处理时要小心，或产品需充分干燥以利后处理，如移印、喷涂、电镀等。

4. 其他成因

料粒含有水分以及添加剂的成核作用，也会导致塑件表面产生裂纹。加强料粒干燥或换用原色料进行验证。

第九节　塑件表面熔合线明显的原因与对策

几乎所有的塑件在注塑成型时，都会产生出熔合线，只是差别在于大小深浅或长短上，一般从熔合线的外观可接受程度，或是出于抗力性需要而调整与改善。

熔合线的产生是由于注塑料流遇到嵌件、孔洞、柱状物等破开料流，然后又重新汇合，或多浇口注塑形成多股流汇合所致。有些是由于浇口设计不当，如壁体平整的塑料杯因多腔两板模、侧浇口设计，浇口必然开设在杯口上，致使料流最后的熔合位置处在杯身上而形成熔合线。

适当调整注射工艺或改变模具浇口的数量及位置，一般都可以减少或降低熔合线的程度。下面介绍熔合线的成因及解决办法。

（1）料温及模温过低

适当提高料温和模温，有利于保持充模过程熔融塑料流态黏度不致下降过快，可使熔合线变小、变短。

（2）注射速度过低

提高注射速度和调整最佳切换位置，使注射开始阶段的熔料来不及降温而迅速到达料流的汇合处，随即切换较慢的速度让型腔内空气有时间排出，可使料流的末端得到较好的熔合。

（3）塑料熔融不佳

提高螺杆转速和增加背压，可降低塑料黏度，从而降低熔合线的明显度。

（4）模具排气不良

若使用过慢的注射速度，会使塑件熔合线明显，增加注射速度虽可改善熔合线，但会出现气体不能及时排出而烧焦塑料的情况，在出现烧焦的位置开适度的排气通道即可解决。

（5）脱模剂使用过量

过量的脱模剂会阻碍熔料的熔合从而出现较明显的熔合线，应检查脱模剂使用量及模具。

（6）浇口的大小、数量及位置不当

调节浇口的大小，改变充模料流的流量，有助于提高塑料流动，使熔合线更短、更细，如熔合线离浇口较远，可适当增加浇口或改变浇口位置，使注塑流程尽量缩短。

（7）多浇口时熔合线过多或熔合线粗细不均

在保证塑件充满的前提下（可剪出分流道一小截塞住任意一个浇口试注塑验证），减少一个浇口就减小一条熔合线。对有等圆度要求的零件，调整浇口后要加以检测，不能因为减少一个次要缺陷而增加一个主要缺陷。

（8）增设熔合井

增设熔合井可弥补工艺调整上的不足。方法是在熔合线的外边增设适量的熔合井，让熔料汇合延伸到塑件以外，真正使塑件看不见任何熔合线。

（9）改变浇口形式

环状桶形的塑件，不管采用单浇口或多浇口都会产生一条或多条熔合线。对塑件外观有严格要求，而模具又有位置可以改造，采用薄片状水口（溢料浇口）使注射料流全方位地充模，可使塑件完全没有熔合线。

类似的改善工艺，在浇口形式上数不胜数，具体的运用是靠经验累积和丰富的模具知识。所以，整个流道改善工艺还有其他许多方法。

第十节　塑件表面形成流痕的原因与对策

流痕（流动纹）是指塑件表面出现局部熔合不良的沟状纹，如常见的 V 形纹、U 形纹、W 形纹等流痕。调整与否通常是视其流痕对产品外观的影响程度。

表面流痕主要出现在表面形状复杂的塑件，充填路径在某处引起料流的急剧剪切突变，此处就会出现充模熔料的滞流而形成流痕，如料流变化大的角、边、孔、栅、凸柱、加强筋等部位。

针对产生表面流痕的部位，改变浇口位置的方法通常都比较困难，一般来说，对于壁厚悬殊的部位应采用渐次减薄方式，对引起剪切变化突变的角、边、栅等部位，应加大填料部位圆弧角，可降低充模熔料产生高剪切的程度。

塑件的加强筋、凸柱与壁厚的比例设计不良也会出现料流的分流效应，产生壁厚部分料流的滞留现象，应重新检查塑件几何尺寸，增加加强筋或柱底部圆弧角，可降低充模料流的滞留程度。

另外，还需考虑的因素是充模的流动路径冷却严重不均，也会出现产品局部的流痕。正确运用多段注射工艺，通常可解决产品表面的流痕或降低其影响的程度，或改变流痕的位置于不显眼的部位等。具体方法是在多段注射之中分出一段专门针对流痕出现的位置，在流痕形成的位置之前降低注射速度。当平缓的熔体通过此段位置之后，即可回复至正常的注射速度，这样可避免因高剪切带来的流痕。

第十一节　塑件表面形成振纹的原因与对策

振纹（水波纹）是指塑件表面在料流方向上出现密集的粗糙波纹，形象地称为"水波纹"。振纹会严重影响产品的外观以及其他加工效果。

充模过程的塑料表层受模腔壁的冷却作用使其黏度增加，在缺乏足够的注射压力推动条件下，充模熔体的流动性达不到正常的水平，熔体便以不连续的滞留状态充模，是形成振纹的主要原因之一。

通过提高注射压力、模具温度或成型温度，都可提高充模熔体的流动性，克服水波纹。

第十二节　塑件表面形成银纹或气泡的原因与对策

注塑过程中，在塑件表面的料流方向上出现一连串银白色及大小不等的点状泡点，即气泡。用手指甲可刮开泡点皮的就称为"银纹"。银纹也是气泡的表现形式，银纹的产生主要是在注塑过程中受到气体的干扰，干扰成分有水汽、塑料分解气或添加剂分解气。从成泡的程度划分，银纹只是中等程度，还有比银纹更细小的气泡，习惯上称作"麻点"。因气体受困在厚壁内形成比银纹更加大的"气泡"，或是厚壁处因自由收缩而形成的"真空气泡"，我们将之称为"气泡"或"空穴"。

如果不是因为料粒较特殊，一般通过合理的工艺调整及采用多段注塑工艺，都可解决问题。

（1）料粒干燥不足

检查料粒的干燥温度和时间，以及干燥方法是否适当，若需要则重新设定和调整。

（2）螺杆转速太快

适当降低螺杆转速和料筒尾段温度，让料筒内的空气有时间从进料口排出，可减少熔融塑料与空气混合的机会，必要时调整储料时间略短于冷却时间。

（3）背压不足

背压不足使熔料密度较松散，与空气混合的机会就大，提高背压可增加熔料混炼密度，同时将空气从螺旋槽处往后挤出，有效地消除熔料中的水汽。

（4）料温局部过高

如果料温局部过高，料筒内会产生局部过热，从而塑料或添加剂会分解出气体，应检查和调整电热系统温度。

（5）再生料配比过多

再生料过多时，可能有部分料粒已严重分解并出现污染现象，应检查再生料配比或换料验证。

（6）注塑速度过快

高速的注塑令料流紊乱，形成湍流（紊流）或涡流等与空气混合的条件，使塑件发胀起泡，或者使空气来不及排出而形成受困气泡，通过降低注塑速度或调整多段注塑可解决这些问题。

湍流又称紊流，是一种很不规则的流动现象，是由无数不规则的、不同尺度的涡流相互掺混地分布在流动空间。流动中任一点的速度、压力等物理量都随时间而瞬息变化，不同空间点上有不同的随时间变化的规律，这是湍流与层流的主要区别。

层流是流体的一种流动状态。流体在管内流动时，其质点沿着与管轴平行的方向做平滑直线运动。此种流动称为层流或滞流，也有称为直线流动的。流体的流速在管中心处最大，其近壁处最小。管内流体的平均流速与最大流速之比等于 0.5。

（7）多段注塑调整不良

合理的多段注塑速度，可使充模熔体随流程位置变化而切换速度。例如，四段速度的设置作用：最初一段以中速填满流道部分，减少熔料在流道内的温降；第二段转用慢速穿越狭小的浇口，减少摩擦热和自由喷射状时混合空气（大浇口此段不用）；第三段使用高速注塑到塑件完成 85％左右，可减少熔体温降及保证表面明亮光洁；最后一段使用慢速成型至98％，使模内空气有时间排出和减少烧焦，最后进入保压和冷却定型。

（8）模具设计不良

流道及浇口布置不合理，模具冷却温差大，熔料通道阻力大，过多筋位、井位等都会造成熔料在型腔内流动不顺畅。若遇上有储存空气的死角，充填熔体会强迫空气在成型塑件上混合。

（9）塑料添加剂过量

过量的添加剂如扩散油、白矿油等，在料筒内加热温度越高或滞留时间越长，越容易分解出气体。应检查添加剂配比份量或换料验证。

（10）着色剂选配不良

由于着色剂与料粒的受热程度不同，当着色剂受热温度相对偏低时，材料分解程度大，应检查着色剂或换料排查。

（11）排除添加剂干扰的方法

对着色塑件产生的银纹，通过调整工艺无法解决时，应采用排除干扰的方法：将料粒从料斗清走并将料筒内余料空射完毕，重新加入已干燥的原色同类塑料，进行正常注塑成型，可正确判断出银纹产生的原因是添加剂分解气体干扰还是注射过程受空气干扰。

（12）透明或半透明塑件气泡

气泡在出模时有两种表现形态：一是塑件在出模时就有气泡，这是由于厚壁部位在成型过程中因气体受困而形成气泡，称为前期气泡。二是塑件在出模时没有气泡，但在自由散热的收缩过程中，从厚壁部位逐渐由小到大出现气泡，一直到塑件冷却到常温状态时，气泡才停止扩大。这是由于厚壁表面已硬化部分的内部收缩率小，而未硬化部分的内部收缩率大，收缩牵扯作用而造成内部体积上的变化，形成真空气泡，称为后期气泡。

前期气泡的解决及调整方法与银纹相同，而对后期气泡的解决及调整方法如下。

① 增加注射时间：注射时间充足，能够让料流的内层缓慢地流动和散热，熔料不断补充塑件厚壁的收缩部位，使塑件在出模后因厚壁体内部和外部的温差小，收缩也小，从而减少后期气泡的形成。

② 增加冷却时间：适当延长冷却时间，直到气泡消除为止。因塑料的导热性较差，若要成型塑件的厚壁内部都能得到充分的固化，需要较长的冷却时间，让厚壁体的内部在模腔

内缓慢地冷却。当固化到一定程度出模，塑件自由收缩率较小，可减少或解决后期收缩的真空气泡。

第十三节 塑件表面暗哑的原因与对策

暗哑是指塑件表面的质量偏离了原本的表面粗糙度和光亮度，成型塑件表面的质量受模腔的表面粗糙度和料温、模温等因素的影响。

（1）模具表面粗糙度差

型腔抛光不良或轻度的生锈麻点，都会使成型塑件产生不同程度的粗糙面，形成吸光性强、反光性差的暗哑表面。解决方法是打磨或抛光处理模具型腔表面。

（2）型腔白霜（料迹）

由于塑料中的易挥发物或相对分子质量低的添加剂受热后形成气态从塑料熔体释放，在模腔内受压及冷凝沉淀后形成一层薄薄的白霜结晶物质，导致塑件表面暗哑。解决方法是对模具进行抛光处理。

（3）料粒干燥不足

熔料内的水分分解汽化会影响塑件表面粗糙度，解决方法是对料粒进行干燥处理。

（4）模腔内有水或凝露

充模时模内水分遇热产生汽化，影响塑件表面光泽度。解决方法是检查模具各水道有无渗漏，或使用冻水冷却模具，调整水温到模具不易凝露或调整冷却方法。

（5）料温或模温偏低

在熔体充模的流动过程中，处于型腔壁的熔料过早冷却硬化，受前阻后压影响，塑料表层是以振动形式进行充模，定型后表层也会以振动形式再现而失去表面光泽，可适当提高料温和模温。

（6）注塑分量不足

塑件的密实度越大，表面越光泽，注塑分量不足会降低熔体的密度，影响表面光泽度。提升注塑压力和速度或调整注塑时间和注塑量，可增加塑件密度，提高表面光泽度。

（7）背压不足

因熔料的密度决定光泽度，增加背压可提高塑件光泽度。

（8）再生料配比太多

再生料是决定塑件光泽度和色调的主要因素。塑料再生次数越多，光泽和色调偏离越大。所以，对有色泽要求的塑件，应严格控制再生料配比，确保每班或每批量的塑件在色泽上都具有一致性。

（9）脱模剂使用过量

检查脱模剂的使用份量。

（10）着色剂或其他添加剂不良

换用原色同类料注塑成型验证，更换着色剂或添加剂。

第十四节 塑件变形的原因与对策

塑件变形是指塑件的使用性不符合产品设计所要求的形状和尺寸。在注塑成型过程中，不可避免因塑料流动方向的收缩率比垂直方向大，使各个方向的收缩性不同而产生扭曲或翘曲。

变形的预防常从模具设计、原料使用、成型工艺和后纠正工艺四方面来加以调整。

前期的纠正工艺，主要根据原料使用类型，计算好流程的缩水率，进行模流分析，在模具制造时做出预变形措施。而后期的预防和纠正措施则是调整成型工艺和后纠正工艺。

（1）料温不当

料温可改变塑件的变形程度，过低的料温必然要用较高的压力来充模，极易引起塑料分子取向程度增高，出现应力变形；过高的料温又使塑件出模后受自然冷却影响收缩变形。在调整料温时，要结合塑件出模后受自然冷却到常温时，取其变形程度小的值为最佳温度值。

（2）模温不均

用手触摸出模后的塑件表面或模腔各处温度，对过热的部位要加强冷却，而对较凉的部位要提高温度。修改模具冷却水道，确保模腔各处温度大致相等，使塑件冷却速率一致，可减少变形程度。

（3）冷却时间不足

塑件在模腔内未得到充分的冷却定型，出模后受自然冷却影响，收缩变形。增加冷却时间到变形程度最小为止。

（4）多浇口进料不均

较大的浇口进料量多，充填量过饱；而较小的浇口进料量小，造成塑件密度不均，产生应力变形。调整注塑压力或注塑量到塑件欠注程度，评估浇口的过料能力，适当进行平衡调整。

（5）充模流程不均

对注射投影面积较大的塑件，浇口附近与远端的熔料密度相差较大而产生应力变形。适当增加流道和浇口使充模流程均匀。

（6）后纠正工艺

这是较多工厂使用的变形纠正方法。在塑件出模后还处于余热状态时，使用强制定型工夹具对变形部位进行反向胀开或反向压迫，使塑件在工夹具上自然冷却到常温状态为止。这样变形的部位因被再一次的强制定型，出现后收缩变形的程度降低，绝大多数能符合使用要求。

第十五节　形成塑件黑点或焦纹的原因与对策

黑点是塑料塑件常见的外观缺点，它不属于缺陷，黑点通常以分散性和小点状形式出现，接受的程度常以黑点的大小及数量的标准来衡量。焦纹的出现表示塑料有局部过热焦化反应，轻者以黄褐色粒状或线状出现，俗称"焦纹"或"焦斑"；重者就变成黑色的线状纹，俗称"黑纹"。黑点与焦纹的成因主要是原料不洁，或塑料过热焦化（炭化）所引起的。

（1）原料不洁

在塑料的开包、混料、加料、熔化至充填模腔的这段加工、运输、成型过程中，料粒受空气、灰尘、杂物或油污等影响，形成塑件黑点。

（2）添加剂不良

如色目或色粉的颗粒越大，熔融的分散性越差，出现黑点的可能性越高，添加剂过量或品质不良，在加热时间过长的条件下易产生热分解而焦化。

（3）储料时局部过热

① 料筒内螺杆和组件损坏或有金属异物，或螺杆同轴度不良，产生高热，令塑料焦化或炭化，使塑件出现焦纹或黑纹。

② 射嘴与料筒的接触面存在间隙或腐蚀坑，射嘴松动，料筒有过热死角，是焦纹或黑纹产生的原因之一。

（4）料温失控

料筒控温系统中某一组件失控，导致料温过高过热，塑料或添加剂因过热分解焦化或炭化，应检修机器。

（5）螺杆不洁

有些机型的螺杆，因设计问题，无论用哪种方法清洗，都不能将料筒洗净，特别是经常加工种类很多的塑料时，往往在螺杆中段位置的螺槽上牢固地黏结着一层由分解物质形成的黄黑色膜垢，在注塑过程中不时将少量膜垢带出，形成黑点或黑斑。

（6）模具污染

合模时会将分型面上的润滑油（剂）或活动件磨损铁屑溅落在型腔上，形成塑件表面黑点。在排查时，不要忽视模具方面带来的问题。

（7）塑料注塑烧焦

烧焦是指在模具排气不良的情况下，较高的注塑速度使塑料被绝热压缩，温度最高可达450℃，在高温、高压下将模内空气燃烧，灼伤塑料。

当浇口过小时，高速注塑使浇口产生剧烈摩擦热，导致料流焦化，或最后一段使用高速注塑产生熔合烧焦斑，应适当调整注塑速度或改善模具排气。

（8）黑点、焦纹成因的排查方法

黑点、焦纹的成因很多又十分复杂，但采用一定的排查方法，可及时判断原因所在。将料粒从料斗清走并将料筒内余料空射完毕，重新放进已干燥的原色同类新塑料，如透明、半透明新塑料进行正常注塑成型（排除原料的干扰）。

成型情况一：没有出现黑点或焦纹，表示原因在生产原料上，应更换或重配原料。

成型情况二：黑点或焦纹依然存在，先检查或调整料温、注射和储料参数，看能否解决。如不能解决，即进入手动模式清洗料筒，然后再注塑验证。这些方法都不能解决时，应将螺杆拆卸后检查。

第十六节　塑件浇口区域缺陷原因与对策

1. 喷射纹（蛇纹）

喷射纹是指塑件浇口处出现形似蛇行的暗哑纹疤痕，形象地称为"蛇纹"。喷射纹使塑件极不美观，也影响喷涂或电镀效果。

当高速的塑料熔体通过比较狭窄的浇口进入较宽的区域时，塑料熔体产生高速喷射流态，中心部位因此表面流速快而最先到达远程，其后的表面熔体（层流）因受冷却作用而降低速度，并以正常或不正常水平流动状态进行充模。在充模的塑料熔体中，同时存在两种不同流动速度及冷却速率的料流，它们在充模过程受前阻后推作用，中心喷射流产生弯曲折叠而形成喷射纹。

出现喷射纹的塑件多为模具的小浇口设计，可通过调整初级的切换位置（稍大于流道件料量）和降低熔体穿越浇口的流动速度解决问题。假若运用调整工艺改善不大或增加另一个欠注问题，则要增大浇口来降低充模熔体流动速度。

2. 浇口斑

浇口斑是指塑件浇口处出现表面暗哑的圆斑或直斑。

（1）射料斑

射料斑成因与蛇纹一样，只是斑痕更短、更直，斑痕也较明亮些，一般采取多段注射，调整初段的位置和速度等方法均可解决这个问题。其他措施还有增大浇口，提高模温，选择后退加料方法，减少射嘴温降等。

（2）冷料斑

冷料斑是因保压过度，令后来的冷料挤入形成。调整保压切换位置，或减少保压时间和压力即可解决。冷料斑比较罕见，多数因操作人员设置错误而引起。

（3）光芒线

光芒线是指以浇口为中心向四周辐射的银色条纹，其成因也是气体干扰。

① 塑料干燥不足，检查塑料的干燥温度和时间，以及干燥方法是否适当。

② 储料设置不当，增加背压压力，降低螺杆转速，略降料筒尾段温度，使料筒内熔料密度增加，减少空气的混合。

③ 注塑速度过快，降低充模开始速度，或稍扩大浇口，减少充模湍流的形成，从而减少与空气的混合。

第十七节　生产不稳定的原因与对策

注塑生产要保证塑件的质量，主要依靠机器准确地重复每一个注塑周期，重复精度越高，塑件质量越稳定。所以，无论是机器的自动生产或人手操作的半自动生产，保持稳定的注塑成型周期对塑件质量都是至关重要的。

在整个注塑周期中，料筒内的塑料受热来自内部的搅拌热和外部的电加热，热能又随熔料注入模内后进行降温定型，热能被冷却水带走。要保持料温和模温之间的传热平衡，必须用稳定的周期时间来保证。否则，当生产周期越来越短，将引起料筒热能不足，影响塑化效果。若模具的热能入多出少，将使模温不断上升。若模具热能出多入少，则模温不断下降。所以，不稳定的操作会导致塑件质量的不稳定。

1. 注塑机工作不稳定

（1）电网电压不稳

使用万用表交流电压挡可检测电网电压的稳定性。如不稳定，要重新调整相间电压，使其平衡。

（2）油路系统压力不稳定

当注塑机做功时，观察系统压力表指针，如果颤动，表示油路系统压力不稳，因油路中造成压力不稳的元件较多，正确的决策是停止生产等待修复。

（3）计量不稳

料筒温度控制、料筒尾段冷却不良、背压不足、料粒均匀度差、计量控制开关不良、螺杆牙顶角磨损、储料液压马达磨损等，其中一种或一种以上不良都会导致储料量不稳定。采取先易后难的方法检查和调整，直到储料量稳定为止，否则检修机器。

（4）注射量不稳

螺杆头组合件磨损或损坏，注射液压缸活塞环内漏卸压，都会导致注射量不稳，应检修机器。

（5）检查螺杆

螺杆头组合件的止逆环与推力环是否良好配合，如有磨损出现间隙，会在注射时使端部已计量好的熔料发生逆流，影响塑件尺寸和重量的稳定。解决办法是尽快更换螺杆头组件。

检查螺杆牙顶角的磨损程度，程度轻微时可继续使用，程度严重时要更换处理。测量螺杆直径，当小于额定值 0.8mm 时，表示要更换螺杆。

2. 塑件色泽不稳

料筒温度、螺杆转速、背压控制不稳定，或着色混合不均，料粒与色母的比重相差大，都会影响塑化的不稳定。检查着色剂的混合质量或进料口色母是否因密度过大而下沉堆积，影响进料均匀。

3. 人工操作不稳定

在半自动生产过程中，除取出塑件、开关安全门等所需时间难于稳定外，还有无法预计的操作时间影响注塑周期的稳定，如金属嵌件的摆放时间、模腔冷料的排除时间、主流道粘模或食胶的排除时间、不喂料的排除时间、射嘴堵塞的排除时间等，所以操作人员熟练程度是生产稳定和产品质量保证的重要条件之一。

本章测试题（总分 100 分，时间 120 分钟）

1. 填空题（每空 1 分，共 30 分）

（1）塑件缺陷成因离不开_____、_____、_____以及_____四大生产因素的影响。

（2）塑件欠注是指熔融塑料未完全充满模具型腔而导致塑件_____的现象，通常发生在_____区域、_____区域或_____的区域。

（3）凹陷是指塑件表面_____，通常发生在厚壁、筋、柱位及内嵌件上。缩痕是由于材料在厚壁部分的_____没有得到补偿而引起，原因是模具接触表层熔融塑料冷却固化后，_____塑料才开始冷却，在冷却收缩过程中将表层塑料内拉而产生缩痕。

（4）塑件粘模是指在开模或脱模时，成型塑件部分或整体粘附于_____或_____，不能顶出或取出。粘模的现象一般有_____和_____。

（5）披锋（飞边）是指塑件成型时在_____出现多余的胶料。披锋对塑件_____质量影响不大，但影响塑件_____质量。

（6）冷胶是指塑件表面出现未彻底熔化的_____状物，它严重影响塑件_____质量，也影响喷涂和电镀效果。

（7）塑件开裂形式有开模或脱模时_____，如顶裂、顶穿或撕裂；二是在塑件存放一段时间后出现_____造成的微裂或开裂。

（8）熔合线的产生是由于注射料流遇到嵌件、孔洞、柱状物等破开_____，然后又重新汇合，或_____形成多股流汇合所致。

（9）黑点是塑料塑件常见的外观缺点而不属于_____，通常以分散性和小点状形式出现。焦纹表示塑料有局部_____，轻者以黄褐色粒状或线状出现，重者就变成黑色的线状纹。

（10）振纹（水波纹）是指塑件表面在料流方向上出现密集的_____，它会严重影响塑件的_____质量以及其他加工效果。

（11）塑件变形是指使用性不符合产品设计所要求的_____。在注塑成型过程中，因塑料_____方向的收缩率比垂直方向大，使各个方向的收缩性不同而产生扭曲或翘曲。

2. 简答题（每小题 7 分，共 70 分）

（1）简述塑件欠注的原因与对策措施。

（2）简述塑件凹陷及缩痕的原因与对策措施。

（3）简述塑件粘模的原因与对策措施。

（4）简述塑件披锋的原因与对策措施。

（5）简述塑件混色的原因与对策措施。

（6）简述塑件开裂的原因与对策措施。

（7）简述塑件变形的原因与对策措施。

（8）简述塑件表面流痕的原因与对策措施。

（9）简述浇口区域出现喷射纹的原因与对策措施。

（10）简述塑件表面出现银纹的原因与对策措施。

第六章

注塑产品质量检验与质量管理

第一节　质量检验工作基础知识

一、概述

首先应熟悉所检验的一项或多项特性规定的要求（质量标准），并将其转换为具体的质量要求、抽样和检验方法，确定所用的测量装置，通过对要求（质量标准）的具体化，使有关人员熟悉与掌握什么样的产品是合格产品。

检验分为以下几个步骤。

（1）测量

测量就是按确定采用的测量装置或理化分析仪器，对产品的一项或多项特性进行定量（或定性）的测量、检查、试验或度量。

（2）比较

比较是指把检验结果与规定要求（质量标准）相比较，然后观察每一个质量特性是否符合规定要求。

（3）判定

质量管理具有原则性和灵活性。判定检验的产品质量的方法包括符合性判断和使用适用性判断。

符合性判断就是根据比较的结果，判定被检验的产品合格或不合格。符合性判断是检验部门的职能。

适用性判断就是对经符合性判断被判为不合格的产品或原材料进一步确认能否适用的判断。适用性判断不是检验部门的职能，而是技术部门的职能。对原材料进行适用性判断之前，必须做必要的试验，只有在确认该项不合格的质量特性不影响产品的最终质量时，才能做出适用性判断。

（4）处理

检验工作的处理阶段包括以下内容。

① 对单件产品，合格的转入下道工序或入库。不合格的做适用性判断或经过返工、返修、降等级、报废等方式处理。

② 对批量产品，根据检验结果，分析做出接收、拒收或特采等方式处理。

（5）记录

测得相关数据后，按格式和要求，认真做好记录。质量记录按质量体系文件规定的要求控制。不合格产品的处理结果应有相应的质量记录，如返工通知单、不合格品通知单等。

二、检验的分类

1. 按生产过程的顺序分类

（1）进货检验

进货检验包括外协、外购件的进货检验。根据外协、外购件的质量要求，以及对产品质量特性的影响程度，将外协、外购件分成 A、B、C 三类，检验时应区别对待。

（2）过程检验

① 首件检验：是在生产开始时或工序因素调整后（调整工艺、工装、设备等）对制造的第一件或前几件产品进行的检验。目的是尽早发现过程中的系统因素，防止产品成批报废。

② 巡回检验：也称流动检验，是检验员在生产现场按一定的时间间隔对有关工序的产品质量和加工工艺进行的监督检验。

巡回检验员在过程检验中应进行的检验项目和职责如下。

a. 巡回检验的重点是关键工序，检验员应熟悉检验范围内工序质量控制点的质量要求、检验方法和加工工艺，并对加工后的产品是否符合质量要求及检验指导书规定的要求负有监督工艺执行情况的责任。

b. 做好检验后的合格品、不合格品（返修品）、废品的专门存放处理工作。

c. 完工检验。完工检验是对该工序的一批完工的产品进行全面的检验。完工检验的目的是挑出不合格品，使合格品继续流入下道工序。

过程检验不是单纯的质量把关，应与质量控制、质量分析、质量改进、工艺监督等相结合，重点做好质量控制点的主导要素的效果检查。

（3）最终检验

最终检验也称为成品检验，目的在于保证不合格品不出厂。成品检验应按成品检验指导书的规定进行，大批量成品检验一般采用统计抽样检验的方式进行。

凡检验不合格的成品，应全部退回车间做返工、返修、降等或报废处理。经返工、返修后的产品必须再进行全项目的检验，检验员要做好返工、返修产品的检验记录，保证产品质量具有可追溯性。

2. 按检验地点分类

按检验地点可分为集中检验、现场检验、流动检验。

3. 按检验方法分类

按检验方法可分为理化检验、感官检验、试验性使用鉴别。

4. 按检验产品的数量分类

按检验产品的数量可分为全数检验、抽样检验、免检。

5. 按质量特性的数据性质分类

① 计量值检验：需要测量和记录质量特性的具体数值，取得计量值数据，并根据数据值与标准的对比，判断产品是否合格。

② 计数值检验：在工业生产过程中，为了提高生产效率，常采用界限量规（塞规、环规、卡规等）进行检验，从而获得的质量数据为合格品数、不合格品数等计数值数据，但不

能取得质量特性的具体数值。

6. 按检验人员的分类

按检验人员分类可分为自检、互检、专检。

三、常用的质量检验术语英文缩写及中英文对照

IQC（incoming quality control）：来料品质控制（进料检验）

PQC（process quality control）：过程质量控制

OQC（outgoing quality control）：出货检验

OBA（open box audit）：开箱检验

FQC（final quality control）：最终品质控制

SQA（source/supplier quality control）：供应商品质保证

QE（quality engineering）：品质工程

MRB（material review board）：物料评审委员会

SPC（statistics process control）：统计过程控制

QA（quality assurance）：品质保证

FA（failure analysis）：坏品分析

AQL（acceptable quality level）：可接受质量水平

CR（critical）：关键的、致命的

MJ（major）：重要的、主要的

MN（或 MI）（minor）：次要的、轻微的

（CR、MJ、MN 通常用来表示检验项目的重要性和缺陷的严重程度）。

第二节 统计抽样检验

考虑到经济因素，产品质量检验中广泛使用抽样检验的方法。许多国家对抽样检验的标准化工作进行了系统研究，建立了工业产品的抽样检验标准。如美、英、加联合制定的 MIL-STD-105D 标准、美国的 ANSI/ASQC Z1.4 标准及我国的 GB 2828 标准。

所谓抽样检验，是对产品总体（如一个班生产的产品）中的所有单位产品，仅抽查其中的一部分，通过它们来判断总体质量的方法。

一、抽样的方法

从总体中抽取样本时，为使样本质量尽量代表总体质量水平，最重要的原则是不能存在偏好，即应用随机抽样法来抽取样本。依此原则，抽样方法有以下三种：简单随机抽样、系统抽样、分层抽样。

（1）简单随机抽样

若一批产品共有 N 件，其中的任意 n 件产品均有同样的可能被抽到，这种方法称为简单随机抽样。摇奖就是一种简单随机抽样。简单随机抽样时，必须注意不能有意识抽好的或坏的，或为了方便，只抽表面摆放或容易取得的产品。

（2）系统抽样

系统抽样是每隔一定时间或按一定编号进行，而每一次又是从一定时间间隔内生产出的

产品或一段编号产品中任意抽取一个或几个样本的方法。当无法知道总体的确切数量时采用系统抽样，多见于流水线产品的抽样。

（3）分层抽样

当同类产品有不同的加工设备、不同的操作者、不同的操作方法时，采用分层抽样对其质量进行评估。

常用 1～2 种抽样方法检验注塑件产品质量，其中，简单随机抽样常用于 PQC 的终检，系统抽样常用于 PQC 的过程巡检。

二、抽样检验的分类

抽样检验根据所抽取产品的质量特征不同分为两类：计量型抽样检验和记数型抽样检验。

（1）计量型抽样检验

有些产品的质量特性（如灯管的寿命）是连续变化的，只能用抽取样本的连续尺度定量地衡量它们质量，这种方法称为计量抽样检验方法。

（2）计数型抽样检验

有些产品质量特性（如杂质点的不良数、色差的不良数以及合格与否等）只能通过离散的尺度来衡量，这种抽取样本后通过离散尺度衡量的方法称为计数型抽样检验。计数型抽样检验中，对单位产品的质量，采取计数的方法衡量；对整批产品的质量，一般采用平均质量。计数型抽样检验是根据抽检产品的平均质量来判断整批产品平均质量的方法。

三、计数抽样检验方案的分类

（1）标准计数一次抽检

即从一批产品中抽取随机样本，判断是否合格。

（2）计数挑选型一次抽样

从一批中一次抽取随机样本，根据样本中的不合格品数判断整批是否合格，如不合格，则进行全数检查，挑出不合格品进行返工，或用合格品取代不合格品，这种方法又称挑选型抽检。

（3）计数调整型一次抽检

计数调整型一次抽检根据以往检查成绩等质量信息，适当调整检查"严格"度的方法。一般情况下，采用一个正常的抽检方案，若整批质量好，则换一个放宽的检验方法；若整批质量坏，则换用一个更严的抽样方案。

（4）计数连续生产型抽检

计数连续生产型抽检方式适用于用传送带远送原料和产品等连续生产方式，检验时采用抽检和全检相结合的方法，发现不合格品时全部用合格品替换。

（5）二次抽检、三次抽检和序贯抽样检验

每一次抽样可以判断批质量处于三种状态：合格、不合格和进一步待查。对待查的批次，则做进一步抽样检验，直到做出合格与否的判断为止。如检查步数为二步，则称为二次抽样检验；三步的则称为三次抽样检验；如检查步数事先无法确定的，则为序贯抽验检验。

第三节 塑件检测常识

一、常用的检验器具

（1）游标卡尺

游标卡尺有普通型和数显型两种，规格由 125～1000mm 不等。数字显示的游标卡尺精度达到 0.01mm，精度较高，且读取数值相当直观、快捷，满足一般小零件的精密测量；普通游标卡尺测量精度只能达到 0.02mm，不够直观。

（2）高度尺

高度尺也称高度游标卡尺。测量工件的高度，还经常用于测量形状和位置公差尺寸。

根据读数形式的不同，分为普通游标式和电子数显式两大类。高度尺的规格常用的有 0～300mm、0～500mm、0～1000mm、0～1500mm、0～2000mm。

（3）塞规

塞规用来测量制件的拱曲和外扒、组件之间的缝隙量等，还用于测量平板制件的翘曲、扭曲变形量。

（4）色差仪

色差仪广泛应用于塑胶、印刷、油漆油墨、纺织服装等行业的颜色管理领域，测量显示出样品与被测样品的色差 ΔE 以及 ΔLab 值。

判定产品色差时，首先要求检测者无视力障碍（如色盲、色弱等），否则要用色差仪进行检测，才能判定色差的可接受程度和状况。

色差在 0.50（指与色板差值）以内时很难通过人眼感觉出来。但是，当两个零件的色差均与色板相差 0.5，例如一个偏黄、另一个偏白时，就极有可能会发现色差较明显，特别是生产配套的零件时，应十分注意控制色差值。

通常情况下，鲜艳颜色的机测（使用色差仪）色差和目测色差有很大的区别，一般来说机测色差大于目测色差。也就是说，在目测色差可以接受的情况下，往往机测色差会超标。遇到此情况时，采取以下控制原则：与样板对照检查，色差不明显，且可以配套的则配套生产，不能配套生产或色差确实超标且目测很明显的则判为不合格或提出整改。

在观察颜色时，由于受灯光或周围环境的影响较大，一般不建议在生产机台上判断色差，但通常很明显的色差，是可以在机台旁的灯光下发现和诊断出来。

日常巡检或成品检验时，为避免犯经验主义而被产品色差所迷惑，建议在检测时与样板（或首件，即经过检测的合格制件）进行对比检查。

（5）标准光源箱

标准光源箱是能模拟多种环境灯光的照明箱，常用于检测货品的颜色。

在规定的标准光源下可方便地对比检查产品色差，特别是对于无法使用色差仪检查色差的产品（如体积小、形状怪异、无检测平面的零件），可以借助于它来对比检查。

（6）专用检具

为更快捷地检查产品，通常专门制作一些专用检具来应对生产过程中的工人自检和检验员的检测，如用来检测轴孔是否偏芯的检具、检测汽车内外饰塑件装配间隙和断差的检具等。

二、使用检验器具的注意事项

① 人工检测产品尺寸时均存在一定的检测误差，不同的人、不同的检具、不同检测点均会造成检测误差。

② 未经过计量检测的检具（指纳入计量体系范围的计量器具）不得用来进行检测；被碰撞或拆卸过的检具，必须经过进一步的检测合格后才可以使用。

③ 游标卡尺的人为检测误差在±0.020mm左右，这与人们在检测时使用不同的力度和读数方面的差异性有关。

④ 产品尺寸方面的注意事项：高分子材料（塑料制品）存在热胀冷缩的现象，而且其收缩的过程是呈渐变曲线变化的，一般在（20±3）℃环境下冷却2h后，其变化过程将转入一个较平稳的状态，即后变化很小，对于无高精度要求的塑件而言，在此环境下测量出来的合格尺寸是可以满足装配要求的。

天气热的季节（夏、秋天）生产时，塑件的尺寸较适宜控制在公差中间；天气冷的季节（春、冬天）生产时，塑件的尺寸控制在其上限或上限以上0.20mm均可。其中，春、冬季最容易出现塑件尺寸偏短的情况，客户在使用塑件过程中产生的投诉也最多。反之，天气热的季节，客户投诉最多的问题是塑件尺寸偏大。这些均与库存产品跨节令、使用环境温度不同密切相关，也与日常控制水准有很大的关系。

在日常生产过程中对尺寸的控制原则是：天冷做"长"，天热做"短"，这里说的"长"与"短"是有度的，不能脱离检验文件和图纸的要求去控制。关于环境的冷热，各地均有时令的变化，可以（20±3）℃为基准进行时令尺寸控制的划分。

第四节 来料检验（IQC）管理

一、来料检验（IQC）流程

① 供应商送货到仓库，仓管员通知IQC人员。

② IQC人员抽样检查，如果不合格，发出不合格报告单。

③ 合格品入库，不合格品由业务人员主持召开物料评审委员（MRB）会议。

④ 相关部门依据MRB会议判定结果作业。

来料检验（IQC）流程如图6-1所示。

二、来料检验（IQC）管制

业务人员或仓管员接到供应商送货单后，通知IQC人员对进料进行检验。

依检验结果采取下列步骤。

① 判定允收。

② 判定拒收，填写IQC不合格报告单，通知业务人员处理，依检验数据及物料判定状况填写IQC检验报告并送交IQC主管审核。

由业务部人员召集质量、工艺技术、生产等相关单位人员召开MRB会议。MRB由业务、质量、工艺技术人员参加，并由业务部主持，最终由工艺技术部门决定处理方式。MRB会议做出结论后填写IQC不合格报告单，经相关部门参加人员签名确认后，交由业务

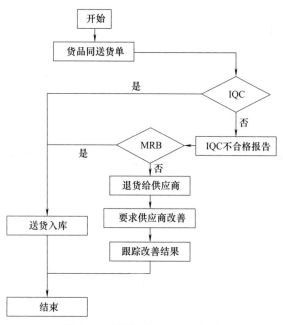

图 6-1 来料检验（IQC）流程

部按处理方式安排处理。若有争议无法取得共识，依工艺技术部决定为处理方式。

若该批物料不影响产品功能和客户质量要求，不会造成生产困扰可考虑特采。判定特采则须经工艺技术部门核准。判定特采盖黄色"特采"章，并说明特采原因，以利生产过程追踪。

③ 若判定全检或返工、退货，则由业务人员将不良情形通知厂商要求处理。

全检及返工时应注意交货日期以免进度影响生产。若为厂内全检及返工，则由质检及技术人员指导全检及返工方法。

IQC对全检及返工品需进行再检。复检合格品入库，不合格品退回厂商。返工及全检不合格品由业务部协调供货商处理。

当MBR会议要求时，由IQC将不良状况以报告形式要求厂商改善并追踪其改善效果。针对库存超过3个月（以盘点周期计算）的物料，需经IQC重验后方可使用。

④ IQC检验标识：检验合格时，盖蓝色的"IQC"章，并在供货商送货单上签名确认，仓库凭单接收物料。检验不合格时，盖红色的"拒收"章。经MRB判定特采允收时，盖黄色"特采"章。免检物料盖绿色"免检"章。

设备不足或仪器送校时，可依供货商的出货检验报告及资料作为进料检验的依据。

⑤ 免检材料资格审核：连续3个月内，材料进料不少于10批，在IQC进料检验履历及制程中未发现任何不良状况，经申请批准此物料可列入免验物料清单。

免验材料出现不合格，经过技术部经理（含）以上人员批准后于免验物料清单上取消该材料，IQC将对该材料恢复正常检验程序，直到下次免验资格审核合格方可恢复免验入库。

当材料出现变更，进货时须恢复检验。

三、来料检验（IQC）的主要工作内容和注意事项

① 按照进货检验文件、样件和图纸等技术文件对外购、外协货品实施进货检验工作。

② 及时向QC主管反馈供应商不良质量信息，特别是当出现该货品急于投入生产使用

的情况。

③ 填写《8D改善行动报告》，提出供应商改善要求和跟踪改善效果。

④ 每日及时统计分析进货品的质量状况。

⑤ 按检验管理程序的要求及时填写《进货检验报告》《IQC不合格报告》和质量信息反馈单。

⑥ 每月底统计、分析当月的进货品质情况。

第五节　制程检验（PQC）管理

一、制程检验（PQC）流程

① 当出现换模具生产、换班生产时，PQC进行首件检验，合格则继续生产，不合格需调整好后再继续生产。

② PQC依产品类别对在生产过程中的产品进行巡检。

③ 巡检合格的继续生产，出现异常的要填写不合格报告，由工艺人员召集相关部门人员举行MRB会议。

④ 能够在MRB会议中解决异常问题的，继续生产，否则直到找到问题的解决方法为止。

制程检验（PQC）流程如图6-2所示。

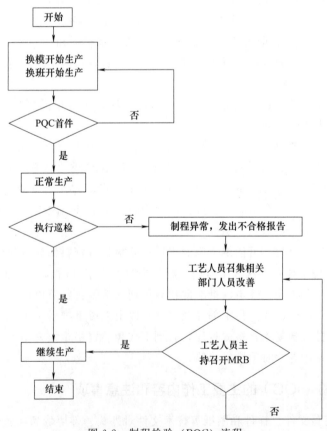

图6-2　制程检验（PQC）流程

二、制程检验（PQC）控制

（1）首件检验

当新换模具、模具维修、停机再生产或更换材料时，PQC 要在工艺人员调好产品30min 内完成首件检验，将检验结果填写在检测记录单上，保存记录。首件放在指定位置，换模首件保存到卸模为止。班首件保存到本班结束，下班首件出现后自动废弃。

生产车间根据 PQC 判定结果进行如下操作：产品检验合格，继续生产；轻微缺陷，知会工艺人员，调机整改后再生产；严重缺陷，立即停生产，并通知技术、质量及相关部门（业务部生产计划人员等）开会检讨。

（2）制程检验（过程检验）

PQC 人员根据检验文件（SIP）、图纸、开机首件等相关标准对生产过程进行巡检，A、B 类产品的外观检查频率为 8～10 件/90min，C 类产品的外观检查频率为 8～10 件/120min，功能性、装配、信赖性、尺寸检验周期和抽样数以检验文件（SIP）为依据，将检验的结果记录在《PQC 检验报告》上。至于检验频次，各注塑厂依据本厂的产品特点进行调整。

（3）制程异常处理

针对制品的重缺点（MA）和制程中的问题，PQC 人员填写不合格报告，由车间班组长确认后召集车间技术人员、生产计划等相关人员分析并提出改善对策。PQC 对责任单位提出的改善对策进行效果确认，若无效，PQC 将改善对策退回原责任单位重新提出。

（3）制程异常处理

PQC 连续发现 5 个以上同类重缺点（MA），制程不良率过高（以每小时产量计算不良率超过 15%的），批量性不良或严重影响产品信赖性等问题时，填写不合格报告，并将之反馈给生产工艺人员，并由工艺人员主持召开 MRB 会议，对问题进行处理。

（4）不合格品处理

在生产过程中，PQC 如发现不合格品，应在产品标识单上盖红色的"不合格品章"，由班组主管确认后，由其安排人员将不良品放置于不良品区内隔离管制。不合格品依 MRB 会议结论处理。

三、制程检验（PQC）的主要工作内容和注意事项

① 及时（上模调试合格后或交接班后）做首件检验，包括开机首件和班首件。

② 及时向工艺人员、班组管理人员反馈首件检验不合格的信息，必要时开《不合格报告》。

③ 做首件检验时，必须向工人交待清楚该产品的质量自检要求，并在产品上面标注一些关键质量特性及控制点。

④ 按规定进行巡检，关键产品（如 A、B 类产品）的巡检周期为 90min，C 类产品的巡检周期为 120min。

⑤ 巡检抽样数为 8～10 件（有一模多腔时为 5～6 模)/巡检频次。

⑥ 巡检时要仔细、认真对照样件（开机首件、班首件）。

⑦ 巡检时严格按照检验文件的规定抽样、送样，检测尺寸、色差和装配检查等，一般为 2～3 模/频次（2h）。

⑧ 巡检时如发现属于工人工作方法不当造成的不合格，则立即纠正工人的做法，如果未得到改善，则应向操作工的上一级主管反馈，并对已生产出的不合格品进行标识隔离。

⑨ 巡检时如发现不合格品是属于生产工艺造成的，则及时向当班的工艺员、班组长反馈，要求其改善并对此事进行跟踪处理，对已生产的不合格品做出处置和隔离；如果问题得不到解决，则要及时向上级主管反馈，由上级主管按程序进一步组织解决。

⑩ 严重不良且批量超过 2h 产量的不良品均要开出《不合格报告》并提交给相关责任部门进行整改。

⑪ 对于不能判断的质量问题要向检验主管反馈，反馈问题时，一定要将问题点描述清楚。

⑫ PQC 必须按要求及时填写检验记录表格，特别是检测数据的记录必须真实可靠，任何记录均应有检测人的亲笔签名和日期，否则视为无效记录。

⑬ PQC 应及时与 FQC 沟通巡检过程中发现的不良质量信息。

第六节　完成品检验（FQC）管理

（1）完成品检验（FQC）流程

① 由检验人员执行入库检验。

② 合格品入库，不合格的做出不合格报告，由工艺组主持召开 MRB 会议。

③ 依据 MRB 会议结论对不合格品进行处置。

完成品检验（FQC）流程如图 6-3 所示。

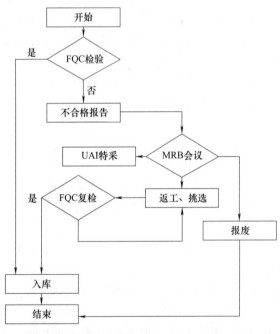

图 6-3　完成品检验（FQC）流程

（2）完成品检验（FQC）控制

FQC 以每 3h 对每台机生产的产品进行终检，抽检不合格的填写不合格报告并反馈给生产技术人员，由生产技术人员主持召开 MRB 会议，对问题进行处理，将处理的结果记录在《FQC 检验报告》。

FQC 终检合格的货品及时盖上蓝色的"FQC＋号码"章，进行入库作业。

（3）最终检验员（FQC）的主要工作内容和注意事项

① 按检验文件的规定进行抽样检验，一般规定每隔 3h 终检一次。

② 检查产品尺寸、色差或装配实验时按照 2～3 模/3h 进行抽样检验。

③ 终检时必须检查产品合格证是否填写正确，特别是产品颜色和产品的上下和左右之分。

④ 抽样必须要做到随机抽样，杜绝因怕麻烦而敷衍了事的行为。

⑤ 发现不合格时必须及时进行标识（用红色的不合格章）和隔离，并开出《不合格报告》传递至相关责任人员进行评审处理。

⑥ 所有不合格品经过再次返工后均要及时进行复检，复检不合格时，要重开《不合格报告》。

⑦ 要与 PQC 做好交接和沟通工作，杜绝批量性残次品的发生。

⑧ 超出自己工作能力范围时，要及时向 QC 主管反馈并由其做出进一步的处置意见。

第七节　塑件检验标准

本标准主要规定了注塑生产的各种塑胶制品的检查与试验方法，适用于一般注塑制品的检查，本标准仅供常规检测用，特殊要求以 PART SPEC 为准。

1. 测量面划分

测量面是指被观察表面：第一测量面，用户常看到的顶面或侧面；第二测量面，用户偶然看到或很少看到的侧面、拐角或边位；第三测量面，总装件、组件、零件的底面或装配时相互贴在一起的零件表面。

2. 检查条件

此标准以对功能无影响为前提，而且靠目测比较，故并不适用于限度样板及个别特殊标准。通常在 30cm 处目测 3～5s，如果发现缺陷，移到 50cm 处观测 3～7s，难以看到缺陷或不太明显的缺点即可。

检测光源符合检验标准要求光源，检验人员视力在 0.7 以上。观察角度垂直于被观察面及上下 45°角。

3. 质量要求及检验方法

各厂根据客户要求制定质量要求及检验方法。

（1）表面（外观）质量检测标准

表面（外观）质量检测标准如表 6-1 所示。

■ 表 6-1　表面（外观）质量检测标准

序号	缺陷	第一测量面	第二测量面	第三测量面	检查方法
1	裂纹	不允许	不允许	对组装成品外观性能无影响时允许有	目测
2	走胶不齐(缺料)	不允许	不允许	不影响外观及装配功能,轻微可接受	目测(试装)

序号	缺陷	第一测量面	第二测量面	第三测量面	检查方法
3	熔接线（夹水纹）	以工程样板为最低标准	以工程样板为最低标准	以工程样板为最低标准	目测（对板）
4	缩水	以工程样板为最低标准，从45°到90°之间看无明显水痕，且触摸时无凹陷感	以工程样板为最低标准，从45°到90°之间看无明显水痕，且触摸时无凹陷感	以工程样板为最低标准，从45°到90°之间看无明显水痕，且触摸时无凹陷感	目测或用手触摸产品时与板缩水处凹痕的深浅
5	脱模拖花	不允许	外观看不明显	允许有	目测
6	杂点（黑点）混色、污渍	此3种缺陷累积不能超出4点，且不能有3点集中，分隔应大于100mm，杂点/污渍/混色每点面积不大于0.4mm	此3种缺陷累积不能超出6点，且不能有3点集中，分隔应大于100mm，杂点/污渍/混色每点面积不大于0.5mm	此3种缺陷累积不能超出9点，且不能有3点集中，分隔应大于100mm，杂点/污渍/混色每点面积不大于0.9mm	目测
7	划痕、碰伤	划痕、碰伤每条长度不大于8mm，宽度不大于0.05mm	划痕、碰伤每条长度不大于10mm，宽度不大于0.1mm	划痕、碰伤每条长度不大于2.5mm，宽度不大于0.15mm	目测
8	顶白	不允许	不允许	不影响外观可接受，但不能凸起影响功能	目测

（2）功能质量

① 飞边（溢料）：任何喇叭孔、按键孔、开关制孔及所有运动件相配合孔位均不能有飞边，内藏柱位、骨位飞边则不能影响装配及功能；外露及有可能外露影响安全的飞边，用手摸不能有刮手的感觉。

② 变形：支撑于平台的底壳变形量不大于0.3mm，与支撑于平台的底壳相配的面壳，其变形量也不能大于0.3mm，其余塑件的变形以不影响装配功能可接受。

③ 浇口余料：外露以及有可能外露会影响外观及安全标准的浇口位应平坦，且符合安全标准不能刮手。有装配要求，但不能外露，不影响装配的浇口余胶应控制在0.5mm以内且不影响功能。无装配要求，不影响功能，不外露的浇口，控制在1.5mm以内。

大浇口成型的塑件，必须使用专用的塑料钳进行切断，可确保切口光滑平整。

塑胶工厂常利用钢锯片自制各种刀刃处理塑件飞边，这种刀片具有柔韧性好和塑料种类适应性强以及经济实惠等优点。对塑件飞边处理后的部位要求深浅一致，不起波折和锯齿状，不连丝，并用手触摸检查处理过的部位，确保切口圆滑及无刮手感。

4. 制订产品检验标准与标准化质量控制

（1）制订产品检验标准

对塑件产品的控制，通常按产品的使用性及客户的质量要求，在生产前由指定的部门或人员制订相关的控制等级和检验标准，在注塑生产过程中，由质检员按标准执行。

（2）产品质量等级通常分两类控制

① 一般化质量控制：例如，对生产生活日常用品中的塑料盘、凳、水杯、衣架等，这些不需与其他用品精确配合就可单独使用的产品，所制订的检验标准都比较低，或不需制订

检验标准。

② 标准化质量控制：产品在满足完整成型的基础上，还有相关的检验标准，例如电话机、手机、传真机等部件，以及齿轮、光学镜片、轴套等精密零件。在生产前，品检部门必须根据客户及设计的相关要求，制定出包括公差尺寸、重量、装配、配合、色彩、色泽、外观等质量检验标准，并在生产过程中由品检员按照制定的标准依时依次地检验，确保每一批次及每一个成型产品都达到质量标准。

本章测试题（总分 100 分，时间 100 分钟）

1. 填空题（每空 1 分，共 40 分）

（1）塑件检验可分为_____、_____、_____、_____及_____5 个步骤。

（2）测量就是按确定采用的测量装置或理化分析仪器，对产品的一项或多项特性进行定量（或定性）的_____、_____、_____或度量。

（3）质量管理具有原则性和灵活性。对检验的产品质量有_____判断和_____判断。

（4）检验工作的处理阶段包括对单件产品处理：合格的转入下道工序或入库，不合格的做适用性判断或经过_____、_____、_____、_____等方式处理；对批量产品处理：根据检验结果，分析做出_____、_____或特采等方式处理。

（5）检验按生产过程顺序分为_____检验、_____检验及_____检验。

（6）抽样检验方法有_____抽样、_____抽样、_____抽样。

（7）常用检验仪器具有_____、_____、_____、_____、_____、_____。

（8）抽样检验分为_____检验和_____检验。

（9）过程检验分为_____检验和_____检验。

（10）检验按地点分为_____检验、_____检验及_____检验。

（12）检验按方法分为_____检验、感官检验及_____。

（13）检验按产品数量分为_____、_____及_____。

2. 简答题（每小题 10 分，共 60 分）

（1）简述符合性判断和适用性判断。

（2）什么是首件检验？目的是什么？

（3）什么是最终检验？目的是什么？

（4）简述检验分为哪些类型？

（5）什么是 A 类、B 类和 C 类不合格？

（6）制程检验（PQC）控制步骤有哪些？

参 考 文 献

［1］ 梁明昌. 注塑成型工艺技术与生产管理. 北京：化学工业出版社，2019.

［2］ 梁锦雄，欧阳渺安. 注塑机操作与成型工艺. 北京：机械工业出版社，2017.

［3］ 杨海鹏. 模具拆装与测绘. 北京：清华大学出版社，2016.

［4］ 翁其金. 塑料模塑成型技术. 北京：机械工业出版社，2011.

［5］ 杨海鹏. 塑料成型工艺与模具设计. 北京：北京大学出版社，2013.

［6］ 张维合. 注塑模具设计实用教程. 北京：化学工业出版社，2011.